Pierre von Meiss

Vom Objekt zum Raum zum Ort

Dimensionen der Architektur

Aus dem Französischen von Katja Anding

Birkhäuser Verlag
Basel · Berlin · Boston

Die Originalausgabe erschien 1986 in der ersten Auflage unter dem Titel «De la Forme au Lieu. Une introduction a l'étude de l'architecture» bei Presses polytechniques et universitaires romandes, Lausanne, Schweiz. Sie wurde mit Unterstützung durch die PRO HELVETIA, Schweizer Kulturstiftung, veröffentlicht.
Die zweite aktualisierte und korrigierte Auflage erschien 1993.

Die deutschsprachige Ausgabe wird ebenfalls mit Unterstützung durch die PRO HELVETIA, Schweizer Kulturstiftung, veröffentlicht.

Die Deutsche Bibliothek – CIP-Einheitsaufnahme

Meiss, Pierre von:
Vom Objekt zum Raum zum Ort : Dimensionen der Architektur / Pierre von Meiss. Aus dem Franz. von Katja Anding. – Basel ; Berlin ; Boston: Birkhäuser, 1994
Einheitssacht.: De la forme au lieu <dt.>
ISBN 3-7643-5004-0

Gedruckt auf säurefreiem Papier, hergestellt aus chlorfrei gebleichtem Zellstoff
Printed in Germany
ISBN 3-7643-5004-0

9 8 7 6 5 4 3 2 1

Inhalt

Vorwort

Kenneth Frampton

Daß ein weiteres Buch über Architekturtheorie das letzte sei, was man brauchen könne, ist eine weitverbreitete Meinung in der beruflichen und akademischen Szene der Architektur. Und der Autor dieses Buches würde wahrscheinlich mit unter den ersten eingestehen, daß die Architektur-Bibliotheken der ganzen Welt vor Theoriebüchern nur so überquellen, die zumeist widersprüchliche und wiedergekäute Hypothesen enthalten und von der breiten Mehrheit der Studenten und praktizierenden Architekten niemals gelesen werden. Dieses hier hat jedoch gute Chancen, die Schranke der lähmenden Gleichgültigkeit, die von so vielen Berufsausübenden und Studenten zur Schau getragen wird, zu überwinden. Dies Buch ist ein erfrischendes und unprätentiöses Kompendium architektonischer Elemente, die begründet aus einer architektonischen Praxis abgeleitet werden.

Schon der Titel macht von Anfang an die kritische Haltung des Autors deutlich: seine Überzeugung, daß unsere Gesellschaft damit aufhören muß, isolierte Gebäude wuchern zu lassen, und seinen Versuch, dieser unheilvollen, für die Umwelt so zerstörerischen Praxis entgegenzuwirken. Abgesehen von wenigen öffentlichen Einrichtungen sollte jede neue Konstruktion als Gelegenheit begriffen werden, einen Ort zu begründen und einen Beitrag zur beständigen Artikulation menschlichen Tuns zu leisten, anstatt als Vorwand, dem Ego des Bauherrn zu schmeicheln und den Wettbewerbseifer des Architekten zur Schau zu tragen. Diese ungewöhnliche Stellungnahme prägt das Werk, so daß man es als erste theoretische Darlegung der architektonischen Praxis betrachten könnte, die zugleich ein Buch über die Prinzipien der Stadtplanung ist.

Aufgrund der auch bei anderen jüngeren Theoretikern zu findenden Einsicht, daß alle Versuche, die architektonische Theorie und Praxis streng wissenschaftlich zu begründen, in Widersprüchen und Tautologien geendet sind, hat von Meiss für einen pragmatischen, aber nichtsdestotrotz kritischen Ansatz optiert, eine phänomenologische Herangehensweise an die Architekturtheorie, die Logik, Wissenschaft und Technologie auf ihre jeweiligen Plätze verweist, wenn es um die Ausführung geht. Zugleich sieht er deutlich, daß gerade der Einbruch der Hochtechnologie in das Handwerk der Konstruktion die Herausbildung und Aufrechterhaltung eines Konsens bezüglich der Qualität der baulichen Umgebung immer schwieriger hat werden lassen. Dies kann am Beispiel der allgegenwärtigen Verpackung mittels Vorhangwand veranschaulicht werden, die auf verblüffende Weise das traditionelle Fenster seiner Logik der Konstruktion beraubt hat. Ebenso haben Techniken des Leichtskelettbaus sowie der Trockenmontage von Wänden uns elementare Ausdrucksmöglichkeiten wie tragendes Mauerwerk und Holzgebälk genommen. So entstehen Verwirrung und Unvermögen heute eher aus einem Überfluß als aus einem Mangel an Mitteln. Sich des Paradoxons vollstens bewußt, bringt von Meiss zum Ausdruck, daß die

Technologie merkwürdig unfähig ist, die Qualität der Lebenswirklichkeit zu sichern oder, genauer gesagt, den innersten Wünschen zu entsprechen, die unserer alltäglichen Erfahrung erwachsen.

Dies erklärt zweifellos, weshalb die Wahrnehmungspsychologie und die Phänomenologie eine so grundlegende Rolle im theoretischen Ansatz des Autors spielen. Es ist jedoch wichtig anzumerken, daß sie dabei immer an spezifische Formen der architektonischen Praxis gebunden bleiben. So stellt von Meiss ein imaginäres Museum zusammen, anhand dessen er die Kernaspekte des Buches veranschaulicht, ein hilfreicher didaktischer Leitfaden. Er kommt vom Figur-Grund-Phänomen und den Bedingungen seiner Lesbarkeit über formale Regeln der Wiederholung, Symmetrie, Gruppierung, Stufung, Hierarchie und Transparenz sowie verschiedene, in dialogischer Opposition stehende Erscheinungen wie „Ziel/Weg", „Eingang/Ausgang" oder „Zentrum/Peripherie" zu eher ontologischen Betrachtungen der taktilen Qualitäten von Raum und Materialien, zu der Erkenntnis, daß nicht allein das Auge, sondern alle fünf Sinne Rezeptoren der Architektur sind. Von Meiss insistiert mit Recht auf die grundlegenden Eigenschaften, die die Architektur von anderen Künsten visuellen Ausdrucks unterscheiden. Er unterstreicht die wesentliche Rolle des Hohlraums, der räumliche und typologische Kriterien hervorbringt, und der Schwerkraft, die die grundlegende strukturelle und konstruktive Natur des architektonischen Entwurfs bedingt. Um mit den Worten des Autors zu sprechen: „Die Bühnenbildnerei ist eine Form der Architektur, aber die Architektur ist keine Bühnenbildnerei." An anderer Stelle erörtert er den zwiespältigen Einfluß der modernen Skulptur und Malerei auf die Architektur des 20. Jahrhunderts, insbesondere was die Entgrenzung dessen anbetrifft, was bis dahin als geschlossener und fest umrissener Raum betrachtet wurde. Hier finden der freie Grundriß (Le Corbusier), vorgebliche Entbindung von Zwängen, und die Zerstörung der Box (Frank Lloyd Wright) Erwähnung.

Unter Berücksichtigung der Hierarchien und institutionellen Unterschiede, die sie innerhalb der Kontinuität ihrer Gewebe aufweisen, werden vertraute Plätze wie Idra, Morges oder die EPFL in Lausanne untersucht und auf ihre Fähigkeit hin verglichen, Identifikationselemente anzubieten und Abwandlung und Inbesitznahme zuzulassen. Unnötig zu sagen, daß es die gerasterten, abstrakten Systeme der Innenerschließung des 20. Jahrhunderts sind, die durch Mangel an Klarheit sündigen: Dem neuen Campus der EPFL, einem gerasterten Mega-Gebäude, fehlt die „natürliche" Lesbarkeit von Morges bis zu dem Grade, daß sich die Benutzer ohne die Vielzahl graphischer Wegweiser, die an jeder Kreuzung von Korridoren angebracht sind, ausweglos verirren würden.

Von Meiss unterzieht andere schematische Bauweisen, die sich in der zweiten Hälfte des 20. Jahrhunderts entwickelt haben, derselben phänomenologischen Kritik: den abstumpfenden „Kaninchenkäfig", der keine Schwellenräume und keine angemessene hierarchische Organisation besitzt, die allgegenwärtige Klimaanlage, die aus rein ideologischen Gründen auch in mildem Klima eingesetzt wird, das Großraumbüro, dessen ungegliederte Fläche weder Identifikation noch Aneignung erlaubt, die rücksichtslos und mit dem einzigen Ziel der erbärmlichen Ersparnis und der Maximierung konstruktiver Effizienz in unebenem Gelände eingesetzte Planierraupe. Letztere Praxis ist leider nur allzu gängig, und von Meiss lanciert wie vor ihm schon Vittorio Gregotti einen Appell für eine neue Ethik bezüglich der Gegend, die den Mitteln zur Umwandlung des Geländes ökologische Schranken setzt.

Nachdem er seine umfassende Stellungnahme deutlich gemacht hat, handelt der Autor die konstruktive Dimension der Architektur vielleicht ein wenig zu schnell ab, bekräftig aber (in der Folge Tessenows), daß kein Tragwerk und keine Konstruktion einzig die Gesamtheit ihrer materiellen Fertigung zum Ausdruck bringen kann. Von der Konstruktion leitet von Meiss mit einem Zitat von Louis Kahn zu einer brillanten und aufschlußreichen Erörterung der Rolle des Lichts in der Architektur über und unterstreicht mit Recht, daß nicht die Lichtquelle für die Wirkung der Umgebung entscheidend ist, sondern die Helligkeit und Form der belichteten Objekte. Leider gehört der Wechsel des natürlichen Lichts mit Tages- und Jahreszeiten zu den am schwersten abzusehenden und am häufigsten vernachlässigten Phänomenen der Architektur; dies ist umso bedauerlicher, als diese Wechsel eine kaum auszudrückende Dynamik und Subtilität ins Spiel bringen können.

Von Meiss, der sich skeptisch gegenüber der Verhaltensforschung zeigt und informiert und kenntnisreich psychologische und ergonomische Faktoren einfließen läßt, scheint von zwei unterschiedlichen Linien deutschen Gedankenguts beeinflußt zu sein: die eine verästelt sich nach England und Amerika, die andere findet ihren Weg über Frankreich. Die erste dieser Linien, die psychologische, symbolische und semiotische Aspekte der Künste hervorhebt, geht von Ernst Cassirer aus und führt weiter über das Marburger Institut und seine wichtigsten Schüler, Ernst Gombrich und Rudolf Wittkower. Letztere haben Einfluß auf die theoretischen Schriften von Colin Rowe, Robert Slutzky und Bernhard Hoesli, die zu verschiedenen Zeiten alle Kollegen des Autors waren. Ein weiterer Zweig dieser Linie, der die Wahrnehmungspsychologie betont, wird hier aufgegriffen, insbesondere mit den Schriften Rudolf Arnheims. Aber letztendlich behält die deutsch-französische Tradition die Überhand, denn aus ihr zieht von Meiss' Arbeit ihre kritische Stärke und ihre Überzeugungskraft. Diese Geisteslinie, die von Husserl ausgeht und über Heidegger führt, gipfelt in den kritisch-phänomenologischen Positionen von Autoren wie Gaston Bachelard und Michel Serres, welche von Meiss mit Bedacht zitiert.

Eines der gängigsten Probleme in der heutigen Lehre und Praxis der Architektur liegt in unserer Schwierigkeit, formale Vorlieben zu begründen. Häufig geraten wir in Velegenheit, wenn wir erklären sollen, warum unser Entwurf gerade jene besondere Form angenommen hat und nicht irgendeine andere. Die diskreditierte Hypothese von der Funktion als einzigem Motor der Form ist nunmehr einer fragwürdigen Mischung aus unerbittlichem Instrumentalismus und architektonischer Dyslexie gewichen. Bedrängt durch das Geschrei der Medien und das Pendel des Geschmacks, sehen sich die Studenten ebenso wie die Architekten und Bauherren hin- und hergerissen zwischen einem verzweifelten Streben nach Neuerung und sporadischen Anflügen von reaktionärer Nostalgie. Dieses Buch, das die Elemente der Architektur rekapituliert, hätte kaum passender erscheinen können. Wir werden uns zweifellos den Argumenten von Meiss' verpflichtet sehen, denn wir werden sie uns allmählich aneignen, ganz einfach weil „das Schlechte schwierig ist, und das Gute einfach", wie Einstein sagte.

Vorwort

Franz Oswald

„Vom Objekt zum Raum zum Ort": Der Titel zeigt die Kursrichtung. Er markiert eine Stellungnahme und tut kund, daß dieses Buch einen Weg zur Architektur aufzeigt. Gibt es einen naheliegenderen Weg als vom Sichtbaren, dem Objekt, auszugehen, um allmählich zum Unsichtbaren, dem Versteckten, vorzudringen? Der Architekt muß fähig sein, unsichtbare Dinge zu handhaben, um die Wirklichkeit sichtbar zu machen, fähig auch, die Wirklichkeit zu sehen, um sie zu verändern. Das Studium der Architektur orientiert sich immer nach zwei Polen: Sieh die Dinge, um zu machen, und mach die Dinge, um zu sehen.

„Vom Objekt zum Raum zum Ort" ist ein willkommener Leitfaden für die Entwurfslehre. Es stellt demjenigen, der die Disziplin der Architektur erlernen will, grundlegende Begriffe und Sichtweisen vor. Es läßt uns ins Gebiet der Architektur eindringen. „Die Architektur ist eine Kunst des Raums." Die Form ist weniger ihr Zweck als ein Mittel, um Orten und Wegen sichere Identität zu verleihen: Orte und Wege zu bereiten, die unseren Bedürfnissen entsprechen und sich in unser Gedächtnis einschreiben können. Die Form ist sowohl ein Werkzeug, das dem Architekten gegeben ist, um die Wirklichkeit zu bearbeiten, als auch ein Hilfsmittel, um diese Wirklichkeit zu erkennen. Die Kenntnis der Form ist die Voraussetzung für jede Schöpfung neuer Formen und die Bedingung dafür, daß man nicht in einem blinden Formalismus erstarrt. Selbst wenn man die Form reproduzieren will, insbesondere durch verführerische Kunstgriffe wie die Fälschung, muß man sie zunächst kennen.

Von der Beobachtung ausgehend, daß der Entwurf aus einer Verkettung von Argumenten entsteht, aus der Ordnung von Konzeptionen, der Abwägung von Kriterien, kurz der Verflechtung zahlreicher Elemente, gibt dieses Buch dem Architekten eine Vielfalt nützlicher Werkzeuge an die Hand. Es macht deutlich, daß der Entwurf Frucht eines Prozesses geistiger Analyse und Verdichtung ist. Entwerfen heißt Spiralbewegungen um einen weichen Kern ausführen, der sich allmählich zum Entwurf erhärtet. Der weiche Kern besteht aus abstrakten Materialien und Modellen einer noch von Zeit und Ort losgelösten Architektur. Dies Buch stellt ihre Grundzüge vor. Weiterhin zeigt es auf, daß ein Entwurf weniger aus der schematischen Anwendung von Regeln hervorgeht als aus der geduldigen Interpretation von Bauaufgabe, Ort und Mitteln der Formgebung. Hierin liegt eines seiner Verdienste.

In einer Kultur wie der unseren, die überzeugt die künstlerische Freiheit und den Pluralismus der Werte verficht, erfordert es Mut, ein Lehrbuch über den Entwurf zu schreiben. Lehrende und Architekten sehen sich hier mit schwierigen Fragen konfrontiert. Wie können Lehre und Entwurf Eindeutigkeit erhalten, wenn Laune und Zeitgeschmack schon ausreichen, um das Erscheinungsbild eines Hauses zu rechtfertigen, wenn das Erbe der Architekturgeschichte statt als Richtwert nur als willkürlich austauschbares Muster für die dekorative Verkleidung von Gebäuden dient, wenn die Symbole der architektonischen Sprache, Ergebnisse einer allmählichen und kontinuierlichen Entwicklung, nur noch flüchtige Attitüden sind? Der Entwurf ist kein Akt der Willkür oder des Zufalls: Die Form eines Projekts ist in Zeit und Ort verankert. Der freie Gestaltungswille äußert sich im Suchen und Erwägen der Wege, die zur Form führen. Damit Gestaltungen – Wege zur Form – bejaht oder verworfen werden können, muß eine kritische Analyse der Inhalte vorgenommen werden, die der Architekt in die Sprache der Architektur zu übersetzen sucht. So wie andere Sprachen des Menschen hat auch diese ihre Regeln und ihre Funktionen. Wir müssen sie kennen, wenn wir bedeutende Botschaften übermitteln wollen. Pierre von Meiss liefert uns Anhaltspunkte und gibt uns Argumente für den kritischen Diskurs, der die Entstehung des Entwurfs begleitet. Wohl wissend, daß ein geschlossenes Lehrgebäude im Widerspruch zu unserem kulturellen Kontext stünde und man damit den Fragen des Formalismus auswiche, zieht er es vor, uns ein Koordinatensystem zu zeichnen. Offen für unterschiedliche Interpretationen der Architektur, ergreift das Buch dennoch Partei.

Es zeigt, was beim architektonischen Entwurf erwogen werden muß, damit seine Form einen Platz in unserem Gedächtnis verdient.

Auch in diesem Land befindet sich die Ausbildung des Architekten in einer Phase des Umbruchs. Die Hoffnung, die man noch vor einiger Zeit in die Moderne und ihre Architektur setzte, wird heute von vielen nicht mehr geteilt. Zweifel und Unsicherheit führen hier und da zur bewußten Absage an philosophische Grundlagen und Handlungsmuster, die unserer Epoche eigen sind. Man erklärt sie für bedeutungslos; infolgedessen ist man weder bereit, sie einer kritischen Beurteilung zu unterziehen, noch fähig, auf Basis des Bestehenden Neues für die Zukunft zu schaffen. „Vergessen wir die Zukunft, gehen wir vorwärts in die Vergangenheit“ ist die Devise der Revolutionäre von heute. So entstehen die Moden und all das oberflächliche Raffinement. Der „Raum“, dieser nur schwer faßliche Gedanke der modernen Architektur, ist aus dem intellektuellen Blick geschwunden: Letzterer ist nunmehr mit „Bildern“ verhängt. Es ist wahr, daß die Flut der Bilder, die uns von den Geschichtenerzählern und Medien geboten wird, die wesentlichen Probleme des Entwurfs immer schwerer erkennen läßt. Wir erhalten zu viele Bilder architektonischer Lösungen, ohne deren ursprüngliche Idee und Problematik zu verstehen. „Vom Objekt zum Raum zum Ort“ gibt uns Anstöße, unter Anerkennung der Grundlagen der modernen Architektur und im Bemühen, sie kritisch reflektiert weiterzuvermitteln, über die Ausbildung des Architekten nachzudenken.

Jedem Buch sein Schicksal. Möge dieses dem einen oder anderen bei der Entdeckung und Erfindung der Architektur helfen.

1 Eröffnungen

Das Fenster im Wechsel der Zeiten
Palamidas, Idra

1.1 Die Krise des Fensters

Das Fenster, – Spur einer menschlichen Existenz, Auge des Gebäudes, das dem Passanten zublinzelt und den geschützten Blick nach außen lenkt, Einlaß für Licht und Sonnenstrahl, welche Oberflächen und Objekte beleben, Frischluftquelle und manchmal Gelegenheit zu Austausch von Worten und Gerüchen, ... aber ebenso wunder Punkt, aus dem Bruch der strukturellen Einheit der Mauer erwachsene Verletzlichkeit, thermisches Problem und Dichtungsschwäche. Dieses Fenster ist ein Grundelement der Architektur. Es bot sich an, dieses Buch zu eröffnen. Auge, Nase, Mund und Ohr zugleich, ist das Fenster nicht allein ein bestimmendes Element der Physiognomie eines Gebäudes, sondern ebenso ein Mittler, der es dessen Bewohnern ermöglicht, einen Ort zu sehen, zu hören und zu spüren.

Formen und Dimensionen der Fenster haben ihre Geschichte. In der primitiven Hütte dient eine einzige kleine Öffnung dem Durchgang, dem Ausblick, der Belichtung und der Belüftung in einem. Selten wird eine weitere bescheidene Öffnung hinzugefügt. Erst sehr viel später eröffnet der verglaste Fensterflügel dem Benutzer die bequeme Wahl, ihn je nach Bedarf zu öffnen oder zu schließen, ohne dabei in Dunkelheit zu versinken. Seitdem ist die Form des Fensters in gewisser Weise von den bautechnischen Möglichkeiten abhängig, Licht und Innenraumklima zu kontrollieren. Die Effizienz eines Fensters als Lichtquelle ist vielfach höher, wenn es deckennah, als wenn es bodennah liegt. Das zweckdienlichste Fenster wäre also nahe der Decke situiert, müßte es nicht gleichzeitig dem Ausblick und der Verbindung zwischen den Räume dienen.

Dem Fenster liegen also drei Funktionen zu Grunde: *Belichtung, Ausblick und Gelenkfunktion zwischen Innen und Außen.* Die sakralen und introvertierten Bauten messen der Lichtgewinnung die größte Bedeutung bei. Einige Architekten erforschen schon seit der Renaissance die Möglichkeiten, Belichtung und Aussichtsfunktion zu trennen, etwa durch Anbringung von Lichtöffnungen, häufig Rundfenstern, oberhalb der Sichtfenster. Das gängigste der traditionellen, ins Mauerwerk eingelassenen Fenster ist jedoch das vertikale, das den Fenstersturz minimiert und alle drei Funktionen in einem einzigen architektonischen Ele-

Das vertikale Fenster: Belichtung, Aussicht und Verbindung zwischen Innen und Außen.

Eines der ersten Fensterbänder: Licht für die Appenzeller Stickerinnen des 18. Jahrhunderts.

Mit Stahl und Stahlbeton wird das Prinzip der Skelettkonstruktion eingeführt, das die Wand zum Paravent werden läßt. Faguswerke von Walter Gropius (1911) und Kloster La Tourette von Le Corbusier (1957–1960).

ment vereint. Bis ins 20. Jahrhundert ist dies der Archetyp des Fensters (Abb. S. 16).

Ausnahmen bestehen. Das Reihenfenster oder Fensterband des Appenzellerhauses aus dem 18. Jahrhundert ist nichts als die intelligente und wohldurchdachte bauliche Umsetzung einer Produktionsnotwendigkeit: den Dutzenden, hinter jener „vorweggenommenen Vorhangwand" (Abb.) aufgereihten Stickerinnen genügend Licht zu bieten. Hier steht die Funktion der Belichtung im Vordergrund, der Ausblick ist nur nebensächlich.

Die jahrtausendealte Selbstverständlichkeit des vertikalen Fensters sieht sich durch neue Konstruktionsmittel in Frage gestellt. Mit Stahl und Stahlbeton wird das Prinzip der Skelettkonstruktion eingeführt, das die Wand zum Paravent werden läßt (Abb.). Das künstliche Licht verändert die Problemstellungen. Das vertikale Fenster verliert seinen engen Bezug zur Wirtschaftlichkeit der Mittel und sieht sich auf den einfachen Platz einer Möglichkeit unter anderen zurückverwiesen. Die Architektur löst sich aus den materiellen Zwängen, die sie bisher auf den Weg der Klarheit lenkten. Die Grenzen des Möglichen haben sich zumindest verschoben. Freie Fassade,

Glaswand, liegendes Fenster, Panoramafenster, Eckfenster, Glasveranda, Vorhangwand usw. eröffnen neue Möglichkeiten, Raum und Licht zu gestalten.

Die materielle Befreiung gilt nicht nur für das Fenster: Sie betrifft die gesamte Anlage des Gebäudes. Nur unter diesen Voraussetzungen konnte die architektonische Avantgarde, gemeinsam mit abstrakter Malerei und Skulptur, Strömungen wie Kubismus oder Purismus[1] hervorbringen. Die Bauform hat eine relative Autonomie in bezug auf den Konstruktionszweck erreicht. Seither können die drei Funktionen – Belichtung, Ausblick und räumliche Verbindung – auf verschiedene, genau bestimmte, kompromißlose Öffnungen verteilt werden. Ein Durchbruch, der eine ausgesuchte Landschaft umrahmt, muß nicht mehr notwendigerweise das Licht regulieren, welches sehr wohl von oben einfallen kann (z.B. Louis Kahn, Mario Botta). Glas, Stahl und Kitt haben neue Möglichkeiten eröffnet, die Grenze zwischen Innen und Außen *zu verwischen* (z.B. Gerrit Rietveld, Ludwig Mies van der Rohe, Philip Johnson).

Doch diese Freiheit wird nicht ohne Angst erlebt. Sie hat zu einer ungeheuren Heterogenität nicht nur unserer Fenster, sondern des Gebauten insgesamt geführt. Folgt jedes Fenster oder jedes Gebäude seiner eigenen Logik, ohne Rücksicht auf seine Nachbarn oder Vorgänger, so schmälert das resultierende Gesamtergebnis den Grat zwischen Zufallspittoreske und Chaos. Während das Fenster der klassischen Architektur als *an und für sich schönes Objekt* betrachtet werden konnte (was auch einen eigenen Diskurs über dieses Element begründete), kann das moderne Fenster nur in bezug auf die Gesamtheit der räumlichen Anordnung als schön verstanden werden. Es hat aufgehört, Objekt zu sein.

Es ist nicht leicht, in einem solchen Kontext Student oder Lehrer der Architektur zu sein; wo liegt die Gewißheit des vertikalen Fensters, wenn sein Sturz vom Gewicht der Mauer befreit ist? Wo liegt überhaupt noch Gewißheit, da wir, wenn wir den Horizont des zeitgenössischen Bauens betrachten, die pittoresken, bricolageartigen Fenster Lucien Krolls, die großzügige Maueröffnung Mario Bottas, das obsessive Quadrat Aldo Rossis, die partielle Auflösung der Mauer mit gegenseitiger Durchdringung der Räume bei John Hejduk und Richard Meier, die transparente Fassade bei Ludwig Mies van der Rohe oder die spiegelnde bei Norman Foster, einen unterschwelligen Anklang konventioneller Motive bei Robert Venturi und den bewußten Rückgriff auf die Bildwelt der Vergangenheit bei Leon Krier oder Ricardo Bofill nebeneinander finden? (Abb. S. 19).

Diese Mannigfaltigkeit ist jedoch nicht allein das Ergebnis neuer Techniken. Sie ist zum einen an unseren materiellen Wohlstand gebunden, der eine äußerste Sparsamkeit der Mittel nicht mehr unbedingt erfordert, zum anderen an die demokratische Ordnung unserer Gesellschaft, in der weder die Intellektuellen noch der Staat, noch die geldgebenden Banken sich das Recht anmaßen können zu bestimmen, was „angemessen" sei und was nicht.

Die Vielfalt der Fenster ist nur ein Beispiel für die konzeptionelle Pluralität, die die gesamte Architektur kennzeichnet. Die zeitgenössische Architektur tut sich, auf der Suche nach Paradigmen, enorm schwer mit der „Qual der Wahl" zwischen gegensätzlichen Richtungen, die nebeneinander existieren. Die „Wahrheiten" sind vielfältig, widersprüchlich und flüchtig. Die Bautechnik ist objektivierbar; Architektur und Stadtplanung sind es nur innerhalb eines Systems relativ fester menschlicher Werte, die an Orte und Tätigkeiten gebunden sind. Fügen wir hinzu, daß noch nie in der Geschichte der Menschheit das angehäufte Wissen so unbegrenzt und einem jeden so leicht zugänglich war. Archive wachsen, die Bibliotheken haben gigantische Ausmaße erreicht, und ihre Bestände sind informatisch erfaßt. Die Architekturzeitschriften machen unverzüglich ein sehr breites Spektrum jüngster Überlegungen, Forschungen und Realisierungen bekannt, die von einem Extrem zum anderen reichen. Die Gemeinsamkeit dieser verschiedenen Ansätze einer Elite liegt in dem Versuch, die Architektur rein wirtschaftlichen, technologischen und oberflächlichen Zwängen zu entreißen. Unsere Hoffnung ist es, ihr eine für die menschliche Existenz wesentlichere Bedeutung zurückzugeben.

Welche Bedeutung? – Dieses Buch hat zur Prämisse, daß der grundlegende technologische und soziologische Wandel im 20. Jahrhundert eine zwiespältige Methodenvielfalt und eine Instabilität der sozialen *und* ästhetischen Werte zur Folge hatte. Es spricht Kritik aus und stellt die formale Heterogenität der alltäglichen Umwelt dort bloß, wo sie chaotischen Anstrich bekommt und zur Ursache unserer Schwierigkeit wird, Haus und Umgegend zu einer „Gesellschaft von Orten"[2] zu gestalten.

Um zum Nachdenken darüber anzuregen, wie man angemessen bauen kann – ja, selbst ein Fenster – orientiert sich dies Buch nach zwei Richtungen:
- Es stellt die Grundprinzipien von baulicher Form und Ordnung vor,

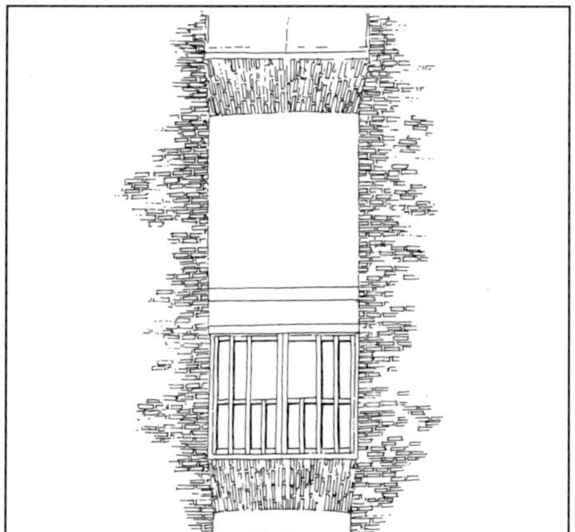
Kahn

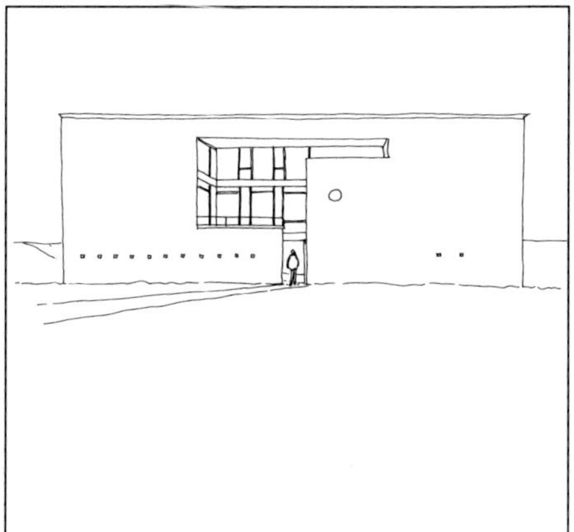
Botta

Kroll

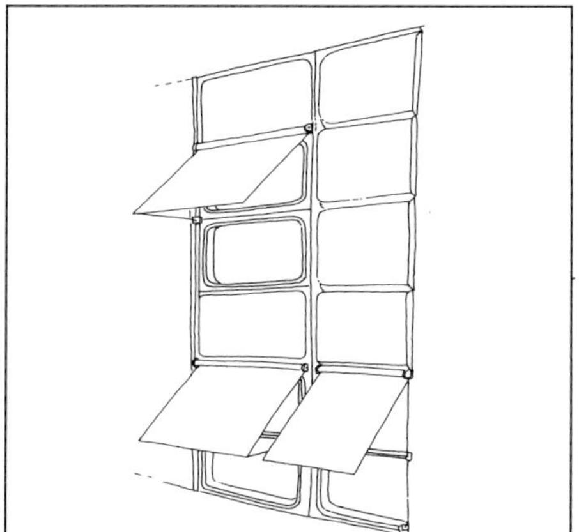
Prouvé

Wo liegt die Gewißheit des vertikalen Fensters, wenn doch sein Sturz vom Gewicht der Mauer entlastet ist? Die Außenhaut des Gebäudes löst sich im Spiel mit Flächen und Aussparungen zuweilen kühn von früheren materiellen und konstruktiven Zwängen und begibt sich in die Welt des plastischen und symbolischen Ausdrucks.

Rossi

Reichlin et Reinhart

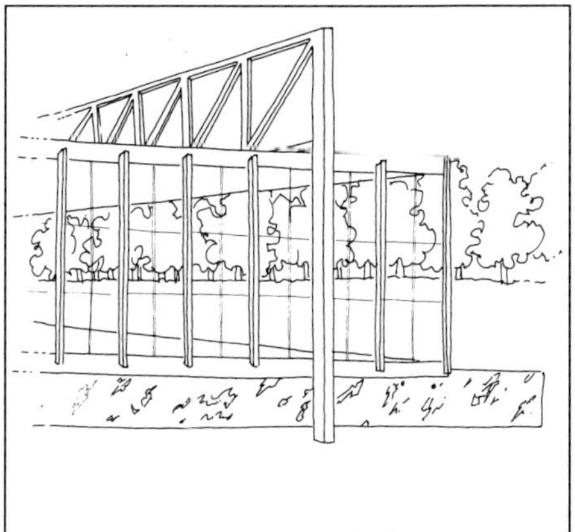
Mies van der Rohe

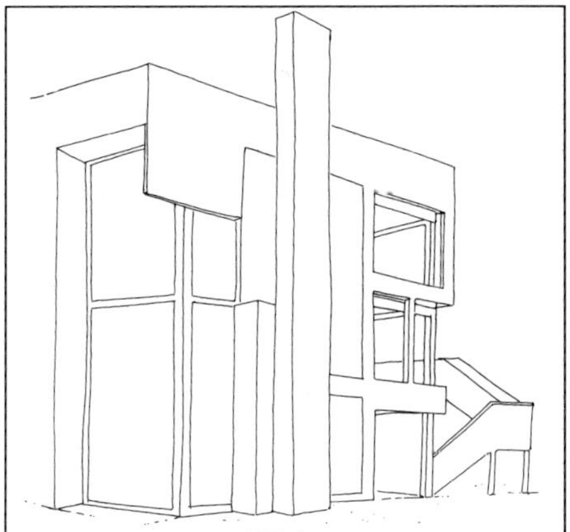
Meier

insbesondere jene, die relativ unabhängig von Stil und Epoche sind.

- Es versteht den architektonischen Entwurf als Vergegenwärtigung eines bestehenden Zustands durch Einfügung zeitgenössischer Fragmente und weniger als individuelle künstlerische Schöpfung. Diese Haltung ist vielleicht die einzige, die es erlaubt, die durch die raschen Wandlungen unserer Gesellschaft und ihrer Bilder entstehende Desorientierung zu kompensieren.

Bietet dies Buch auch weder Rezept noch „Glaubenslehre“, so sucht es doch, die Welt der Formen und Räume, die der eigentliche Stoff der Architektur ist, ein wenig durchsichtiger zu machen.

1.2 Auf der Suche nach universalen Prinzipien

> *„Was die Prinzipien ausmacht, auf denen eine Kunst beruht, ist, daß es kein Mittel gibt, welches erlaubte, von eben jenen Prinzipien abzuweichen.“*
>
> E.L. Boullée[3]

Eine Vielzahl von Architekturhistorikern bestreitet heute das Vorhandensein relativ fester Prinzipien in der Architektur. Tatsächlich geben historische Vielfalt (griechischer Tempel, gotische Kathedrale, Kapelle von Ronchamp) und zeitgenössisches Spektrum (die Häuser von Mario Botta, von Alvaro Siza oder Charles Moore) dem Argument Nahrung. Es scheint, als gäbe es keinen möglichen Konsens und jene Architekturen sagten mehr über den Standpunkt des Interpreten, als über den interpretierten Gegenstand aus.[4]

Ich bin kein Historiker und habe weder dieselben Pflichten noch dieselben Ziele. Da ich lehre, Architektur zu entwerfen, suche ich nicht in erster Linie nach offensichtlichen oder feinen Unterschieden, sondern nach verborgenen oder strukturellen Übereinstimmungen: ja, selbst nach Übereinstimmungen zwischen dem griechischen Tempel, der gotischen Kathedrale, dem Renaissancepalast, einem Haus von Loos, Hoffmann oder Botta und den Formen irgendeines beliebigen Dorfs, so wie es im Laufe der Geschichte eben entstanden ist. Ich betrachte und vergleiche sie und erforsche, um es weiterzugeben, was ihnen gemeinsam und von relativer Dauer ist.

Die Geschichte der Architekturtheorie ist seit Vitruv (80 v.Chr.) von der Suche nach universellen Prinzipien geprägt, die unabhängig von der geschichtlichen Epoche ihrer Entstehung Gültigkeit behalten. Das Unterfangen ist heikel. Alberto Perez-Gomez schreibt bezüglich der Anmerkungen Memmos zur Lehre Lodolis im 18. Jahrhundert, der nach eben solch einer geschichtsübergreifenden ästhetischen Norm suchte:

„Memmo sprach in derselben aufklärerischen Weise über die griechische und römische Architektur, die Theorien Vitruvs, der Renaissance und zeitgenössischer Autoren. Aufgrund seiner geschichtlichen Forschungen kam er schließlich zu folgender Schlußfolgerung: Obgleich Vitruv die Architektur als Wissenschaft definiert habe, fehlten dieser Kunst noch immer feste und unumstößliche Prinzipien ... Es genüge, sich bewußt zu machen, wie sehr die bestehenden Vorstellungen über das Wesen der Architektur auseinanderklafften, um zu der Überzeugung zu kommen, daß ‚wir noch immer im Dunkel sind‘. Und da die verschiedenen Autoren nicht einen einzigen klaren Gedanken teilten, ‚sollten wir zumindest den Mut zum Zweifel aufbringen‘ ...“[5]

Trotz erhöhter wissenschaftlicher Kenntnisse hat sich die Lage bis heute nicht sehr verändert. Die Schwierigkeit, vielleicht auch die Unmöglichkeit, allgemeingültige Prinzipien aufzustellen, beruht auf der Tatsache, daß in diesem Bereich die kartesianische Vernunft nicht ausreicht. Die architektonischen Probleme sind wenig klar definiert und ihre Vorgaben häufig widersprüchlich. Wir sind gezwungen, kritische Entscheidungen zu treffen. In diesem Sinne ist die Architekturtheorie ein Zweig der Philosophie, bevor sie zur Stütze einer Praxis wird. Aber tatsächlich waren so gut wie alle Architekturtheoretiker zugleich praktisch tätig: Die Versuchung ist daher groß, bei der Suche nach Prinzipien auf Systeme nach Art der antiken Ordnungen, der *éléments* der Académie des Beaux-Arts oder der „Fünf Punkte zu einer neuen Architektur“ von Le Corbusier zurückzugreifen. In seinem kurzen Werk „Einführung in die Geschichte der Architekturtheorie“ stellt Georg Germann die Entwicklung der Reflexion über das mögliche Wesen jener Prinzipien dar. Uns sollen hier besonders jene Überlegungen interessieren, die einer bestimmten Form „recht geben“, einer anderen „unrecht“.[6]

Bis zum Mittelalter, später erneut von der Renaissance bis ins 19. Jahrhundert, orientierten sich die Theorien zur Ästhetik der Architektur am Maßstab der Antike. Zwei Themen kehren in den theoretischen Abhandlungen geradezu zwanghaft wieder: *die Ordnungen* – dorisch, korinthisch, ionisch – und die *Proportionen* nach

Vorbild der musikalischen Harmonien. Der Unterschied zwischen beiden Ansätzen ist substantiell. Die Ordnungen liefern *Modelle* oder bestenfalls eine Typologie von Elementen, während die Forschung nach logischen und gefälligen Proportionssystemen abstraktere und allgemeinere, sprich weniger an eine ganz bestimmte Form und Technik gebundene Anwendungsmöglichkeiten eröffnet. Daher ist dieser Ansatz moderner oder steht den Zielen dieses Buches näher. Wir werden die Proportionssysteme im Licht des aktuellen Wissensstandes näher im Kapitel 4 untersuchen.

Wo soll man den Ursprung des Wahren finden, ob es sich nun um Formen oder Proportionssysteme handelt? Vitruv rechtfertigt die Form der griechischen Säulen und ihrer Kapitelle durch Herstellung eines Bezugs zum menschlichen Körperbau (Kap. 4). Wir teilen die Auffassung vom Menschen eher mit Zanotti, der schon 1750 sagte, die Architektur solle, wenn überhaupt etwas, lieber Gott als seine Werke nachahmen[7]. Was bedeutet, daß im Bereich der Architektur der Mensch souverän ist, zum Guten wie auch zum Schlechten. Er trägt die Verantwortung.

Die Architekturtheoretiker versuchten seit jeher, ihren Aussagen und den Ergebnissen ihrer Forschungen und Überlegungen über die Epoche ihrer Formulierung hinaus Gültigkeit zu verleihen. In gewisser Weise ist ihnen dies gelungen, denn noch heute sind die alten Traktate zur Architektur ein Quell der Weisheit, der unsere eigenen Überlegungen und Handlungen speist, sei es, weil ihre Aussagen vage Eindrücke in Worte fassen und bestätigen oder weil sie den Versuch einer begründeten Widerlegung herausfordern.

Das Anliegen dieses Buches ist nicht, jene Abhandlungen einer genauen Analyse zu unterziehen. Wir werden uns damit begnügen, einige spezifische Aspekte hervorzuheben, die zu seinen Prämissen in Beziehung stehen, insbesondere den der Architektur als Mittler zwischen Kunst und Wissenschaft.

Vitruv[8] hat sich darum bemüht, die Architektur auf der Ebene einer „Wissenschaft" anzusiedeln, die Bautechnik, Funktionalität und Ästhetik umschließt. Die Beispielhaftigkeit der antiken Formen wird zum Postulat erhoben. Er gibt eine „darwinistische" Erklärung für die Form des griechischen Tempels, deren Ursprung er auf eine Holzkonstruktion zurückführt. Ziel seiner theoretischen Bemühungen ist die Aufwertung der Architektur innerhalb der Wissenschaften und Künste.

Für Vitruv und später für die Theoretiker der Renaissance (Alberti, Filarete, Martini, Serlio, Palladio) sind die Werke der Antike der wichtigste Bezugspunkt und zwar weniger als geschichtliche Fragmente, denn als zeitlose Modelle, denen es zu folgen gilt. Die zehn Bücher Albertis übertreffen jedoch Vitruv an Klarheit und Breite der Fragestellungen. Die städtische Raumordnung nimmt hier bedeutenden Platz ein. Wenn auch der Begriff der „Wissenschaft" in diesem Werk verwendet wird, so zeigt es doch eher den Federstrich des großen Meisters, der berät und seine eigenen Fertigkeiten und Erfahrungen weitergibt: Die wissenschaftliche Strenge Galileis, Descartes' und Newtons soll erst später kommen. Für Alberti ist Theorie die um Objektivität bemühte Erläuterung einer auf gesundem Menschenverstand und Erfahrung beruhenden Praxis, „die Wissenschaft des Könnens". Dasselbe gilt für die vier Bücher Palladios[9], der seine Abhandlungen mit Skizzen eigener Projekte illustriert, die er für diesen Zweck ein wenig bereinigt. Die Untersuchungen zu musikalischen und architektonischen Proportionen stellen vielleicht den objektivsten Teil dieser Schriften dar.

Das Aufblühen des kartesianischen Rationalismus und der exakten Wissenschaften im 17. und 18. Jahrhundert konnte von den Architekturtheoretikern nicht ignoriert werden. François Blondel schrieb: *„... das Genie allein macht noch keinen Architekten, welcher durch Studium, Beharrlichkeit, lange Übung und Erfahrung erst genaue Kenntnisse der Regeln seiner Kunst und der Proportionen erwerben muß sowie die Wissenschaft, sie richtig anzuwenden ..."*[10]

Dieses Zitat spiegelt die Verlegenheit der Architekturtheorie im Jahrhundert der Aufklärung deutlich wider. *„Das Genie"* des Künstlers wird nicht in Frage gestellt; der Begriff der *„Regel"* spielt auf feste Prinzipien an, insbesondere die Proportionen, die man aus dem Studium beispielhaft schöner Gebäude gewinnen könne. *„Wissenschaft"* bezieht sich auf Verständnis und geordnete Darstellung dieser Regeln sowie auf deren richtige Anwendung. Die Mißverständlichkeit rührt daher, daß die verschiedenen Regeln und „ewigen" Gesetze, die von Blondel und anderen angeführt werden, nicht von demselben wissenschaftlichen Wert sind. Ist die Bedeutung der ganzen Zahlen für bestimmte musikalische Harmonien auch kaum zu leugnen, so gilt dies nicht zwangsläufig auch für ihre Übertragung in den Bereich der architektonischen Proportionen. Es ist schwierig, empirisch gewonnene Schönheitskonventionen von den weiterhin gültigen Gesetzen zu unterscheiden, wenn diese

Konventionen wie im 20. Jahrhundert zerbrechen.

Aufgrund jener Schwierigkeit, die Welt der Architektur durch ewige Gesetze gleich denen der Physik oder Biologie zu beschreiben, wird der Raum zum Ausgangspunkt einer Evasion in die ästhetische oder künstlerische Willkür, die gewisse Tendenzen im 19. und 20. Jahrhundert kennzeichnet. Der Begriff der „Willkür“ wird hier nicht in seiner negativen Bedeutung verwendet, sondern um eine Divergenz zwischen Geschmacksurteil und wissenschaftlicher Analyse zu bezeichnen. Die Idee des Fortschritts wird durch die Trennung von Kunst und Wissenschaften in Frage gestellt. Charles Perrault behauptet, daß die Künste ohne kontinuierlichen Fortschritt entstünden und vergingen, während die Wissenschaften fortschritten.[11]

Die Versuche, Wissenschaft und Kunst einander anzunähern, erhalten im 19. Jahrhundert eine neue und eigene Ausprägung. Von Durand (1802) bis Guadet (1903) spiegeln die Abhandlungen zur Architektur den doktrinären Rationalismus der Académie des Beaux-Arts wider, die in der europäischen Welt zu dieser Zeit großen Einfuß hat. Für Durand erreicht man das Schöne durch die Verbindung von Ökonomie und Einfachheit. Daher stellt er eine Art Katalog von Modellen auf, die seiner eigenen Auslegung dieses Postulats entsprechen.[12] Eines der vorrangigsten Ziele war, die Architektur „lehrbar“ zu machen. Durand behauptet zwar wohl, daß die Architektur sowohl eine Wissenschaft als auch eine Kunst sei, versteht aber unter Kunst die Fähigkeit, *ein Wissen anzuwenden*. Hundert Jahre später wird Guadet sagen: *„Die Wissenschaft hat ihre Axiome, die Kunst hat ihre Prinzipien ... Aber die Prinzipien lassen sich nicht beweisen wie die Axiome ...“*[13]. Unter Prinzipien versteht er nicht mehr allein die „Ordnungen“, sondern die Kenntnis der architektonischen Elemente (Wände, Türen, Fenster, Treppen, Dächer etc.) und Kompositionsverfahren, die man per Analogieschluß aus den schönsten Vorbildern der Geschichte gewinnen könne. Die Gefahr einer solchen auf Analogieschluß beruhenden Lehre liegt in ihrer Tendenz, bestimmte Beispiele zu verewigen, anstatt nur den ihnen zugrunde liegenden Typus aufzugreifen.

Die Autorität der Académie des Beaux-Arts wurde schon im 19. Jahrhundert durch Theoretiker wie Gottfried Semper[14] und Viollet-le-Duc erschüttert, die den Untergang der „Prinzipien“ und den Sieg der exakten Wissenschaften mit Hilfe der Ingenieurtechnik vorhersagten, die die konventionellen Kodes der Architektur in Frage stellte und den Weg für Neuerungen der Technik und der „von künstlerischer Willkür befreiten“ Formen öffnete. Viollet-le-Duc betrachtet die Architektur unter zwei Gesichtspunkten: 1) *der Theorie*, die vom Dauerhaften und immer Gültigen handelt, insbesondere von den Regeln der Kunst und den Gesetzen der Statik und 2) *der Praxis*, die diese ewigen Gesetze den sich verändernden Bedingungen von Zeit und Raum anzupassen sucht.[15] Diese Rückkehr zur Vernunft bereitet den Sturz der Vorherrschaft der kodifizierten Architektur der Académie des Beaux-Arts und den Durchbruch jener formalen Neuerungen vor, die Anfang des 20. Jahrhunderts die geschichtlichen Fesseln der Kunst zerreißen, um nach revolutionären und authentischen Wegen zu suchen.

Die Programme und Manifeste vom Anfang des Jahrhunderts sind in dieser Hinsicht vielsagend: *„Ingenieur-Ästhetik, Baukunst: beide im tiefsten Grunde dasselbe, eins aus dem anderen folgend, das eine in voller Entfaltung, das andere in peinlicher Rückentwicklung“*[16], sagte Le Corbusier 1920. Auch wenn später das Bauhaus Kunsthandwerk und Kunst einen vorrangigen Platz einräumt, haben sich die Prinzipien dieser Kunst grundlegend verändert, und die Wissenschaften haben ehrenvollen Einzug in die Lehre der Architektur gehalten.

Das letzte Viertel dieses Jahrhunderts hat uns an eine Schwelle bedeutender Wandlungen im wissenschaftlichen Denken geführt. Zunächst haben wir einer bedeutenden Entwicklung nicht nur der exakten Wissenschaften, sondern ebenso der Geisteswissenschaften, insbesondere der Psychologie, der Soziologie und der Geschichte beigewohnt. Diese schlagen eine zerbrechliche Brücke von den Gewißheiten der exakten Wissenschaften zu den Vermutungen der Kunst. Zerbrechlich deshalb, weil die hellsichtigsten Wissenschaftler seit rund zwanzig Jahren selbst den Bezug zwischen Wissenschaft und *gelebter Wirklichkeit* in Frage stellen. Die phänomenologischen Ansätze häufen sich und die Metaphysik wird allmählich wieder „hoffähig“.

André Malraux sagte: *„Das 21. Jahrhundert wird religiös oder überhaupt nicht sein.“* Alberto Perez-Gomez schreibt in seinem Werk „Architecture and the Crisis of Modern Science“ folgendes: *„Die durch die Gesetze der Wissenschaft beweisbare Wahrheit ist die Grundlage menschlicher Entscheidungen geworden, vor und jenseits der ‚Wirklichkeit', die immer zwiespältig und nur ‚poetisch' zu erfassen ist. Heute wird die Theorie in allen Disziplinen meist mit der Methodologie ver-*

wechselt; sie ist zu einer Ansammlung spezialisierter und preskriptiver Regeln geworden, die technologischen Werten dienen, das heißt eher dem Prozeß als dem Ziel; jenem Prozeß, der größtmögliche Nutzbringung durch geringstmögliche Anstrengung zu erreichen sucht. Seit das Leben selbst als biologischer oder teleologischer Prozeß betrachtet wird, kann die Theorie ethische Fragen vernachlässigen und nur nach dem Nutzen ihrer Anwendung sehen. Die moderne Theorie, die sich auf das Modell der mathematisch-physikalischen Wissenschaften aus dem Anfang des 19. Jahrhunderts und seine utopischen Ideale stützt, hat die dringlichsten menschlichen Probleme für unerheblich erklärt ... Die deutlichste Umschreibung unserer Krise ist, daß der konzeptionelle Rahmen der Wissenschaft mit der Wirklichkeit unvereinbar ist."[17]

In diesem Zitat klingen einige der Beweggründe für die 68er Revolte an, ein Widerhall unserer zwiespältigen Beziehung zum technologischen Fortschritt, den die Wissenschaft ermöglicht hat. Es enthält berechtigte Kritik, in die dennoch nur mit Vorsicht eingestimmt werden kann. Auch wenn die wichtigen Entscheidungen der Menschheit nicht mehr dadurch bestimmt werden, daß man eine Hellseherin oder das Orakel von Delphi befragt, so heißt dies noch lange nicht, daß sie auf „wissenschaftlichem" Wege zustande kommen. Wir bedienen uns der Wissenschaften, um jenen Teil der Wirklichkeit, den wir erfassen wollen, besser einzuschätzen; für die eigentliche Entscheidung greifen wir jedoch auf unser Wertesystem zurück. Unsere Ethik trägt viel öfter den Sieg über objektive Tatsachen davon, als wir zuzugeben bereit sind. Ethik und Mythos stehen in enger Beziehung. Der Mythos trübt die Gewißheiten und steht zugleich der erfahrenen Wirklichkeit nahe. Verbietet aber der Mythos den Zweifel und wird selbst zur Gewißheit, so wird er gefährlich.

Entgegen allem Anschein war die Architektur der Pioniere dieses Jahrhunderts niemals „wissenschaftlich", selbst bei den fast bedingungslosen Adepten einer rationalen und wissenschaftlichen Vorgehensweise wie Hannes Meyer nicht (vgl. sein Wettbewerbsprojekt für die SDN, 1929). Manche glitten, nachdem sie zunächst die Gesetze der Form auf strikt logische oder mathematische Weise angegangen waren, allmählich in Richtung einer Aufwertung des Irrationalen. Der junge Architekt und Theoretiker Christopher Alexander, dem es nicht an mathematischem Genie fehlte, sagte mir 1964, es sei sein höchster Traum, die Schönheit und Komplexität einer Rose mathematisch erfassen zu können. Sein Buch „Notes on the Synthesis of Form"[18] zeugt noch von jenem Streben nach dem Absoluten, aber „Pattern Language"[19], das rund zwanzig Jahre später veröffentlicht wurde, beschreibt Techniken, Mythen und Wirklichkeiten in einer Mischung aus Positivismus und Phänomenologie. Ebenso bleibt von der Faszination, die die Ingenieurkunst um 1910 auf Le Corbusier ausübte, in seinem Spätwerk von 1957 wenig übrig: dem Dominikanerkloster La Tourette.

1.3 Für eine Einführung in das Architekturstudium

Mit „Raum, Zeit, Architektur" bot Sigfried Giedion dem Studenten vor vierzig Jahren einen neuartigen und kohärenten Einblick in Ursprünge und Wesen der modernen Architektur. Fast gleichzeitig gelang es Bruno Zevi mit seinem Buch „Sapere vedere l'architettura"[20], die Architekturstudenten an eine mehr raum- als objektbezogene Lesart heranzuführen. Was hat sich seither getan?

Die durch die umwälzende Bewegung der Moderne zu Anfang dieses Jahrhunderts hervorgerufene Erschütterung hat den architektonischen Abhandlungen und der Vorstellung von „unumstößlichen und richtigen Prinzipien" den Gnadenstoß versetzt. Übrig blieben nur die abgeschwächten Versionen etwa eines Neufert. Die zeitgenössische Kultur zieht Konsequenzen; die Schriften zur Kunst der Architektur häufen sich, meiden aber bewußt den Positivismus der umfassenden Abhandlung: Neuauflagen, Sammlungen von Schlüsseltexten, Manifeste und Aphorismen, gründliche historische Studien, Befragungen bestimmter Techniken, Monographien usw. Ein gigantisches Wissen zu versprengten Einzelthemen sammelt sich an, angesichts dessen der Versuch, den Gegenstand Architektur in einer einzelnen Einführung zu umreißen, eine selektive Beschränkung und eine gewisse Bescheidenheit des wissenschaftlichen Anspruchs zugunsten eines didaktischen Ziels erfordert.

Jeden Tag stehen die Lehrenden vor der Aufgabe, die Reichweite und die wichtigsten Aspekte der Disziplin entdecken und schätzen zu lehren, die den Lebensraum der Menschen heute und morgen gestaltet. Die vielfältige Erscheinung der Disziplin muß daher vereinfachend vorgestellt werden. Auf die eine oder andere Art praktiziert man dies in allen Schulen der Architektur, *aber es wird nicht mehr kodifiziert.* Heute unterscheidet sich der Diskurs von einem Dozenten zum anderen, von einer Schule zur nächsten. Der Studienanfänger stößt sich an der Heterogenität der Konzepte und der

Sprachen, die dieselben Grundprinzipien der Architektur umschreiben.

In Wirklichkeit betreffen die Unterschiede eher die Vorgehensweise als den eigentlichen Gehalt. Die einen gründen ihren Einführungsdiskurs auf die gründliche und kritische Untersuchung einiger Fallstudien. Andere halten es für angemessener, sich der Materie über das vergleichende Studium typischer Elemente (Säule, Wand, Sockel, Kante, Krone, Fenster, Tür, Treppe, Platz, Straße, usw.) anzunähern, wieder andere wählen – wie auch dieses Buch – allgemeinere Themen der Komposition. Welche Vorgehensweise man auch immer bevorzugt, was für den Studenten zählt, ist, eine klarere Vorstellung von der Disziplin zu gewinnen, einige Gewißheiten zu erhalten und Bezüge herstellen zu können, die ihm das weitere Lernen erleichtern.

In dem Kontext ist dieses Buch zu verstehen. Trotz der Gefahr unvermeidlicher Auslassungen kreist der erste Teil um Themen der Geometrie und der Wahrnehmung der Umgebung, um einige *Anhaltspunkte zu einer Grammatik* zu liefern. Die gegenwärtigen Kenntnisse von den Bauformen als solche wie auch als Werkzeuge für den Entwurf werden gegliedert dargestellt. Der Form wird hier zuweilen ein gewisser Grad von Autonomie bezüglich der Bedeutung zugemessen. Sie ist zunächst jener „Hohlraum des Sinns", welcher erst später mit verschiedenen und zeitlich wechselnden Bedeutungen angefüllt wird.

Jene „Grammatik" wird zum Beispiel zu erklären suchen, aufgrund welcher formalen Phänomene gewisse Stadtensembles (Idra, San Gimignano, Bern usw.) von großer formaler Kohärenz auftreten oder weshalb – im Gegensatz hierzu – die zeitgenössische Stadt häufig als chaotisch empfunden wird. Eine ähnliche Betrachtung kann man für die Anordnung von Öffnungen in einer Fassade durchführen. Wir werden ebenso versuchen aufzuzeigen, weshalb bestimmte planimetrische oder räumliche Gebilde ausgewogener wirken als andere; aufgrund welcher Phänomene ein Gebäude Objektcharakter trägt, während ein anderes als Faser im städtischen Gewebe fungiert; wie man mit sparsamen Mitteln den architektonischen Raum bestimmt und mittels welcher Grundprinzipien Verbindungen zwischen Räumen hergestellt werden können; welche räumlichen Merkmale bestimmte Geometrien aufweisen und wie diese eingesetzt werden können usw.

Die Zergliederung und Klassifizierung von Merkmalen der architektonischen Form sind nicht ohne Gefahren. Sie entsprechen weder unserer Wahrnehmung der äußeren Welt, die immer ganzheitlich ist, noch dem Prozeß des architektonischen Entwerfens. Dennoch müssen wir, um lehren und lernen zu können, zunächst die *Strukturen* der Formenwelt analysieren. Der Leser wird schnell bemerken, daß es sich hier weder um eine Abhandlung noch um ein Handbuch, noch um ein Buch mit architektonischen Rezepten handelt, sondern vielmehr um eine Einführung in eine Disziplin.

Im zweiten Teil kommt der Standpunkt des Autors zum zeitgenössischen architektonischen Schaffen anhand dreier ausgewählter Themen zum Ausdruck: *Ort*, Beziehung von *Form und Material* und der *Entwurf als Mittel zur Aneignung von Kenntnissen*.

Der in diesem Werk gewählte Ansatz siedelt die Architektur zwischen der Welt der äußeren Wirklichkeiten und jener der Wünsche und Einbildungskraft an. Die Architektur selbst kann also keine Wissenschaft sein, aber sie bedient sich der exakten Wissenschaften für ihre Stabilität, Dauerhaftigkeit, Thermik und Akustik, sowie der Geisteswissenschaften, um die Beziehungen des Menschen zu Zeit und Raum besser zu verstehen. Der gelehrte Architekt überprüft die künstlerischen und kulturellen Ideen, die in seinem Entwurf zum Ausdruck kommen, durch rationale Mittel. Er handelt in Kenntnis der wissenschaftlichen Errungenschaften. Die verführerische Vision einer völlig rationalen, wissenschaftlichen Architektur, die allein auf Tatsachen gründet und sich von jeder Spekulation befreit hat, ist jedoch eine Täuschung. Um mit Colin Rowe zu sprechen: *„... Können die Gesetze der Statik auch als unumstritten anerkannt werden, so wurden die ‚Gesetze' von Nutzen und Gefallen ... bestimmt noch keiner Newtonschen Revolution unterworfen; und ist es auch nicht unvorstellbar, daß dies eines Tages geschehen wird, bleiben doch bis dahin alle Vorstellungen von Nützlichkeit und Schönheit unüberprüfbare Hypothesen ..."*[21]

In der Architektur belegen, wie überhaupt im Leben, Wissenschaft und Kunst Plätze von gleicher Wichtigkeit. Da hier vor allem von *Form* die Rede ist, ist das, was wir „Prinzipien" nennen, letztendlich nichts als das Ergebnis von Beobachtungen und Hypothesen bezüglich der beständigsten Komponenten der Architektur. Dort, wo die wissenschaftlichen Forschungen dazu beigetragen haben, Vermutungen zu erhärten, wird darauf eingegangen werden. Ansonsten wird der Ansatz eher phänomenologisch sein, wobei versucht wird, aufgestellte Regeln mit größtmöglicher Stichhaltigkeit zu begründen. Unser Schatz an

„Erfahrungen", die Geschichte, wird uns dabei eine wertvolle Hilfe sein.

Wenn gewisse Prinzipien, was vorkommen mag, sich als vergänglicher erwiesen, als man erwartet hätte, so würde dies zwar ihren Wert mindern, ihn jedoch keinesfalls auslöschen. In diesem Sinn schrieb Abbé Laugier 1753: *„Mir scheint, daß für die Künste, die nicht reine Kunstfertigkeiten sind, die Übung nicht ausreicht. Es ist vor allem wichtig, daß man lernt zu denken. Ein Künstler muß rechtfertigen können, was er tut. Zu diesem Zweck benötigt er Prinzipien, die seine Urteile begründen und seine Entscheidungen rechtfertigen, so daß er nicht nur instinktiv sagen kann, was gut oder schlecht sei, sondern sein Urteil darlegt als jemand, der die Wege des Schönen kennt und sie zu rechtfertigen weiß."*[22]

In unserer Zeit, in der die Tendenzen und „Schulen", von denen anfangs die Rede war, zahlreich und oft schnell vergänglich sind, erscheint es von Nutzen, wenn der Diskurs über die Architektur versucht zu sammeln, zu verdeutlichen und zu ordnen, was diesen Tendenzen gemeinsam ist. Dieses Buch ist eine geordnete Sammlung von Beobachtungen, Forschungen, Erfahrungen und Reflexionen, die einem jeden bei der *begründeten Kritik* seiner eigenen Arbeit und der Entwürfe und Bauten anderer behilflich sein will.

Die Art der Präsentation möchte Sie zu einer Führung durch ein kleines „imaginäres Museum" des Autors einladen, der seine Sammlung von Themen erläutern wird. Bild und Text bilden ein untrennbares Paar. Die Verweise werden vielleicht den einen oder anderen Leser dazu anregen, seine Studien durch das Hinzuziehen spezialisierterer Werke zu vertiefen, wenn seine Neugierde ihn reizt oder seine Pflichten ihn zwingen. Die Sammlung verrät die Vorlieben des Autors: die moderne Architekturbewegung aus dem ersten Drittel dieses Jahrhunderts, die griechische Antike, Byzanz, die Renaissance und zuweilen der Barock.

2 Über das Wahrnehmen

Figur – Grund
Le Corbusier, Iannis Xenakis,
Kloster Sainte-Marie-de-la-Tourette,
Eveux-sur-L'Arbresle, 1957–1960

2.1 Die Lust am sinnlichen Erfahren der Architektur

Zunächst eine Vorwarnung: ein Mensch, der all seiner Sinne mächtig ist, nimmt die Architektur in erster Linie visuell und kinästhetisch (durch das Gefühl für die Bewegung seiner Körperteile) wahr. Hiermit beschäftigt sich dieses Buch im wesentlichen. *Das bedeutet aber nicht, man solle so tun, als sei man taub, geruchs- oder tastunempfindlich*; damit beraubte man sich der Fülle seiner Empfindungen. Zumal zuweilen gerade die Mängel eines Bauwerks in einem jener als zweitrangig angesehenen Punkte seine visuellen Qualitäten zerstören. Die ästhetische Erfahrung der Umgebung ist ganzheitlich, und es gibt sogar Situationen, in denen Klang, Geruch oder Tastempfindungen wichtiger sind als das Gesehene und mit außergewöhnlicher Intensität erlebt werden. Dies sollte man bei der Entwurfsarbeit niemals vergessen! Versuchen wir, uns den Hall der Räume vorzustellen, die wir entwerfen, die Tastempfindungen, welche sie hervorrufen, die Gerüche, die sich durch Materialien oder Nutzung verbreiten. Die folgenden fünf Bilder mögen als Merkstütze dienen (Abb. S. 29–33).

Das Gehör nimmt nicht nur in Konzerträumen, wo seine Ansprüche klar sind, teil an der Wahrnehmung; es spielt ebenso eine Rolle auf dem Straßenpflaster, im Treppenhaus, am Arbeitsplatz usw. Ein Klassenzimmer, sei es auch noch so großzügig, vernünftig aufgeteilt, gut erhellt und räumlich glänzend komponiert, wird zur Stätte der Qual, wenn die Dauer des Nachhalls der Stimme bestimmte Grenzen überschreitet, ob nun aufgrund der gewählten Materialien oder einer übermäßigen Raumhöhe. Eine „taube" Kirche verliert ihren sakralen Charakter. Ein Kiesweg, der aufs Haus zuführt, kündet die Schritte des Besuchers an. Ist er aber erst asphaltiert (der Sauberkeit wegen), hört er auf, seine Botschaften zu übermitteln. Schließt man zuweilen die Augen, um dem Diktat der visuellen Welt zu entkommen und besser zu hören, so entdeckt man den Genuß solcher auditiven Erfahrungen. Denken Sie an den Widerhall der Schritte!

Der Geruch – Duft von Gärten, Geruch des Holzes, des Betons, Küchengerüche, Rußgeruch, Dampf der Waschküchen, Weihrauch der Kirchen, Trockenheit der Dachböden, Staub, Feuchtgeruch der Keller (den wir auf den Stichen von Piranesi sogar „sehen" können) ... – der Geruch kennzeichnet Orte und Momente des Lebens. Vielleicht ist es die relative Seltenheit solcher Erfahrungen, die ihre Wirkungskraft verstärkt. Wir unterscheiden sie scharf und deutlich und erinnern uns sozusagen ein Leben lang an sie: Der Geruch des großmütterlichen Hauses kann so fest in unserem Gedächtnis verhaftet sein, daß es schon ausreicht, ihn zwanzig Jahre später in einem anderen Kontext wiederzufinden, um Bilder des Hauses mit erstaunlicher Schärfe wieder auftauchen zu lassen.

Die Tastempfindung spielt eine besondere Rolle in der Architektur und zwar aus zwei Gründen: Zum einen ist sie aufgrund der Schwerkraft unvermeidbar, zum anderen wird sie durch unser Sehen von Formen und Texturen vorausgeahnt. Die Füße des stehenden oder gehenden Menschen befinden sich in ständiger Berührung mit dem Boden – glatt oder rauh, hart oder weich, eben oder geneigt. Haben wir die Wahl, so entscheiden wir meist nach der größeren Bequemlichkeit.

Und die Hände? Es ist bekannt, daß es uns nicht genügt, ein schönes Objekt in einem Schaufenster zu sehen: Wir möchten es anfassen, sein Gewicht und die Struktur seiner Oberfläche spüren. In der Architektur sind es vor allem die vertikalen *geschliffenen* Elemente – Skulpturen, Täfelungen, Säulen usw. – die uns zu jener Geste der Liebkosung einladen.

Und das Gesäß? Auch dieses fühlt sich eingeladen durch eine bestimmte formale Beschaffenheit von Stufen, Sockeln, Bänken und Sitzen, die vom Auge und manchmal der Hand zunächst auf ihre Sinnlichkeit hin geprüft werden. Und die Haut? Kälte, Hitze, unangenehme oder erfrischende Luftzüge, erdrückende Stickigkeit oder sanfte Atmung – alles zu beachtende Punkte beim architektonischen Entwurf. Studieren Sie Frank Lloyd Wright!

Die Bewegung des Körpers stellt, zählt sie auch nicht zu unseren fünf Sinnen, doch unser Maß für Dinge und Raum dar. Durchgang, Rundgang, Tanz, Geste erlauben die Einschätzung von Größen und die Erkundung des Verborgenen: Sich nähern, sich entfernen, umkreisen, hinauf- und hinabsteigen, eindringen, entfliehen ... alles Tätigkeiten, die uns ermöglichen, selbst zu bestimmen, was wir in einem gegebenen Umfeld sehen, hören, riechen, kosten und berühren wollen. Nur als Zeichnung oder Photographie bleibt Architektur ein Bild. Als Bauwerk wird sie zur Bühne und manchmal zur Regisseurin von Rundgängen und Bewegungen, das heißt einer Folge von Wahrnehmungen.

Das Gehör (das Horchen), der Geruchssinn (der Duft) und der Tastsinn (die Liebkosung) sind genau wie Sehvermögen und Kinästhesie keine rein physiologischen Funktionen, sondern auch Ergebnisse eines Lernvorgangs.

Ohr, Nase, Auge und Haut *sind nicht „unschuldig“* und unvoreingenommen. Unsere intellektuellen Fähigkeiten, unser Vermögen zu lernen und zu behalten machen sie zu Detektoren, die durch unsere Erfahrung, unsere Kultur und Zeit gesteuert sind. Die Gerüche, Geräusche und Melodien des 19. Jahrhunderts werden im 20. Jahrhundert anders empfunden.

So gut wie nie wirken unsere Sinne einzeln; sie ergänzen und vermischen sich, und manchmal widersprechen sie sich auch. Dazu Michel Serres: „*... kein Körper hat jemals einzig und allein den Duft einer Rose gerochen. Diese Leistung des Isolierens und der Selektion vollbringt vielleicht der Verstand, und ganz gewiß tut es die Sprache. Der Körper riecht eine Rose und zugleich damit tausend Düfte rings umher, er sieht eine vielgestaltige Landschaft und erzittert unter den Wellen des Schalls, während er zugleich dieses ganze bunte Gemisch aus Sinneswahrnehmungen abweist, um frei zu phantasieren, um sich in Abstraktionen zu ergehen oder in Ekstase zu verfallen, um aktiv an seinem Zustand zu arbeiten oder ihn auf zig Arten zu interpretieren, ohne daß er dabei aufhörte, ihn zu empfinden.*“[23]

Der Blick

„Der Blick überfliegt die Straßen wie beschriebene Seiten: Die Stadt sagt alles, was du zu denken hast, läßt dich ihre Rede wiederholen ...“

„Selten verweilt das Auge auf einem Ding, nämlich wenn er [der Mensch] es als Zeichen für etwas anderes erkannt hat: Eine Spur ...“

„Die Stimmung dessen, der sie ansieht, ist es, die der Stadt Zemrude ihre Gestalt gibt. Gehst du pfeifend hindurch, die Nase in der Luft hinter dem Pfiff, lernst du sie von unten nach oben kennen: Fenstersimse, wehende Vorhänge, Springbrunnen. Gehst du hindurch mit dem Kinn auf der Brust, die Fingernägel in die Handflächen gegraben, verfangen sich deine Blicke den Boden entlang an Rinnsteinen, Gullys, Fischgräten, Papierabfällen. Du kannst nicht behaupten, daß ein Aspekt Zemrudes wahrer sei als der andere ...“

„Deine Schritte gehen nicht dem nach, was außerhalb der Augen, sondern was in ihnen ist, begraben und gelöscht: Wenn von zwei Laubengängen dir einer immer noch heiterer erscheint, so ist das, weil durch ihn vor dreißig Jahren ein Mädchen mit weiten gestickten Ärmeln ging, oder auch nur, weil er zu einer gewissen Stunde ein Licht bekommt wie jener andere, von dem du nicht mehr weißt, wo er war.“ (Italo Calvino)[24]

Bild: Claude Nicolas Ledoux, Théâtre de Besançon

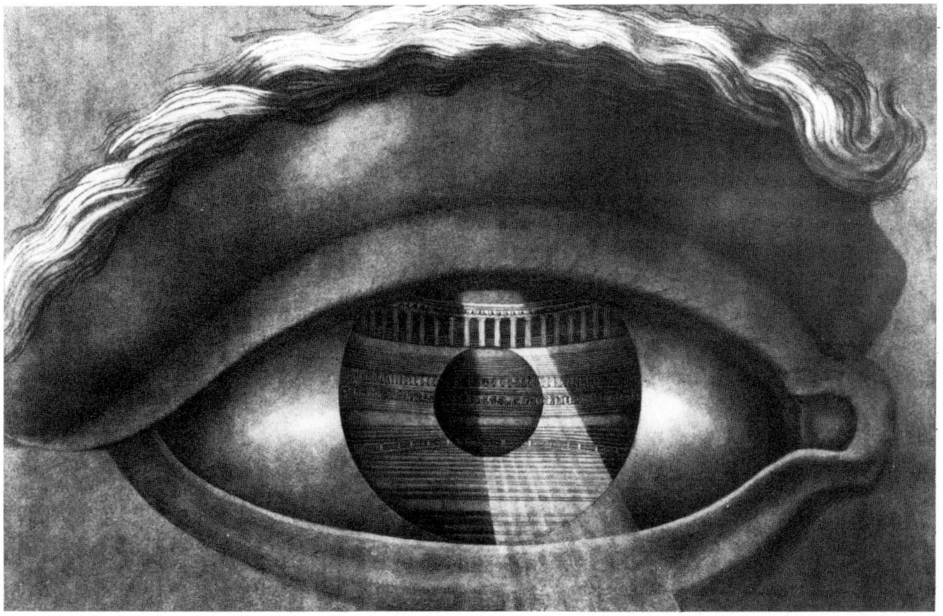

Das Horchen

„Wer der Erzählung gebietet, ist nicht die Stimme: Es ist das Ohr." (Italo Calvino)

„Ich horche ... Das Ohr vergrößert sich, bis es die Größe des Amphitheaters erreicht, eine Ohrmuschel aus Marmor. Ein auf dem Boden liegendes Ohr; die Achse vertikal, versucht es, die Harmonie der Welt zu hören ..." (Michel Serres)[25]

Bild: Epidauros, Luftaufnahme.

Der Duft

„Der Geruch dagegen scheint der Sinn des Singulären zu sein. Die Formen wiederholen sich, invariant oder wiederkehrend, die Harmonien verwandeln sich, über Variationen hinweg stabil, der Duft bezeichnet das Spezifische. Selbst mit geschlossenen Augen, verstopften Ohren, an den Händen und Füßen gefesselt, die Lippen aufeinandergepreßt, erkennen wir noch nach Jahren mit ganz sicherem Gespür diesen ganz bestimmten Ort zu dieser Jahreszeit am Abend kurz vor dem Regen wieder … Als Sinn der Konfusion …, als seltener Sinn der Singularitäten, gleitet der Geruch vom Wissen zum Gedächtnis und vom Raum zur Zeit …" (Michel Serres)[26]

Bild: Taufe der Russen.

Die Liebkosung

„Die Haut versteht es, die Nachbarschaft, die Grenzen, die angrenzenden Räume zu erkunden …“

„Viele Philosophen beziehen sich auf den Gesichtssinn, nur wenige auf das Gehör, und noch weniger setzen ihr Vertrauen auf den Tast- oder Geruchssinn.“

„Die einen beobachten, betrachten, sehen die Welt; die anderen liebkosen sie oder lassen sich von ihr liebkosen, sie werfen sich auf sie, rollen sich in sie ein, baden darin, tauchen hinein, und manchmal häuten sie sich. Die einen kennen das Gewicht der Welt nicht, flache, glatte Haut, in die große Augen eingelassen sind; die anderen überlassen sich ihrem Gewicht, ihre Haut erfährt lokal, im Detail, den Druck der Welt, wie ein Bombardement; ihre Haut wird tätowiert, sie ist gestreift, getigert, gefleckt, gekörnt, chaotisch übersät mit Tönen und Schattierungen, mit Wunden und Beulen überzogen.“

„Die Haut … entfaltet die Sensibilität. Sie erschauert, hat Ausdruck, atmet, hört, sieht, liebt und läßt sich lieben, empfängt, weist zurück, weicht zurück, schaudert vor Schrecken, überzieht sich mit Rissen, Röte, Verletzungen der Seele.“ (Michel Serres)[27]

Bild: Detail einer Kore der Akropolis von Athen

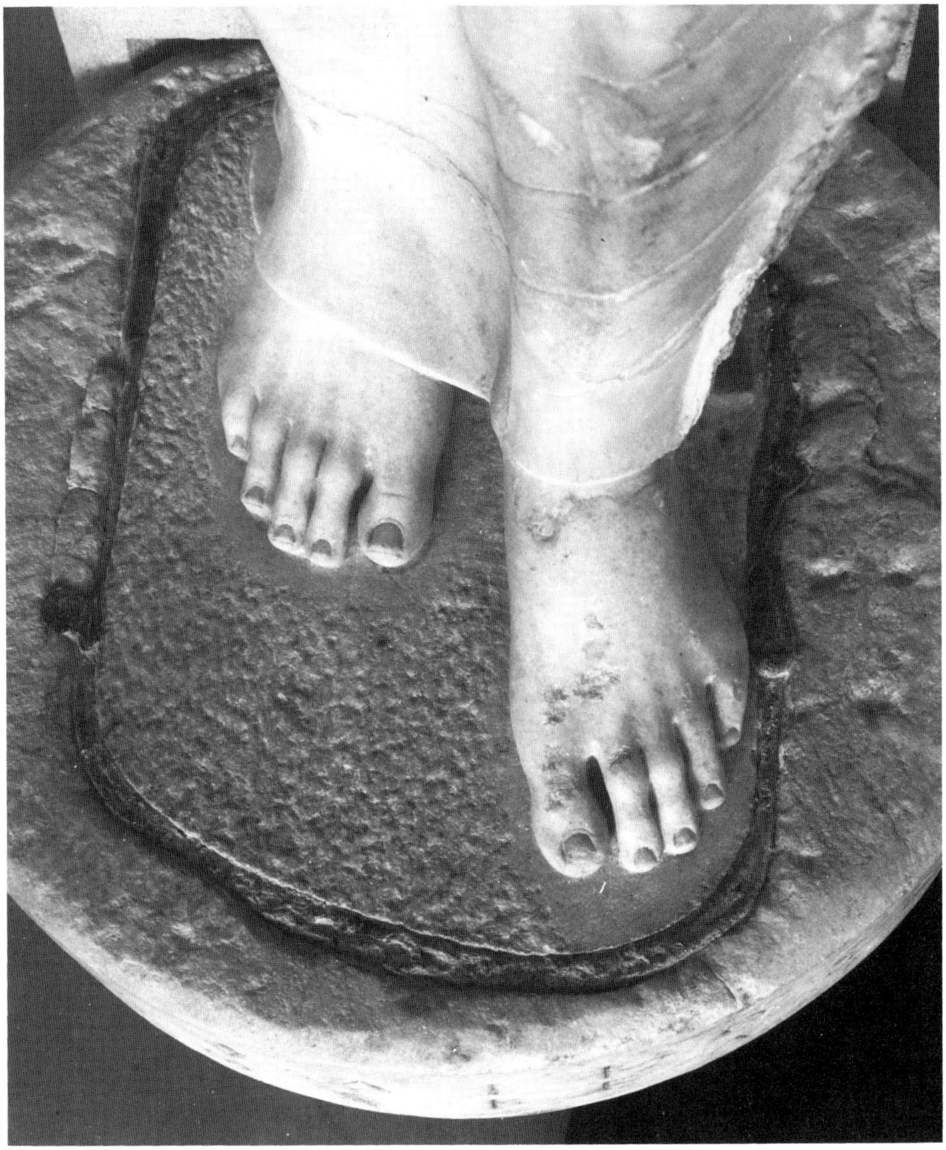

Die Körperbewegung

„Der Geist sieht, die Sprache sieht, der Körper visitiert. Er geht stets über seinen Ort hinaus, durch Verschiebung oder Ortsveränderung."

„Die dem Sehen dienenden Ortsveränderungen erfolgen über Wege, Kreuzungen und Verkehrskreuze, damit die Prüfung ins Detail gehen oder zu einer globalen Synopse gelangen kann: Wechsel der Dimension, des Sinnes und der Richtung … Die Visite erkundet sämtliche Sinne … "

„Der Körper verhält sich nicht im entferntesten wie ein passiver Empfänger … Er übt und trainiert gleichsam von sich aus, hat Freude daran, tätig zu sein, zu springen, zu laufen und zu tanzen; er erkennt sich sebst unmittelbar und ohne Sprache nur in seiner eigenen Tätigkeit, entdeckt seine Existenz im Feuer der Muskeln, außer Atem, an den Grenzen der Erschöpfung." (Michel Serres)[28]

Bild: Oskar Schlemmer, Bauhaustreppe, 1932.

2.2 Sehen und bemerken

Gesetze des Sehens

1984 errichtete das mit der Erweiterung des Kunstmuseums von Bern beauftragte Atelier 5 ein Probestudio in der Nähe seines Büros, um ein außerordentlich raffiniertes System der natürlichen Belichtung von oben zu studieren und auszufeilen, das Blendung, unterschiedliche Erhellung von oberem und unterem Bereich der Wand, direkten Sonneneinfall, unerwünschte Kontraste usw. vermeiden sollte, damit die Gemälde konserviert und unter bestmöglichen Bedingungen ausgestellt würden. Dem Besucher mochte diese Umgebung für Kunstwerke so völlig aseptisch erscheinen, daß er das Probestudio ziemlich ratlos wieder verließ. Vielleicht erinnerte er sich irgendwelcher Gemälde in einem schönen Gebäude, die von Morgen- und Abendlicht verschieden getönt wurden und denen von Zeit zu Zeit ein einfallender Sonnenstrahl besonderen Glanz verlieh.

Das vollendete Museum begutachtet der Besucher natürlich mit lebhaftester Neugier. Besucht ein Architekt zum ersten Mal ein von bedeutenden Kollegen errichtetes neues Museum, so tut er dies im allgemeinen nicht wegen der dort ausgestellten Kunst. Und dennoch wird er feststellen, daß er in diesem besonderen Fall völlig vergessen hat, das Museum zu betrachten und letztendlich *nichts als die Gemälde gesehen hat!*

Dies ist vielleicht eins der größten Komplimente, die man einem architektonischen Werk machen kann. Was jedoch nicht bedeutet, daß es immer so sein soll und eine gelungene Architektur dazu verdammt ist, hinter ihrem Nutzungszweck zu „verschwinden". Es gibt viele Fälle, in denen der Architektur eine aktivere und auffälligere Rolle zukommt, aber dient sie einer Ausstellung von Meisterwerken der Malerei, tut sie gut daran, sich diesen unterzuordnen. Die antifunktionalistische Eitelkeit, die gerade in Mode ist, sollte überdacht werden.

Das Museo di Castelvecchio von Carlo Scarpa in Verona (1957–64) ist in vieler Hinsicht das genaue Gegenteil vom Museum des Atelier 5. Die Architektur ist so prägnant, daß es viel schwieriger ist, sich der ausgestellten Objekte zu erinnern. Aber die Problemstellung lag in diesem Fall völlig anders. Es ging Scarpa darum, neben den Objekten und Gemälden das Schloß selbst als Zeugnis der Geschichte „auszustellen".

In bezug auf dieses selbstgesetzte Ziel hat Scarpa den Einsatz seiner Mittel abgewogen. Im Freien und im Erdgeschoß, wo verschiedene größere historische Objekte ausgestellt werden, wird das Spiel zwischen alter und neuer Architektur dialektisch betont, wodurch sowohl diese Objekte *als auch* das Schloß selbst zur Geltung kommen. Im Obergeschoß, wo Bilder großer Meister ausgestellt sind, tritt die Architektur hinter die Malerei zurück.

Was ist in Bern und Verona vorgegangen? Die Architekten kannten und respektierten die jeweils zutreffenden Gesetze des Sehens. Sie ordneten die architektonische Form dem Daseinsgrund des Raumes unter. Hierin besteht ein wirklicher Fortschritt gegenüber den monströsen Lagerhäusern nach Art des Louvre oder vieler anderer alter Museen.

Welches sind die Gesetze des Sehens, die dem Architekten bei seinem Entwurf helfen können?

Einige dieser Gesetze sind *physiologischer* Art wie das räumliche Sehvermögen, die Empfindlichkeit der Netzhaut, die Anpassungsfähigkeit der Pupille an den Helligkeitsgrad, Blickwinkel und -schärfe. Sie sind wichtig, sollen aber hier nicht erörtert werden, da schon zahlreiche Werke über Physiologie und Architektur[29], Beleuchtungstechnik[30] oder Perspektive[31] allgemein zugänglich sind.

Andere Gesetze sind aus der *Wahrnehmungspsychologie* und insbesondere der Gestalttheorie hervorgegangen. Diesem Zweig gelang es auf Anstoß von Forschern wie Wertheimer[32], Koffka[33], Guillaume[34], Katz[35] und Metzger[36], deren Studien von anderen wie Gregory[37] und Gibson[38] weiterverfolgt und teilweise revidiert wurden, einige Gesetze des Sehens aufzustellen, die bisher nicht widerlegt wurden. Sie sind besonders interessant, da sie häufig auf die Erklärung von *Vorlieben* hinauslaufen, was nützliche Elemente für eine ästhetische Theorie liefern kann. Der erste Teil dieses Buches greift hierauf zurück. Man wird das in den Kapiteln „Ordnung und Unordnung" und „Raum" leicht feststellen können.

Die dritte Gruppe von Theorien legt den Akzent auf die geistige Arbeit, die an der Wahrnehmung teilhat. Wir denken an die Epistemologie, die Informationstheorie, die Genetik, die Anthropologie usw., welche eher verstreut einfließen werden, vor allem im Kapitel über den „Ort".

Für den Augenblick interessiert uns, daß bestimmte Prinzipien der Wahrnehmungspsychologie in Architektur und graphischen Künsten Anwendung finden können, da sie nicht spekulativ, sondern aus empirischen Versuchen zur visuellen Wahrnehmung entstanden sind. Die Ergebnisse bringen Phänomene ans Licht, die im Vergleich zu Geschmack oder Stil relativ beständig sind. Die Nuance *„relativ"* zeugt von einem kleinen Zweifel, der übrigbleibt. Man fragt sich, inwiefern doch Tradition und jüdisch-christliche Prägung unsere Sehweise bedingen.

Die kritischen Arbeiten Rudolf Arnheims[39,40] und Ernst Gombrichs[41] haben die Weiterentwicklung jener zuweilen zu sehr ans Versuchslabor gebundenen Theorien ermöglicht und deren Reichweite auf die Kunst ausgedehnt. Bruno Zevi hat einige dieser theoretischen Prinzipien auf überzeugende und lehrreiche Art für seinen „Klassiker" des Architekturstudiums „Sapere vedere l'architettura"[42] verwendet. Christian Norberg-Schulz hat vor mehr als zwanzig Jahren einen ersten Versuch unternommen, eine zumindest teilweise auf den Prinzipien der Wahrnehmung gründende Theorie der architektonischen Form zu entwickeln.[43]

Später hat sich Norberg-Schulz davon distanziert, das Wesen der Architektur allein über die visuelle Wahrnehmung erklären zu wollen. Nichtsdestoweniger bleibt unumstritten, daß ohne Sehvermögen die Erfahrung der äußeren Welt völlig andersartig ist. Es gibt zahlreiche Studien zur Wahrnehmung von Blinden, die dies bezeugen.

Eines der wichtigsten Ziele der Arbeit von Architekten, Malern, Bildhauern, Graphikern, Typographen und anderen ist, die *Formen als Figuren lesbar zu machen*. Umgekehrt hat der „Benutzer" der Formen keinesfalls die freie Wahl, was er in einem gegebenen Kontext gerne sehen will. Bestimmte Formen sind prägnanter als andere, selbst wenn man ihren Inhalt oder ihre Bedeutung außer acht läßt. Sie werden zu autonomen *Figuren* vor einem *Grund*. Das Phänomen Figur/Grund kann also als grundlegend für die visuelle Wahrnehmung betrachtet werden. Es ist ein physiologisches Phänomen.

Eine *Figur* findet ihre Autonomie in hohem Maß durch ihre Ränder, ihre Konturen, das heißt durch die Abgrenzung zu ihrer Umgebung, der übrigen Welt. Es ist kein Zufall, daß in der klassischen Architektur Basis, Kanten und Gesims betont werden. Es ist, als ballten sich an den Rändern mehr Informationen und Reize als an der übrigen Oberfläche. Auch der Grund kann aus Figuren bestehen, welche aber in diesem Fall eine untergeordnete Rolle spielen (Abb.).

Die Grenzen der Figuren sind das heikle Produkt der Wirkung gegensätzlicher Kräfte. Die benachbarten Flächen beanspruchen die Grenze jeweils für sich, und sind ihre Kräfte von gleicher Stärke, entsteht eine Ambivalenz zwischen Figur und Grund (Abb.). Aber jene Ambivalenz ist eher eine faszinierende Eigenart der Wahr-

Umkehrung von Figur und Grund: eine Figur wird zum Grund für eine andere. Giorgio Morandi, Stilleben, 1946.

Übergang vom Grund zur Figur und umgekehrt. M.C. Escher, Luft und Wasser II.

Die geschlossene und konvexe Form verstärkt den figürlichen Charakter.

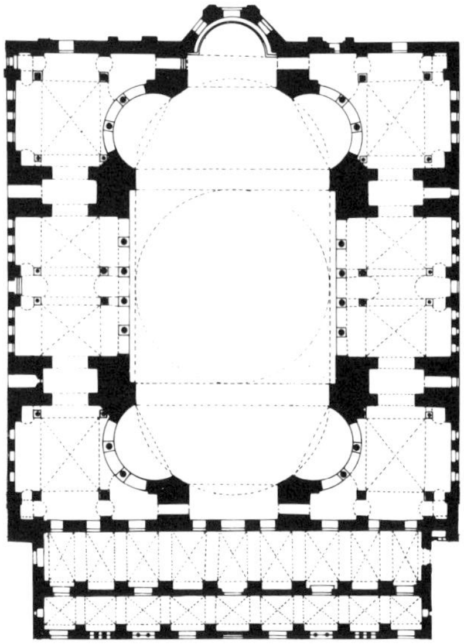

Der Grundriß verleiht den Wänden figürlichen Charakter. Hagia Sophia in Istanbul, erbaut 532–537.

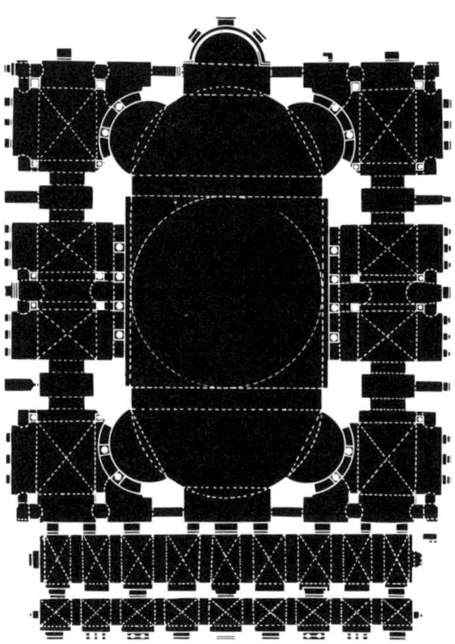

Durch farbliche Umkehrung verleiht man dem Raum figürlichen Charakter. Die Außenwände verschwimmen nunmehr mit dem Grund.

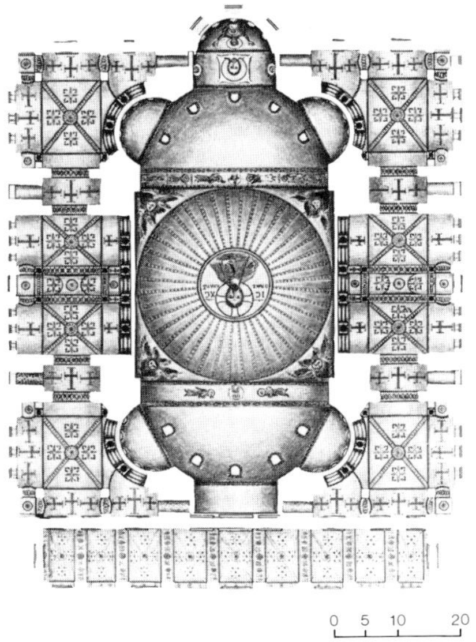

Die räumlichen Feinheiten von Kuppel und Öffnungen können durch eine Zeichnung sichtbar gemacht werden, die den Raum als Figur erscheinen läßt und ihn durch verschiedene Graustufen kennzeichnet. Um einen solchen Effekt zu erreichen, wurde hier ein 1909 von E.M. Antoniades erstellter Deckenriß der Hagia Sophia leicht verändert.

nehmung, die ein Zögern hervorruft und mit der man Illusionen erzeugen kann, als ein Arbeitsbegriff für den Architekten. Psychologen und Maler können es sich leisten, ein Phänomen aus der Wirklichkeit herauszulösen; der Architekt befindet sich mitten in der Wirklichkeit.

Es gibt Regeln, welche die *Prägnanz* von Figuren bestimmen. Es handelt sich um formale Merkmale, welche sie unter anderen visuellen Formen hervorheben. Ist eine Form relativ *konvex, klein und geschlossen* (zum Beispiel der Mond oder ein Fenster, Abb. S. 35) und *kontrastiert* sie mit einem Grund, der sich dagegen in unbestimmte Weite auszudehnen scheint, so neigt sie dazu, Figur zu werden. Grundlegende geometrische Elemente verstärken diese Tendenz zur autonomen Figur (zum Beispiel Kreis, Spirale, Prisma usw.). Eine nur schwach definierte Figur kann aber ebenfalls prägnant werden, wenn wir uns lange genug an sie gewöhnt haben.

Formale Autonomie und Identität dürfen nicht verwechselt werden. Die *Identität* einer Figur kann durch ihre Konturen entstehen, aber ebensogut durch Assoziationsglieder, die auf ihrer Oberfläche oder in ihrem Körper angesiedelt sind (zum Beispiel das menschliche Gesicht mit Nase, Mund und Augen, die Rose mit ihren Blütenblättern, die Kathedrale mit ihrem Portal, ihren Strebebögen und ihren Türmen usw.). Wir werden ein wenig später auf unser keineswegs unschuldiges Auge zurückkommen.

Für ein weitergehendes Studium des Phänomens Figur/Grund und der Tiefenwahrnehmung verweisen wir auf das 5. Kapitel von Rudolf Arnheims „Art and Visual Perception"[44]. Eine speziell auf die bauliche Umgebung bezogene Auslegung dieses Konzepts findet sich in Kapitel 5, in dem vom *Objekt* die Rede ist, das zur Figur wird.

Es gibt ein Gebiet, in dem die gegenseitige Ergänzung von Figur und Grund dem Architekten als graphisches *Werkzeug* dienen kann, um eine klarere Vorstellung der *Form von Räumen* zu gewinnen. Zeichnen wir einen Bauplan, so sind es Wände und Objekte, denen wir konkreten Ausdruck verleihen; wir zeichnen eher, was den Raum *begrenzt*, als diesen selbst (Abb. links). Wollen wir die Form der Räume

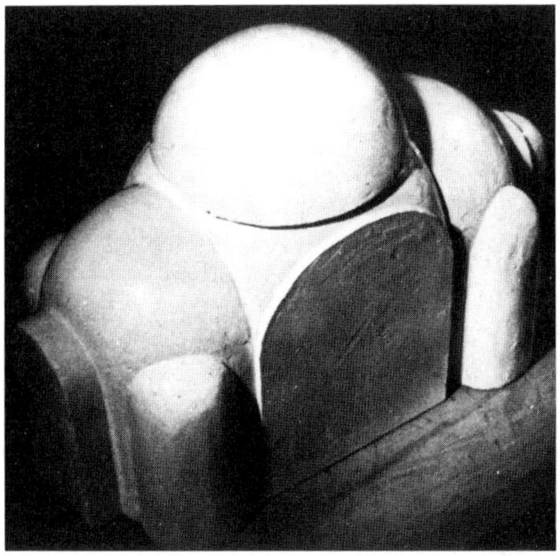

Der in einen Festkörper verwandelte Raum läßt keine geistige Durchdringung zu.

Die angeschnittene Isometrie, die die Informationen von Grundriß, Aufriß und Innenraumansicht verbindet, ist ein wirkungsvolles Mittel zur objektivierenden Abbildung des Raums.

Die Perspektive ist, obgleich begrenzt und statisch, eine nach wie vor lehrreiche Darstellung des Innenraums. Aufgrund unserer Erfahrung können wir uns darin „im Geiste bewegen" – und sei es auch nur ein wenig. Auch vermittelt sie einen Teil der „Stimmung", was den übrigen Verfahren nur schwer gelingt.

selbst besser erkennen, müssen wir die Leere (oder ihr Abbild auf dem Bauplan) in eine Figur verwandeln. Dies könnte zum Beispiel dadurch geschehen, daß man die Flächen anstatt die begrenzenden Wände zeichnet. Man erhält so eine Art Negativ. Es wäre allerdings sinnlos, einen genau negativen Bauplan zu erstellen, da dann die weißen Linien genauso wie vorher die schwarzen gelesen würden. Dies ist auf das Gesetz zurückzuführen, nach welchem ein Grund, um als solcher wahrgenommen zu werden, eine im Verhältnis zur Figur „unbegrenzte" Ausdehnung haben muß (Abb. S. 36).

Dieselbe Technik läßt sich dadurch verfeinern, daß man Graustufen verwendet, um den Grad der Geschlossenheit eines Raums (eines impliziten oder expliziten) zu kennzeichnen oder um zum Beispiel das Deckenrelief darzustellen (Abb. S. 36).

Man könnte ebenso ein Modell anfertigen, das den Raum als solide Gegenform der Außenhülle darstellt (Abb. S. 37). Selbst wenn es sich um einen herrlichen Raum handelt, erhalten wir häufig einen bizarr anmutenden Körper. Er bleibt dem Wesen dieses Raumes fremd und bietet keine Möglichkeit, ihn zu erfassen. Als Festkörper läßt er keinerlei geistige Durchdringung zu. Diese theoretische Übung ist bei weitem nicht von so großem Interesse für das Verständnis der räumlichen Form wie die Umkehr des Verhältnisses Figur/Grund (Abb. S. 36). Axonometrie und Perspektive sind sehr viel anschaulichere Darstellungsmittel, als die volumetrische Gegenform des Raums (Abb. S. 37).

Arnheim schlägt den Architekten vor, das Konzept Figur/Grund durch das der Kraftfelder zu ersetzen, die von Objekten erzeugt werden. Der Raum könnte dann durch Vektoren oder „magnetische Felder" beschrieben werden, die durch Entfernungen, Ausdehnungen und Kontraktionen in ein Kräftespiel treten (Abb.). Aus diesem Grund schätzt er die Arbeiten Paolo Portoghesis, deren „Raster" eher Wellen gleichen, die von den Wänden erzeugt werden, als einem abstrakten Kontrollsystem (Abb.). Das Konzept der Figur und ihrer Beziehung zum Grund wird sich im übrigen als sehr nützlich erweisen, wenn später von Gewebe und Objekt die Rede sein wird.

Im nächsten Kapitel werden wir uns auf die Gestaltgesetze beziehen, die die Tendenz des Auges zum Ordnen visueller Elemente zu „Familien" oder „Gruppen" belegen. Ein minimaler Unterschied, Nähe, Ähnlichkeit, Geschlossenheit, gleiche Ausrichtung, Wiederholung, Symmetrie usw. sind Faktoren, die unser Urteil über Kohärenz oder Inkohärenz eines gegebenen Umfelds beeinflussen, wie von Metzger[45] anschaulich dargestellt wird (Abb. S. 39).

Obgleich diese Regeln unsere Bilder oft sehr stark beeinflussen, darf man nicht aus dem Auge verlieren, daß un-

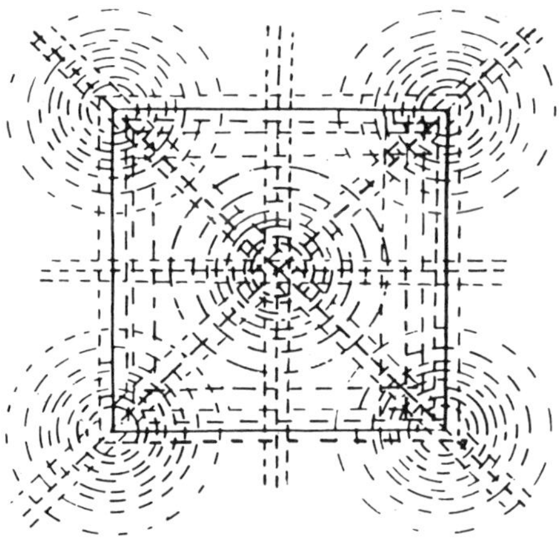

Das strukturelle Skelett des Quadrats nach Rudolf Arnheim.

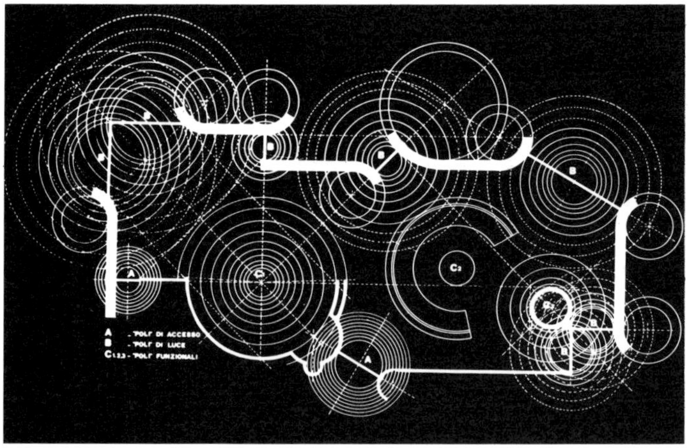

Wände, die den Raum hervorbringen oder Raum, der die Wände hervorbringt? Paolo Portoghesi und Vittorio Gigliotti, Haus Papanice in Rom, 1967. Kompositionsschema.

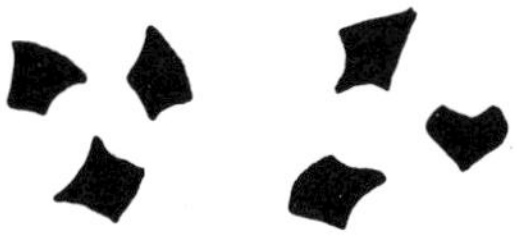

Das Gesetz der Nähe. Nicht „6 Flecken", sondern „2 mal 3 Flecken"; die näher benachbarten schließen sich zu „Gruppen" zusammen.

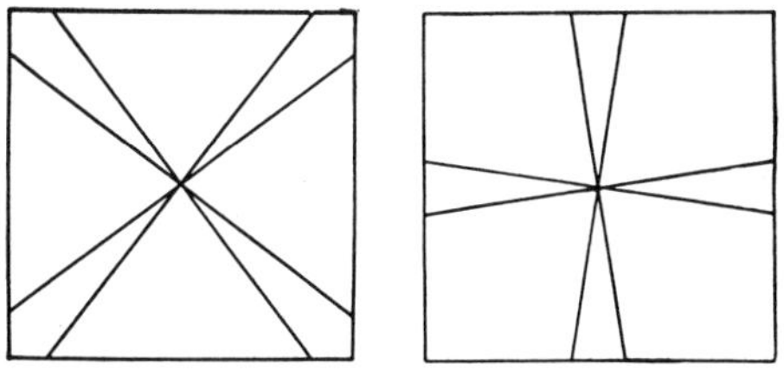

Die Rolle der Enge und Weite (Nähe und Ferne): Links sieht man auf den ersten Blick meist ein schräges Kreuz, rechts zumeist ein aufrechtes Kreuz.

Das Gesetz der Gleichartigkeit im Wettstreit mit dem Gesetz der Nähe. Die Nähe fordert: 3 Flecken links, 3 rechts; die Gleichartigkeit fordert: 3 (geschraffte, gerahmte, kleine) Flecken oben, 3 (glatte, flächenhafte, große) unten.

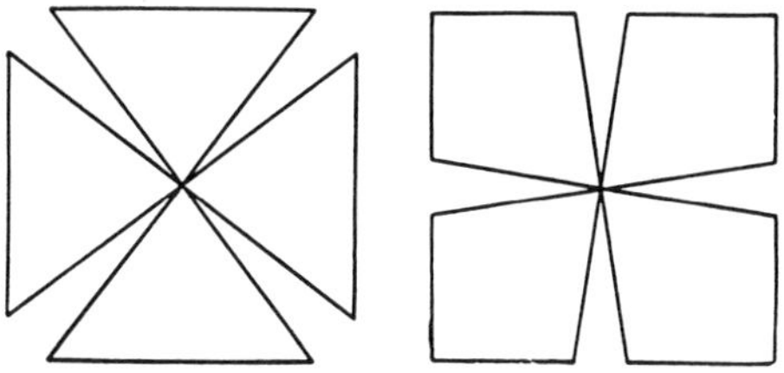

Geschlossenheit siegt über Nähe. Die schmalen Sektoren können nicht mehr als Kreuzarme gesehen werden, weil ein kleines Stück ihres Umrisses fehlt.

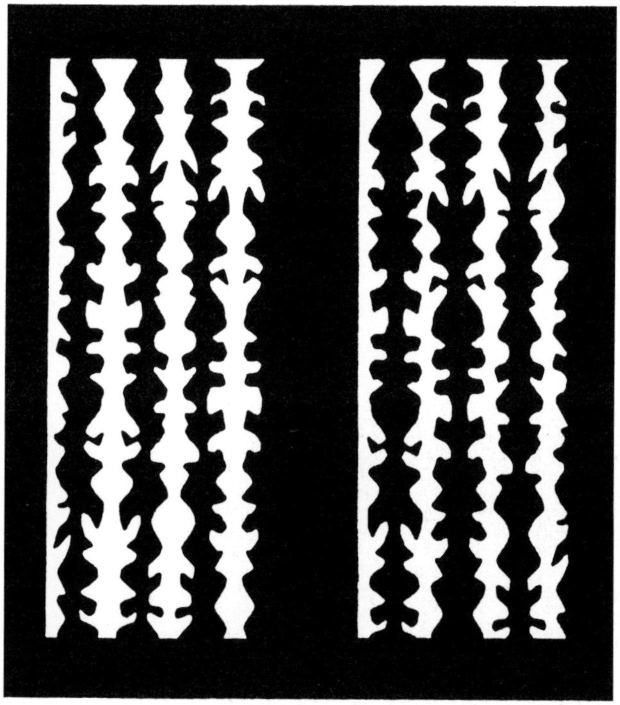

Die Rolle der Symmetrie: meist sieht man links weiße, rechts schwarze Figuren.

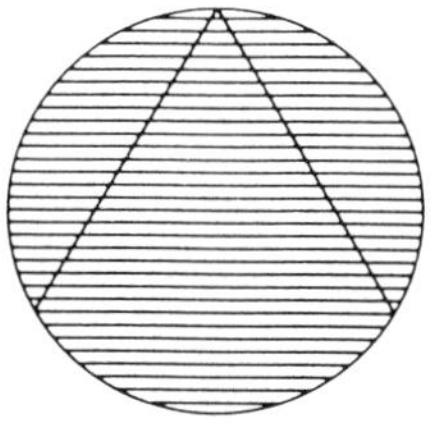

Ein Glied eines Ganzen verschwindet als „Material-Element" gründlicher als in jeder anderen Art von Einfügung als unnatürliches Stück; man sieht einen Winkel, kein Dreieck.

Die Gebiete trennen sich nach „gleichmäßig ausgerichtet" gegen „ungleichmäßig ausgerichtet".

Illustrationen zu einigen Gesetzen des Sehens.[46]

sere Wahrnehmungen nicht allein das Ergebnis einer „Mechanik" des Sehens sind, sondern durch unsere Erinnerung und unseren Verstand „gefärbt" werden.

Das Auge ist nicht unschuldig

Es besteht ein Unterschied zwischen Sehen und Erkennen. Bei einer Reise durch Belgien ließ sich Le Corbusier durch einige ungewöhnlich mächtige Pyramiden beeindrucken. Als er jedoch erkannte, daß es sich in Wirklichkeit um Schutthalden, um Minenabraum handelte, verlor er seinen Enthusiasmus: *„Plötzlich ermesse ich den Abgrund, der sich zwischen der Erscheinung eines Dinges und der geistigen Vorstellung, welche es hervorruft, auftun kann."* [47]

Hinter dem Blick verbergen sich Erfahrungen, Kenntnisse und Erwartungen. Die Wahrnehmung ist nicht neutral. Unaufhörlich vergleichen wir das, was wir sehen, mit früher erlebten und verinnerlichten Situationen. Hierdurch erweisen sich die wissenschaftlichen Beobachtungen zur Wahrnehmung als schwierig und die Gestaltgesetze als unzureichend. Der figürliche Charakter wird durch die *Vertrautheit* eines Bildes und seine *Sinnhaftigkeit* verstärkt. Wir bevorzugen ein sinnhaftes Bild gegenüber anderen visuellen Informationen, selbst wenn diese formal prägnanter sind. Dies gilt auch dann, wenn wir nur ein Fragment erkennen können oder die sinnhafte Figur undeutlich bleibt (Abb.). Man sieht nicht, was man sieht, sondern was man erwartet. Wir bedürfen solcher Erwartungen, denn *„ein Universum, in dem nichts vorhersehbar ist, in dem beständig alles wechselt, ist ein Universum, in dem die Vernunft keinen Zugriff auf die Wirklichkeit hat und man beständig das Unerwartete erwartet."* [48] Unsere Erinnerung beeinflußt unsere Wahrnehmung und wirkt jenseits aller „objektiven" Gegebenheiten auf unser Urteil ein.

Ein Arzt erkennt auf einem Röntgenbild Anomalien, wo wir nichts als ein aus helleren und dunkleren Partien bestehendes Allgemeinbild sehen. Da er die Norm gelernt hat, kann er Abweichungen feststellen. Ein Beduine ist imstande, eine Kamelherde von ferne her auszumachen, dort, wo wir nichts als eine unendliche Steinwüste sehen. Für ihn ist es eine Überlebensfrage; er hat gelernt zu sehen. Ein Architekturstudent lernt, die Erscheinung von Landschaften, Städten und Gebäuden bewußt wahrzunehmen. Er entwickelt die Fähigkeit, Anhaltspunkte in der Umgebung zu sehen und zu erkennen, anhand derer er zwischen Ordnung und Unordnung, Proportion und Disproportion, Ausgewogenheit und Unausgewogenheit, Gleichrangigkeit und Hierarchie, Solidität und Zerbrechlichkeit, sinnhaften, zufälligen oder sinnleeren Formen usw. mit größerer Schärfe *unterscheiden* und *urteilen* kann. Ein Architekturstudent, der durch die Gassen von Vicenza schlendert, ohne Palladio zu kennen, wird sehr viel leichter als ein Laie die besonderen Qualitäten erahnen, die die Gebäude des Meisters von den angrenzenden Häusern unterscheiden. Besucht er die Villa Savoie von Le Corbusier oder das Haus Kaufmann (Falling Water) von Frank Lloyd Wright, so wird er prüfen, welche Mittel und Details zum außerordentlichen Reichtum dieser Werke beigetragen haben. Sehr viel leichter als für den Laien werden sie für ihn figürlichen Charakter annehmen.

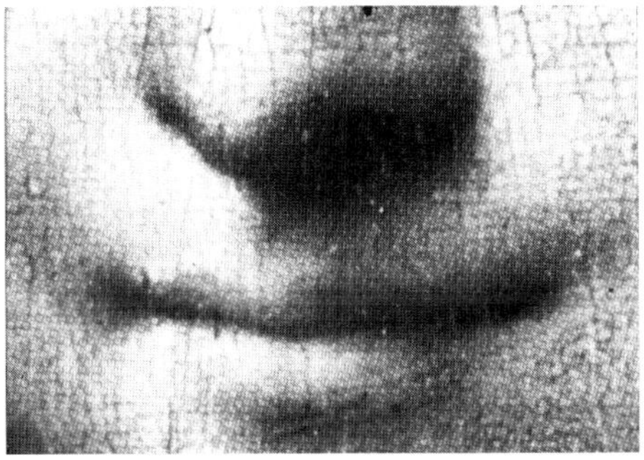

Die Erfahrung hilft bei der Identifikation eines Bild-Fragments.

Außerdem ist es dem Architekten unmöglich, sich auf die sichtbare Außenhülle der Gebäude zu beschränken. *Er sieht das Unsichtbare*, sein Blick stellt Hypothesen über innere Organisation, Wandstärke, Konstruktion, Räumlichkeit usw. auf.

Landschaften, Städte und Gebäude sind Teil der alltäglichen visuellen Erfahrung eines jeden. Sie sind keinesfalls den Spezialisten vorbehalten. Natürlich bleiben die Eindrücke des Laien oft intuitiv und unklar. Dennoch werden seine Urteile durch ein Zusammenspiel von Kräften regiert: von Gesetzen des Sehens, erlernten kulturellen Werten, die verinnerlicht oder bejaht werden, der Erinnerung an eigene Erfahrungen und dem Ziel, das zum Zeitpunkt der Begegnung mit der Umwelt verfolgt wurde – Kauf einer Zeitung, Besichtigung einer Stadt, Besuch einer Veranstaltung o.ä. Die Motive einer Handlung beeinflussen die Wahrnehmung der Welt, in welcher sie stattfindet.

Da er gelernt hat zu sehen, was nur wenige andere sofort erkennen, trägt der Architekt eine große Verantwortung. Wir können bauen, was andere nicht sehen, wir können schockieren oder schmeicheln. Wir können darauf hoffen, daß die Öffentlichkeit eines

Tages zumindest einen Teil unserer Absichten entdeckt und in ihr Gedächtnis aufnimmt. Der Architekt spielt durch sein Bauen eine öffentliche Rolle. Seine „Lehre“ kann helfen, die bauliche Umgebung bewußt zu erkennen und sich ihrer zu erfreuen.

Die Kugel und die Rose

Zu allen Zeiten haben sich große Meister der Architektur für eine an die Einfachheit der Körper gebundene Ästhetik ausgesprochen. „Less is more“ ist nicht nur ein Markenzeichen Mies van der Rohes.

Boullée, der eine „sprechende“ Architektur anstrebte, schrieb, daß die Erscheinungen unregelmäßiger Körper unserem Verständnis entgingen.[49] (Abb. oben) Gombrich behauptet, daß die Einfachheit eine Voraussetzung für das Lernen ist – das Lernen zu sehen und zu erkennen. Demnach bedingen Leichtigkeit der Wahrnehmung und Einfachheit der Konstruktion sich gegenseitig. Unsere Vorliebe für einfache Formen könnte damit zusammenhängen, daß diese auch außerhalb des engen Winkels mit maximaler Sehschärfe (der sogenannte Gelbe Fleck, zwischen 1° und 2°) erkennbar sind.[50] Die Einfachheit und Regelmäßigkeit einer Margerite bezaubern und beruhigen.

Allerdings erwecken gerade komplexe äußere Reize das Interesse: *„Versuchspersonen unter 10 Jahren scheinen am sensibelsten auf eine optimierte Komplexität zu reagieren, die irgendwo zwischen Einfachheit und maximaler Komplexität angesiedelt ist.“*[51] Nehmen wir das Beispiel einer aufblühenden Rose. Sie enttäuscht kaum ein ästhetisches Empfinden. Trotz all ihrer Komplexität, die weder von Mathematik noch Sprache zu beschreiben ist, wird sie durch einen einzigen Blick erfaßt. Ihre Schönheit ergreift uns sofort. Sie übersteigt vielleicht unseren Verstand, nicht aber unser Empfinden (Abb.). Sollte dies die Unmöglichkeit jeder rationalen Diskussion über die formale Struktur eines schönen Objekts bedeuten?

Wir haben es mit einer Regelmäßigkeit zu tun, die ohne Wiederholung auskommt. Was die ungeheure Komplexität der Figur oder des Bildes der Rose kompensiert, sind *innere Kohärenz* und *Abhängigkeit von einem Ursprung, einem Zentrum, dem Stiel:* Spannung und Entspannung, Krümmung und Gegenkrümmung, ein zentraler Bezug und das gleichartige Streben der Blütenblätter treten an die Stelle geometrischer Einfachheit. Kurz, es handelt sich um ein organisiertes und hierarchisches Ganzes, das sich grundlegend von einer zufälligen Anhäufung unterscheidet.

Hinzu kommt, daß die Rose im Gegensatz zu einem Gebäude klein genug ist, um innerhalb des Bereichs maximaler Sehschärfe wahrgenommen zu werden. Müßten wir *im Innern* des Labyrinths einer riesenhaften Rose unseren Weg zu suchen, würde sich unser sinnlicher Genuß in einen Alptraum verwandeln. Geometrische Einfachheit und Komplexität haben also unterschiedliche Bedeutung, je nachdem ob es sich um die Wahrnehmung eines Ganzen aus der Ferne oder eines Teils aus der Nähe handelt.

Die Komplexität der Philharmonie Hans Scharouns berührt uns ebenso wie die Klarheit der Nationalgalerie Mies van der Rohes, die beide zur selben Zeit in Berlin erbaut wurden. Aber nur eine hauchdünne Linie trennt die Kugel von der Kartoffel und die Rose vom Chaos.

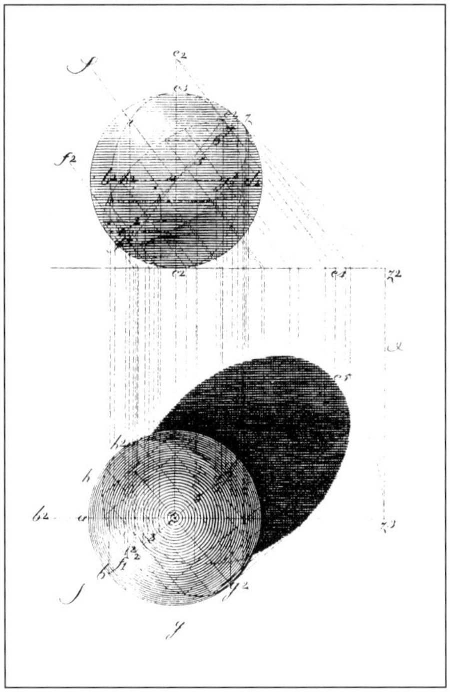

3 Ordnung und Unordnung

Die aleatorische Ordnung
Byzantinische Baukunst, Monemvasia

3.1 Die unvermeidliche Ordnung

Es soll hier nicht um klassische „Ordnungen“ im Sinne der architektonischen Konventionen der Antike und des 16. bis 19. Jahrhunderts gehen. Die dorische, korinthische, ionische oder toskanische Ordnung wird uns, wenn wir zuweilen auf sie zurückgreifen, nicht als kultureller Code, sondern aufgrund ihrer geometrischen Beschaffenheit interessieren. Grundlegende und dauerhafte Regeln bestimmen die gegenseitige Abhängigkeit der Elemente, aus denen sich die Form zusammensetzt. Architektonische und städtische Ensembles sind immer mehr oder weniger strukturiert. Welcher Art ist diese Ordnung?

Die Ordnung hat nur in bezug auf die Unordnung, das Chaos, einen Sinn. Sie hat keinen Wert an sich und läßt sich nur über die Extreme bestimmen. Perfekte Ordnung und völliges Chaos sind beides Situationen, die auf längere Dauer schwer zu ertragen sind. Unsere Bauwerke siedeln sich dazwischen an.[52]

Die konstruierte Ordnung

Die Natur: Ordnung oder Unordnung? Und welche Natur überhaupt? Die unangetastete, noch sich selbst überlassene Natur bietet kein Bild des Chaos, sie ist zu weitläufig. Kreisläufe der Gestirne, Gezeiten und Wellen haben eine sichtbare Ordnung. Felsen, Flüsse, Pflanzen oder Insekten weisen bei Beobachtung Strukturen auf. Aber zusammengenommen stellen sie eine Ordnung dar, die auf der visuellen Ebene, die uns beschäftigt, unmeßbar bleibt. Wir akzeptieren sie oder versuchen, gegen sie anzukämpfen, und zuweilen bewundern wir sie auch.

In ihr müssen wir wohnen, weshalb wir ordnend eingreifen. *„Damit die Natur als Landschaft betrachtet wird, darf sie nicht zu wild belassen werden; denn will man Betrachter sein, darf man sich nicht bedroht fühlen. Die Welt ist schöner, seit sie ergründet ist.“* (W. Hellpach) Der Mensch drückt der Erde, den Gewässern und dem Pflanzenreich bis in die entlegensten Winkel der Welt den Stempel seiner Kontrolle auf.

Um zu bauen, müssen wir uns relativ einfacher Geometrien bedienen. Dies ist zunächst eine *Notwendigkeit des Entwurfs und vor allem der Konstruktion*. So haben wir beim Planen und Trassieren von Straßen, beim Hausbau, bei der Vorbereitung des Baugrunds, dem Behauen der Steine, dem Brennen bzw. Gießen von Ziegeln und Betonplatten, beim Zimmern des Gebälks und schließlich beim Zusammenfügen von allem zu einem Ganzen schon immer unsere Kräfte durch *Wiederholung von Teilelementen* zu sparen versucht.

Die Regelmäßigkeit gehört zum Wesen des Bauens. Heinrich Tessenow sagte: *„Die Ordnung ist mehr oder weniger immer armselig ... Mit unserem Bemühen, die Welt zu ordnen, bekennen wir, daß wir nicht die Kraft haben, die Welt in ihrer Ganzheit zu fassen und daß wir uns mit gewissen Grobheiten bescheiden wollen. Das gewerbliche Arbeiten, das Bauen unserer Straßen und Brücken und Häuser und Möbel usw. ist immer in besonderem Maße ein grobes Arbeiten und so ist ihm die Ordnung besonders gemäß oder notwendig.“*[53]

Wiederholung, Reihung und Ballung identischer Elemente oder ähnlicher Konstruktionsverfahren drängen unseren Gebäuden und Städten Ordnung auf. Schachbrettartig angelegte Kolonialstädte wie Turin oder Manhattan, eine gotische Kathedrale, ein Gebäude von Louis Kahn oder eine Brücke von Robert Maillart betonen die Ordnung, die der Konstruktion oder technischen Organisation entspringt. Die konstruktive Ordnung erzieht allmählich unser Auge und beeinflußt unseren Sinn für das Schöne. Ist das Gefallen an der Regelmäßigkeit erst einmal gewachsen, wirkt es auf die architektonische Konzeption zurück, welche nunmehr über die rein bautechnischen Erfordernisse hinausgeht. Die Ordnung erlangt Autonomie. Dies bedeutet nicht, daß das konstruktiv Nötige vernachlässigt wird, sondern daß weitere Ordnungskriterien hinzukommen. Jede Epoche, und in begrenzterem Maße jeder Architekt, hat eigene Richtlinien in bezug auf den zulässigen Grad von Autonomie (Kap. 8).

Wir wollen in unserer Studie der Ordnung nicht einfach nur wissen, wie die Dinge gemacht wurden, wozu sie dienen oder was sie symbolisieren. Die Objekte wirken auch auf unsere Sinne: als eigene Formen mit innerer und geometrischer Ordnung.

Der Sinn für Ordnung

Die Erörterung der Phänomene der Wahrnehmung im vorherigen Kapitel deutete an, daß der Mensch der Regelmäßigkeit *bedarf*. Je komplexer eine Umgebung ist, desto stärker ist unser Bedürfnis, sie zu vereinfachen und zusammenzufassen, um sie zu verstehen und uns zu orientieren. Da wir mit Analogien arbeiten, um unsere Kenntnis der Umgebung zu vervollständigen, möchten wir nicht, daß die Ordnung sich von Tag zu Tag gänzlich wandelt. Wir brauchen Gewöhnung. Gombrich schlußfolgert umgekehrt: *„Die Macht der Gewohnheit entstammt dem Ordnungssinn. Sie kommt von unse-*

rem Widerstand gegen Wechsel und unserer Suche nach Kontinuität.“[54] So wie uns der Gleichgewichtssinn gegeben ist, der sich vom Innenohr her entwickelt, scheint auch der Ordnungssinn im tiefsten Inneren eines jeden verwurzelt zu sein. Sollte er nicht vollständig angeboren sein, so wird er doch zumindest schon seit frühester Kindheit entwickelt.

Wenn man auch keine direkte Analogie zur Tierwelt herstellen kann, so ist doch das Beispiel des Kuckucks aufschlußreich. In einem fremden Nest geboren, von einem Sperling aufgezogen und ohne seine Eltern je gesehen zu haben, ist er doch ein Zugvogel. Er verbringt den Winter in den tropischen Wäldern. Er zieht einsam und des Nachts, ohne je dem Beispiel anderer Vögel gefolgt zu sein. Alles scheint, als ob der Mensch ebenso einen angeborenen Ordnungssinn hätte. Die Psychologie, die sich mit solchen Problemen beschäftigt, wird uns vielleicht eines Tages eine Erklärung liefern.

Über jenen angeborenen Ordnungssinn lagert sich ein Erlerntes, das je nach Umgebung und Kultur variiert, in welcher wir uns zu orientieren beginnen. Es wird also niemals eine einzige ideale Ordnung, ein einziges ideales Maß oder Gleichgewicht geben. Aber wir können mit Hilfe der Architekturgeschichte und bestimmter Erkenntnisse der Psychologie die wichtigsten Mittel, über die wir verfügen und mit denen wir stillschweigend jeden Tag arbeiten, erläutern. Um sie zu lehren, genügt es, sie offenzulegen.

3.2 Zusammenhalt des Ganzen

Wir haben gesehen, daß das Auge Elemente auswählt und kombiniert, nach der einfachsten und am leichtesten zu rekapitulierenden Form strebt und versucht, die einzelnen Teile zu einem Ganzen zu fügen. Wiederum wird deutlich, daß sich in der Architektur die Wege von Kunst und Wissenschaft kreuzen: Die Kohärenz eines Kunstwerks kann ihre eigene innere Logik besitzen, welche über die Logik der Naturwissenschaften und der Konstruktion hinausweist.

Eine Figur, selbst eine abstrakte, hat außer ihren Rändern noch weitere Merkmale. Man kann sie aus Einzelteilen zusammensetzen.

Dieses Prinzip der Zusammengehörigkeit wird durch Wiederholung, Ähnlichkeit, Nähe, gemeinsamen Rahmen, Symmetrie und Ausrichtung der Teile verstärkt. Obwohl wir hier weniger auf Fragen der Bedeutung oder des Form-Inhalt-Verhältnisses eingehen wollen, ist es wichtig, daß die semantische Einheit die formale Kohärenz verstärken und manchmal sogar ersetzen kann. Ein Kirchenbau, der in der Romanik begonnen, in der Gotik weitergeführt und in der Renaissance vollendet wurde, kann trotz seiner unterschiedlichen Stilebenen einheitlich wirken. Die „Idee“ der Kirche überwiegt und stellt die Einheit des vielseitigen Ganzen her.

Die Faktoren formaler Kohärenz sind in Architektur und Stadtplanung allgegenwärtig und von entscheidender Bedeutung. Ihre Prinzipien werden hier durch eine Reihe von Bildern aus ein und derselben kleinen Stadt veranschaulicht. Ob wir angesichts einer baulichen Umgebung Lust oder Unbehagen empfinden, hängt teilweise damit zusammen, wie leicht oder schwer es uns fällt, die visuellen Elemente im Geiste zu faßbaren Einheiten zu gruppieren. Studieren wir die Möglichkeit einer Neueinfügung in ein schon vorhandenes Bauensemble, verdienen diese Phänomene größte Aufmerksamkeit. Die Architektur ist eine Kunst, die Abhängigkeiten zwischen den Elementen schafft, um Kohärenz herzustellen.

Wiederholung und Ähnlichkeit

Das Auge neigt dazu, gleichartige Typen zu gruppieren (Abb.). Selbst wenn die Elemente paarweise verglichen er-

Gruppe von Dreiecken, Gruppe von Kreisen und Gruppe von Dreiecken und Kreisen.

hebliche Unterschiede aufweisen, stellen wir fest, daß die strukturelle Ähnlichkeit die Unterschiede überwiegt (Abb. S. 46). Die rhythmische Wiederholung ist ein sehr einfaches Kompositionsprinzip, das auf Anhieb ein Kohärenzempfinden auslöst. Alle Arten von Wiederholungen können im übrigen sich addieren oder ein Ganzes untergliedern oder auch einfach eine Reihe ohne deutlich erkennbare übergreifende Form bilden. Auf dem Gebiet von Architektur und Stadtplanung wird das Fehlen einer Begrenzung, eines offenkundigen Anfangs oder Endes, leicht als störend empfunden. Es entsteht eine Kohärenz im Detail „ohne Ziel“ und ohne Kohärenz des Ganzen.

Sind die Elemente heterogen, kann durch gemeinsame Teileigenschaften, wie zum Beispiel Größe und Anordnung der Fenster und Verhältnis von Aussparung und Fläche, dennoch ein

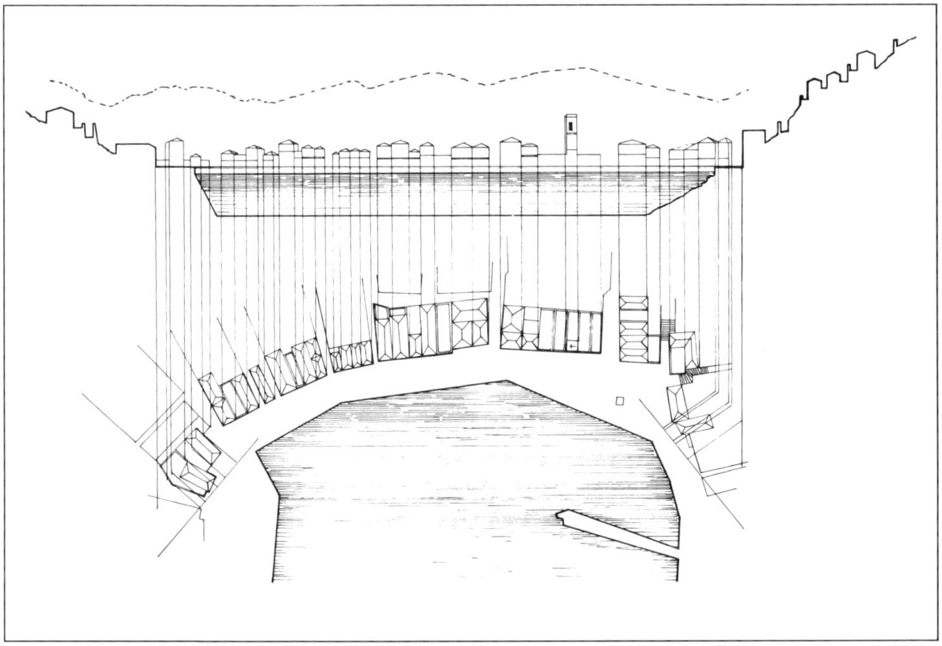

Die Zeichnung suggeriert eine relative Gleichförmigkeit des Fassadenmoduls. Es variiert von einfach bis dreifach, aber diese Unregelmäßigkeit wird durch andere Faktoren ausgeglichen. Das Walmdach ist die Regel, aber Ausnahmen bestehen, ohne zu stören. Die Ähnlichkeit ist also nicht allein eine Frage der Dachform. Es besteht annähernde, aber niemals genaue Wiederholung.

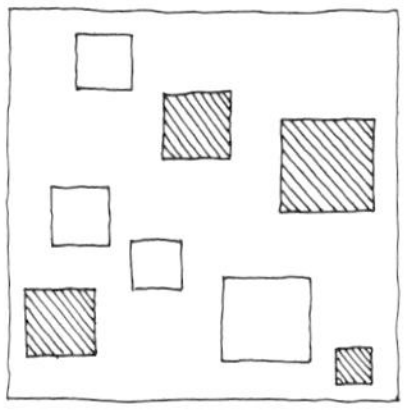

Gruppe schraffierter Quadrate, Gruppe weißer Quadrate.

Die Ähnlichkeit im Detail – Gestaltung und Maße der Wände, Kanten, Traufen, Fenster und Türen – wiegt deutlich die individuellen Größen- und Proportionsunterschiede der Gebäude auf.

Gruppierungseffekt erzielt werden. Die Einheitlichkeit von Material und Textur wäre ein weiteres Beispiel für Teileigenschaften, die trotz der Einzigartigkeit jedes Bauwerks die Tendenz zur Kohärenz verstärken (Abb. S. 46).

Das gemeinsame Maß, d.h. die vergleichbare Größe der zu vereinenden Elemente, ist ein wirkungsvoller Faktor der Gruppierung durch Ähnlichkeit (Abb.). Aber auch hier ist zu unterstreichen, daß dies als *einziges gemeinsames Merkmal* nicht ausreichen würde. Unterscheiden sich die Objekte in anderen Aspekten wie Material, Textur, Öffnungen, Dächern usw., löst sich die Einheit trotz Größenähnlichkeit auf.

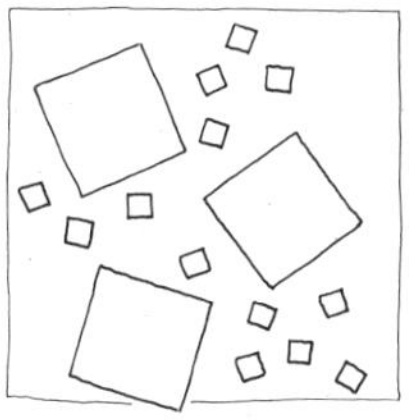

Gruppe von großen und Gruppe von kleinen Elementen.

Die Hafenfront von Idra zeigt dank der Topographie nicht allein die Gebäude direkt am Wasser. Die „Kolosse" aus unverputztem Stein, Herrenhäuser von Kapitänen und Schiffsbesitzern, könnten die städtische Kohärenz zerstören. Tatsächlich bilden sie aufgrund ihrer Größe eine eigene Untergruppe, die jedoch das Stadtgewebe nicht zerreißt.

Nähe

Das Auge neigt dazu, nahe beieinander liegende Elemente zu gruppieren und sie von den entfernteren zu unterscheiden (Abb.).

Die Unähnlichkeit wird durch die Nähe überspielt.

Dieses Gruppierungsprinzip ist sehr wirksam. Es erlaubt, verschiedene Elemente mittels ihrer Zwischenräume, welche Gelenkfunktion erhalten, miteinander zu verbinden (Abb.). Es gibt keine festgesetzte Größe für jene Zwischenräume, da der Zusammenhalt von der relativen Größe der Elemente im Verhältnis zum Kontext abhängt. Ist der Abstand größer als das kleinste der zu gruppierenden Elemente, greift man meist auf andere Mittel zurück (Ähnlichkeit, Ausrichtung usw.), um die Kohärenz zu verstärken.

Zwei Gruppen von drei Fenstern (im 1. OG) und nicht einerseits große, andererseits kleine Fenster. Die Ähnlichkeit ist von schwächerer Wirkung als die Nähe, der gemeinsame weiße Grund und die Symmetrie.

Gemeinsamer Grund

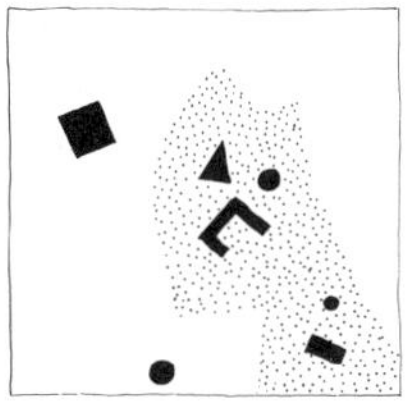

Gruppe von Figuren auf dem „Teppich" und Gruppe der außerhalb befindlichen Figuren.

Gruppe von Figuren innerhalb einer Umfassung, Figuren auf der Umfassung und außerhalb.

Ein Rahmen, ein Grund, ja selbst ein Teppich stecken ein Feld ab. Was von diesem Feld eingeschlossen wird, hebt sich, selbst wenn es sich um heterogene Elemente handelt, von dem außerhalb Liegenden ab (Abb.).

Dies ist ein sehr wirkungsvolles Mittel zur Herstellung eines Ganzen, das wir häufig anwenden. Dabei bilden die Elemente, die den Rahmen selbst formen, eine eigene Untergruppe (Abb.).

Hingegen hindert uns das Fehlen klarer Begrenzungen bei den meisten neueren Erweiterungen unserer Städte und Dörfer, ein klares Bild von der Siedlung zu gewinnen (vgl. auch Abschnitt 7.2).

Ausrichtung: Parallelität oder Konvergenz

Das Auge neigt weiterhin dazu, Elemente zu gruppieren, die dieselbe Lage haben: vertikal, horizontal oder parallel liegende Elemente (Abb.).

Heterogene Elemente bilden durch ihre Lage in bezug auf eine Straße, einen Platz oder ein Gebäude Gruppen (Abb.). Dasselbe Phänomen wird manchmal genutzt, um eine Fassade zu gliedern. So kann man zum Beispiel die Fenster um die Eingangstür gruppieren. Das Bezugselement erlangt hierdurch implizit eine hierarchisch höhere Stellung als die übrigen.

Die Symmetrie ist ein Sonderfall dieses Prinzips. Sie kann sogar dazu beitragen, von Grund aus verschiedene Elemente miteinander zu verbinden. Diese stehen durch den gemeinsamen Bezug auf eine Achse in wechselseitiger Zugehörigkeit. Die Achse kann materialisiert sein, bleibt aber in den meisten Fällen nur gedacht. Damit

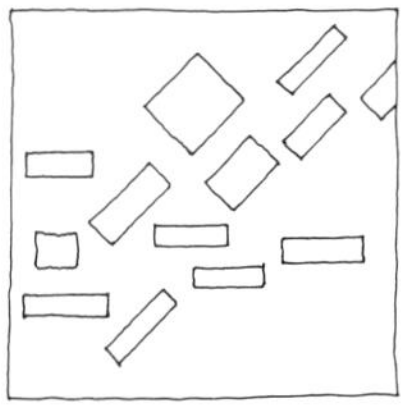

Gruppe der horizontalen und Gruppe der schrägstehenden Figuren.

Gruppe der zur „Straße" gehörenden und Gruppe der übrigen Figuren.

kann selbst der Gegensatz zwischen Bauwerk und Pflanzenwelt gemildert werden. Die Bäume einer Allee werden in solch einem Fall von den übrigen Elementen der Natur abgesondert. Wir werden im folgenden Kapitel auf die Symmetrie zurückkommen.

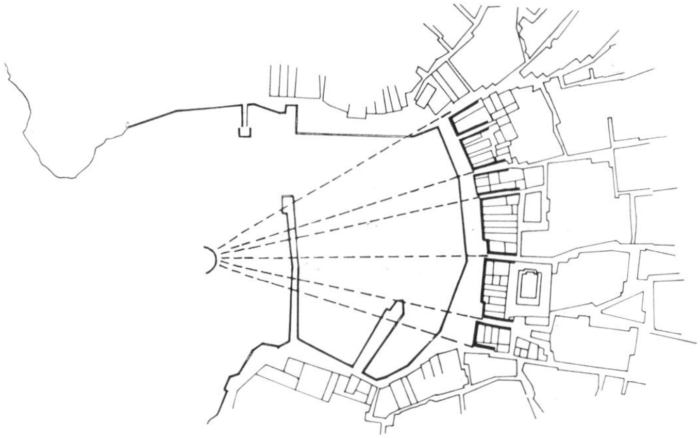

Konvergenz von Gassen und Fassaden auf einen fiktiven Punkt in der Hafenbucht.

Parallelität und Ausrichtung: Der Kai bildet dank der aufgebrochenen, konkaven Linie der Fassaden eine geschlossene Einheit. Kein vorgerücktes Gebäude durchbricht diese Regelmäßigkeit. Der Kai wird breiter, wo Nutzung oder repräsentativer Charakter der Bauten es erfordern (Geschäfte, Kirche usw.).

Wechselspiel der Faktoren

Bei einer Anordnung von Formen kommen mehrere Faktoren gleichzeitig ins Spiel. Die Wirklichkeit ist komplex und reine Verhältnisse finden sich selten. Manchmal überwiegt ein Faktor die anderen.

Das Beispiel des Hafens von Idra auf dem Peloponnes belegt die Wirkungskraft einer starken *Redundanz* von Kohärenzfaktoren. Durch gleichzeitiges Inkrafttreten von vier Faktoren (Ähnlichkeit, Nähe, Rahmung, Ausrichtung), die auf verschiedenen Ebenen wirken, wird dieses eigentlich heterogene und nicht einmal symmetrische Ensemble zu einer unlösbaren Einheit zusammengeschweißt. Sind erst die Kohärenzprinzipien festgesetzt, entdeckt man, daß im einzelnen Raum für eine ungeheure Vielfalt bleibt. Sicherlich würde das Haus Schröder von Rietveld, das die Regel der Frontalität und der durchbrochenen Wand ablehnt, hier nur schwer Platz finden. Aber die Kohärenz des Ganzen würde kein bißchen leiden, wenn man das Haus Moller von Loos oder das Haus Cook von Le Corbusier einfügte. Es würde im Gegenteil dadurch bereichert werden, und man könnte dies zum Vergnügen mit einer Fotomontage demonstrieren.

Diese Beobachtungen zeigen die extreme theoretische Schwäche von Bauordnungen, die mehr und mehr darauf ausgerichtet sind, die Stadt, vor allem das Stadtzentrum, und die Dörfer vor der „Willkür“ bestimmter zeitgenössischer Architekturen zu bewahren. Ein solches an sich vielleicht lobenswertes Bestreben setzt auf zu primitive Mittel. Es zielt nur auf die Symptome. Strikte Baufluchten, Farbe und Material der Fassaden, Stockwerk- und Traufhöhe, Erhalt bestehender

Fassaden, Art und Farbe des Dachs, Art der Dachziegel usw. – nichts von alledem wird in Idra berücksichtigt! ... Und dennoch, welch eine Kohärenz der Formen!

3.3 Von der Ordnung zum Chaos

Die Untersuchung der Stadt Idra erbrachte ein Beispiel für das Wechselspiel von Wiederholung, Nähe, Rahmung und Ausrichtung. Wir bedienen uns dieser Mittel, um unsere Umwelt zu gestalten. Je nach Wahl erhalten wir entweder Ensembles, die sozusagen mit einem einzigen Blick erfaßt werden können, oder aber komplexere und schwieriger zu verstehende Gefüge, die die Mühe der Erkundung erfordern. Die *Elemente* und vor allem die *Bezüge* zwischen den Elementen können mehr oder weniger strukturiert sein, angefangen von einer gleichmäßigen Textur über Hierarchie und verstärkte Komplexität bis hin zu einer Menge von Elementen ohne erkennbaren Zusammenhang, dem Chaos (Abb.).

Der Beobachter muß eine größere Anstrengung aufbieten, wenn die Bezüge zwischen den visuellen Informationen, die er erhält, abnehmen. Daher führt der Architekt Strukturen ein, welche die Bezüge verstärken und es erlauben, bestimmte Elemente zu gruppieren.

Die meisten Städte und architektonischen Werke sind durch mehrere hierarchisch übereinandergelagerte Strukturebenen gekennzeichnet, welche die eigentliche Komposition ausmachen. Die Qualität eines Werks hängt nicht so sehr davon ab, welches Strukturprinzip man verwendet, doch die Kenntnis jener Prinzipien schärft das Bewußtsein für die zur Verfügung stehenden Mittel und die Fähigkeit, sie einzusetzen.

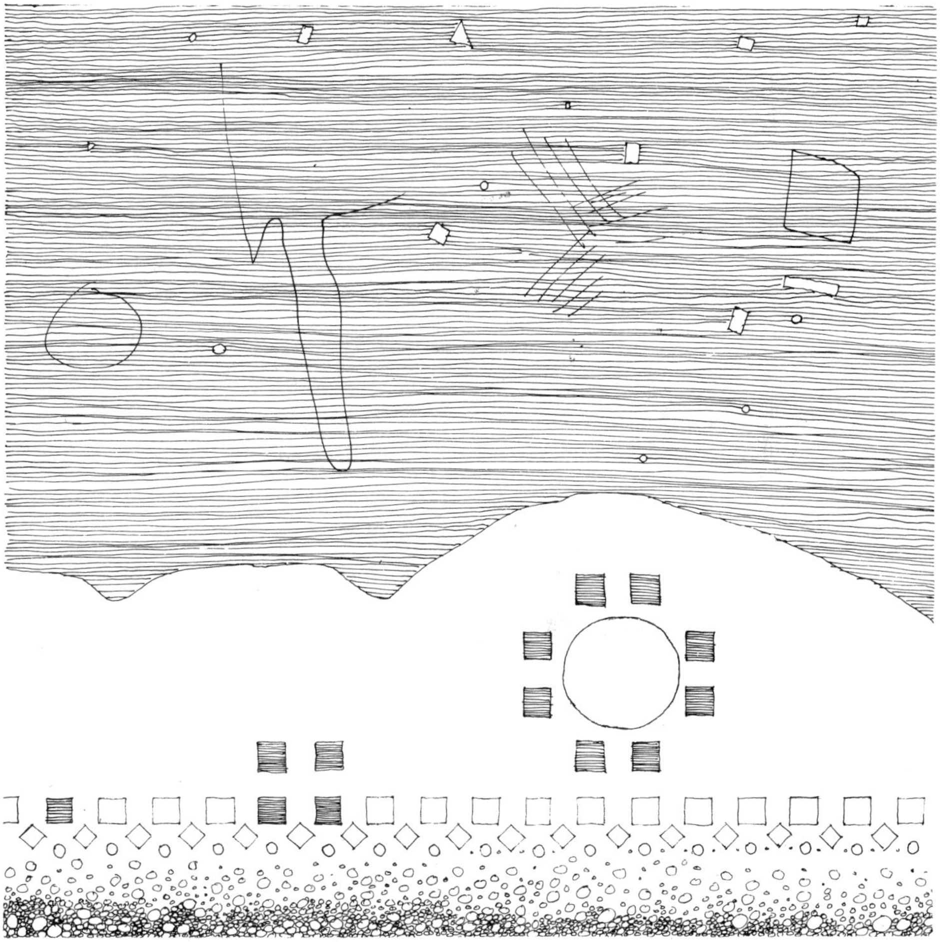

Textur – Reihe – Hierarchie – Kontrast – Komplexität.

Homogenität

Das Auge erkennt eine Textur, wenn die Bestandteile einer Oberfläche nahe beieinander, ähnlich und zahlreich genug sind, um nicht mehr einzeln als Figuren wahrgenommen zu werden. Analog können wir von einer homogenen Struktur sprechen, wenn dasselbe Prinzip für räumliche Objekte oder Gebäude gilt (zum Beispiel einen Wald, eine nordafrikanische Medina usw.).

Eine elementare Struktur wird also schlicht durch *Nähe, Wiederholung, Ähnlichkeit und manchmal Ausrichtung* der Elemente geschaffen.

Es gibt zwei Arten von Texturen. Ein Wald, der Kiesbelag eines Wegs oder manch mediterrane Ansiedlung bilden eine Ordnung, die man *„zufällig"* nennen könnte (Abb. oben). Andere Ensembles spiegeln ein System expliziter oder latenter Koordinaten, ein *Raster* wider (Abb. unten). Die Linien dieses Rasters sind oft immateriell, gedacht. Sie werden durch die Lage der Festkörper suggeriert, die den Raum zwischen den Elementen bestimmt, zum Beispiel die Straßen zwischen den Häusern. Eine Mischung aus aleatorischer Ordnung und Raster kennzeichnet das Luftbild von Idra (Abb. S. 53). Wo die Topographie bestimmt, scheint die städtische Struktur oft dem „Zufall" zu entspringen, während sie dort, wo sich die Ebene frei dem Willen des Menschen fügt, „gerastert" ist. Auf niedrigerer Ebene, in den Straßen von Idra, findet man die Homogenität nahegelegener Elemente wieder (Formen und Dimensionen der Häuser, Türen, Treppen, Putz, Farben, Maße). Die Vogelschau veranschaulicht recht gut, welche Möglichkeiten und Spielraum an Variationen ein städtisches System offenläßt. Die Tex-

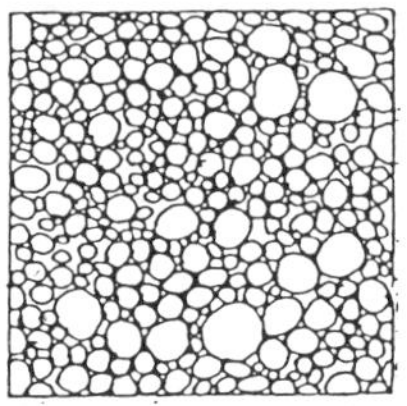

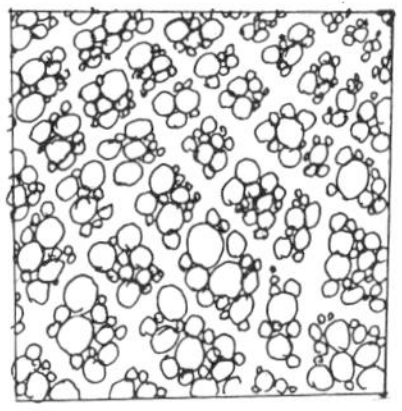

Skiros, Griechenland.

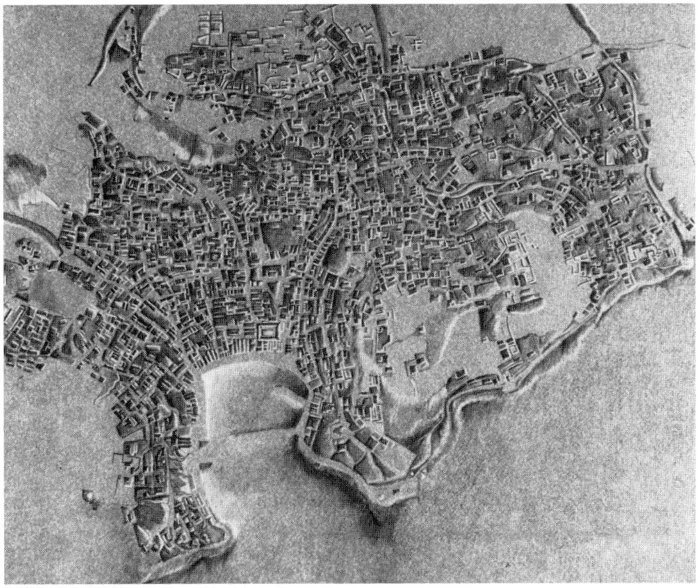

Koordinierte Textur, Idra.

Zerfallende Textur, Pully bei Lausanne.
(im gleichen Maßstab wie Idra)

tur ist die bedeutungstragende Ordnung des Gesamten, die durch strukturelle und partielle Ähnlichkeiten einfach und beruhigend wirkt und dennoch individuelle Unterschiede zuläßt. Manche Texturen halten nur schwach zusammen, weil sie zu viele Brüche und Unregelmäßigkeiten enthalten (Abb.). Daß man sich beim Bau von Straßen und Gebäuden nach der zufälligen Anordnung von präexistierenden landwirtschaftlichen Parzellen richtet, ist häufig der Grund für die Verworrenheit unserer modernen Vororte. Eine kaum erst aufgestellte Regel zerbricht sofort wieder. Ein Gewebe kann nicht wachsen.

Wir haben als Anschauungsmaterial Luftbilder verwendet, da es miteinander vergleichbare Darstellungen sind. Ebenso hätte man die Textur von Fassaden oder Fassadenteilen betrachten können, über die Logik ihrer Zusammensetzung oder die Untersuchung der Details hinausgehend.

Reihung

Eine besondere Ausprägung der Textur ist die Ordnung durch *Wiederholung von Elementen in Reihen*. Alle Bestandteile sind von gleicher oder ähnlicher Wichtigkeit, aber im Gegensatz zur homogenen Struktur gibt es eine bevorzugte Richtung (Abb.).

Dies ist der Fall beim Perlstab oder den Arkaden. Ist der Perlstab doppelt oder dreifach, entstehen Querverbindungen. Werden diese zu wichtig, gelangt man erneut zur gerasterten Textur.

Alle Kohärenzfaktoren können bei der Reihe ins Spiel kommen, aber Ähnlichkeit und Nähe der Elemente sind ihre ersten Bedingungen.

Die Grundlagen einer solchen Struktur sind *Linearität und Rhythmus*. Alle Reihen haben einen Rhythmus von Betonungen und Intervallen. Was uns beim ersten Blick auf den Platz von Telč nur als eine einfache und gefällige Wiederholung erscheint (Abb. S. 54), ist in Wahrheit eine komplexe Kombination von Taktmaßen, welche aus dem Ensemble mehr als eine schlichte Addition von Häusern macht: Der Rhythmus der Arkaden … A – A – A … und der Fenster … B – B – B – C – B – B – B – C – … vernachlässigt die Einheit des einzelnen Hauses, welche aber durch den Rhythmus der Giebel ... D – D – D ... und ... d – d – d ... wiederhergestellt wird. Besteht also die Reihe aus zwei oder drei voneinander unabhängigen Parallelbändern, dem gleichförmigen Rhythmus der Arkaden, dem uneindeutigen der Fenster und dem der Giebel? Eine genauere Betrachtung zeigt, daß der Rhythmus der Giebel sich subtil bis zum Boden fortsetzt. Die Reihen sind senkrecht koordiniert: Der individuelle Charakter der Häuser bleibt, obgleich er sich abschwächt, dank leichter Unterschiede in den Profilen und Farben bis hinunter zu den Arkaden erhalten. Jeweils *drei* Arkaden und *drei* Fenster unterscheiden sich etwas von den benachbarten. Die Zahl drei besitzt eine „Mitte", bietet sich also für Symmetrien an. Bei den Giebeln ist die Symmetrie explizit, in Bodennähe unterschwellig.

Der ohne Zweifel sehr zufriedenstellende Gesamteindruck ist jedoch nicht allein das Resultat einer geschickten Handhabung der Form. Die Ordnung ist hier eng an die städtische Wirklichkeit gebunden; sie bezieht die Lebensumstände mit ein. Die gereihten Fassaden und die homogenen Arkaden des Erdgeschosses unterstreichen die kollektive Funktion des Platzes. Nach oben hin zeugen die Stockwerke zunehmend von der relativen Individualität der Erbauer, Geldgeber bzw. Bewohner.

Wir können aus diesem Beispiel lernen, daß eine Reihung keinesfalls auf einen identischen Rhythmus gegründet sein muß, sondern man mehrere Taktmaße zu größeren Einheiten zusammenfassen kann, vorausgesetzt, daß diese Gruppierung nicht willkürlich ist. Wenn diese Takte wirklichen Lebensumständen entsprechen, wirken sie noch überzeugender.

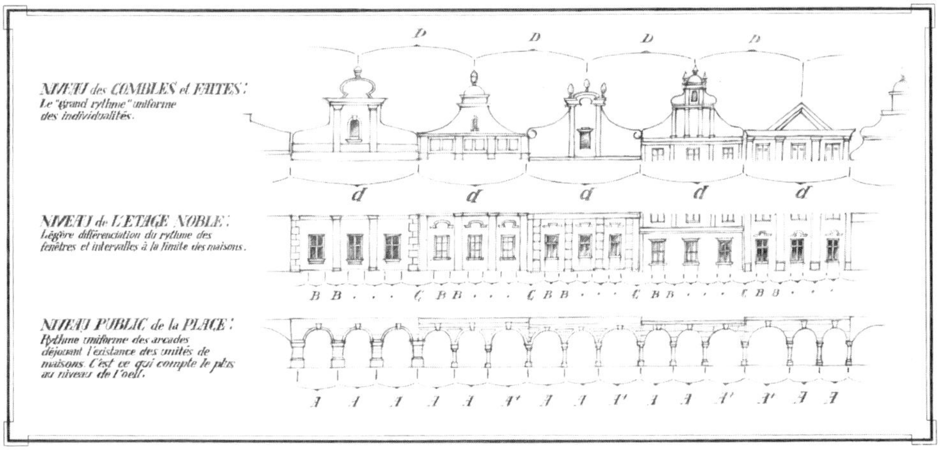

Koordination von Reihen. Telč, Tschechien.

Marktplatz in Telč, Tschechien.

Abstufung

In einer auf Wiederholung beruhenden Struktur wie Textur oder Reihe können Elemente oder Zwischenräume stufenweise ihre Form, Dimension oder Ausrichtung ändern. Die Abstufung führt also zwei widersprüchliche Eigenschaften zusammen: die Verwandtschaft und den Unterschied ohne ausdrückliche Hierarchie (Abb.).

Stufung läßt sich überall in unserer Umgebung finden. Ein Großteil der Elemente der Natur ist auf diese Art strukturiert (Kap. 5). Ohne die Analogie zwischen menschlichem Körper und der Fassade des Klosters von La Tourette (Abb.) überstrapazieren zu wollen, sind doch beide vom Gedanken des scheinbar wiederholungslosen Crescendo und Decrescendo in Zeit und Raum gekennzeichnet. So häufig sie in der Natur auch vorkommt, wird die Stufung in der Architektur nur selten genutzt. Aus offenliegenden Gründen der baulichen Ökonomie zieht man im allgemeinen regelmäßigere Rhythmen vor. Für andere Konstruktionen, die aufgrund ihrer Funktion höhere Anforderungen an die Gewichtsverteilung stellen, greift man jedoch darauf zurück, zum Beispiel für die eleganten Flügel eines Segelflugzeugs.

Es gibt eine Sonderform der Stufung, die wir häufiger bei Grund- und Aufrissen finden als bei der Fassadengestaltung: die *Progression* (Abb. oben).

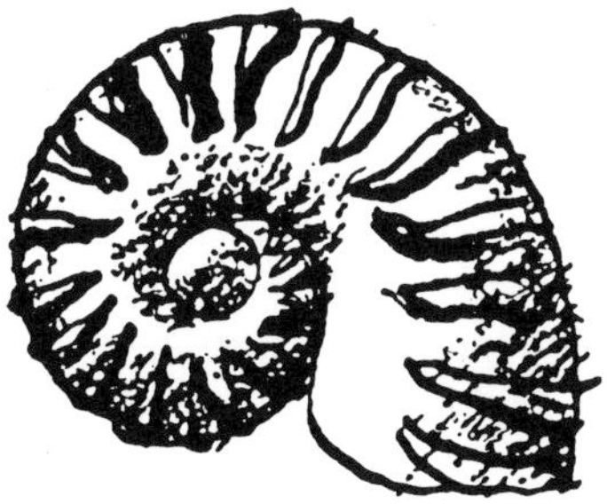

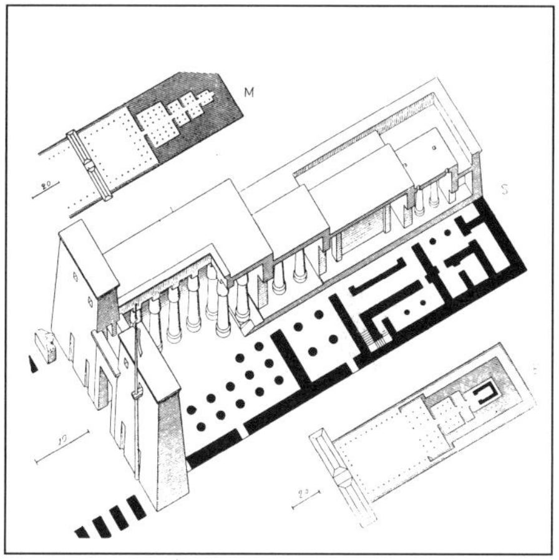

Südlicher Tempel von Theben (nach Choisy).

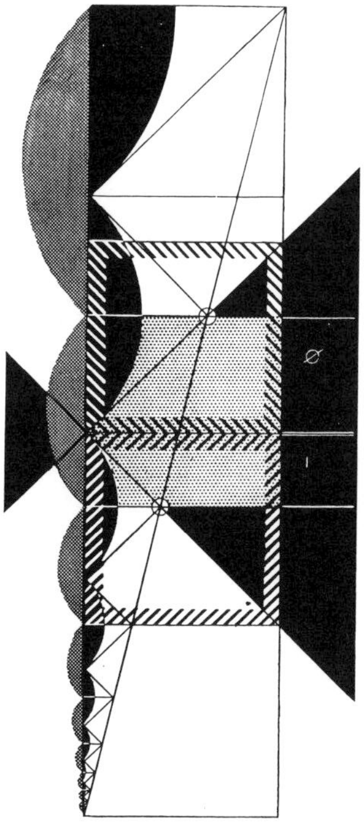

Le Corbusier, Der Modulor, endgültiger Entwurf 1950.

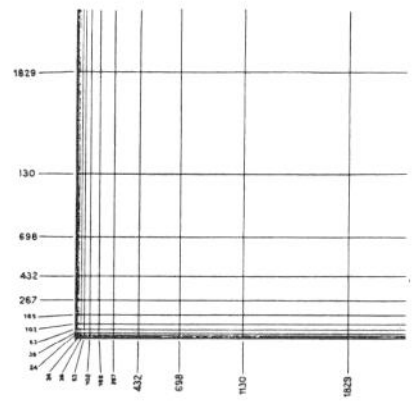

Abgestufte Verglasung.
Le Corbusier, Kloster La Tourette.

Bei der Progression gibt es einen Anfang und ein Ende oder Ziel, dem als solches eine beherrschende Stellung zugewiesen wird. Sie ist eine allmählich anwachsende Stufung ohne zyklische Veränderung. So entsteht eine Hierarchie, wie Auguste Choisys Zeichnungen des Tempels von Theben deutlich zeigen. Die Progression Richtung Herzen des Heiligtums ist nicht nur im Grundriß, sondern ebenso im Aufriß ablesbar. Nicht der höchste und weiteste Teil ist am wichtigsten, sondern gerade das Gegenteil. Die Hierarchie ist keine Frage der Größe, sondern der relativen Stellung eines Elements innerhalb seines Kontextes.

Hierarchie

Die Hierarchie stellt als Zusammenstellung von Elementen nach einer Wichtigkeitsskala eine komplexe Ordnung dar. Eine Verwandtschaft zwischen den Elementen ist nicht unbedingt notwendig. Um eine Hierarchie zu schaffen, wird nicht nur mit *Größenunterscheidungen* gearbeitet, sondern ebenso mit *Stellung* und *Einzigartigkeit einer Form* in bezug auf einen Kontext (zum Beispiel: Zentralität, Axialität, Ausrichtung, geometrischer Gegensatz, Abb.).

Es ist wichtig, daß der Architekt die implizite Hierarchie gewisser geometrischer Gebilde kennt. So sind die verschiedenen Stellen eines Raums mit quadratischem, rechteckigem oder rundem Grundriß nicht gleichrangig, da Zentrum, Ecken oder Peripherie jeweils verschiedene Kraftfelder enthalten (Abb. S. 38).

Eine Hierarchie setzt primäre und sekundäre Elemente voraus. Zwischen diesen Elementen besteht ein Abhängigkeitsverhältnis; ein oder mehrere Elemente beherrschen die übrigen. Innerhalb eines Elements kann sich dasselbe Phänomen wiederholen; konzentriert man seine Aufmerksamkeit auf ein Teilelement, kann dieses primären Charakter erhalten, und man entdeckt neue sekundäre Teilelemente. In der Vielfalt ist die Hierarchie ein überzeugendes Mittel zur Herstellung von Zusammenhang. Sie erlaubt es, Elemente zu größeren, einfacheren und erkennbaren Einheiten zusammenzuführen.

Die Unterscheidung von herrschenden und untergeordneten Elementen in einem baulichen Ensemble gilt nicht ausschließlich für die Körper (z.B. eine Masse oder eine Fassade), sondern ebenfalls für den architektonischen Raum (Abb. unten).

Wer im baulichen Bereich von „Hierarchie" spricht, denkt zu schnell an „Achse", „Symmetrie", „Zentralität" usw. Es würde zu weit führen, hier alle Mittel aufzuzeigen, die zur *Dominanz* eines Elements innerhalb seines Kontextes beitragen können. Die Symmetrie ist auf jeden Fall nicht die einzige Möglichkeit, dies zu erreichen. Selbst ein einfacher Wechsel der Ausrichtung eines Gebäudes in bezug auf seine Umgebung genügt aufgrund seines Ausnahmewerts, um eine eindeutige Hierarchie zu erzielen (Abb.).

Eine Hierarchie setzt also die Dominanz von Leerräumen oder Objekten voraus. Alltäglich bedienen wir uns Hierarchien, um unsere Gedanken zu gliedern. Wir benötigen Anhaltspunkte, die unsere Orientierung im komplexen Raum erleichtern. Wenn gleichwertige Hierarchien sich zu sehr

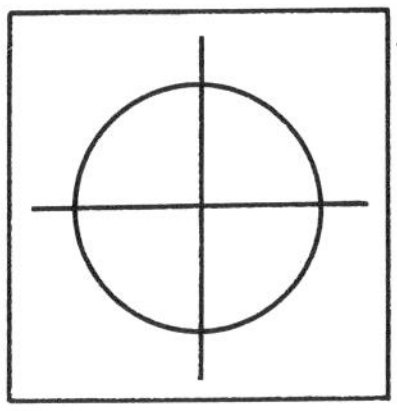

Vorherrschaft des Zentrums.

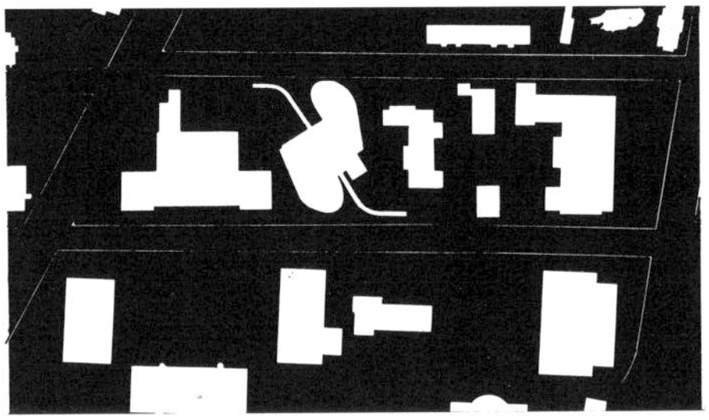

Schon die einfache Rotation eines Gebäudes im Verhältnis zu den übrigen führt eine Hierarchie ein. Le Corbusier, Carpenter Center, Harvard University, Cambridge, Massachusetts, 1961–1964.

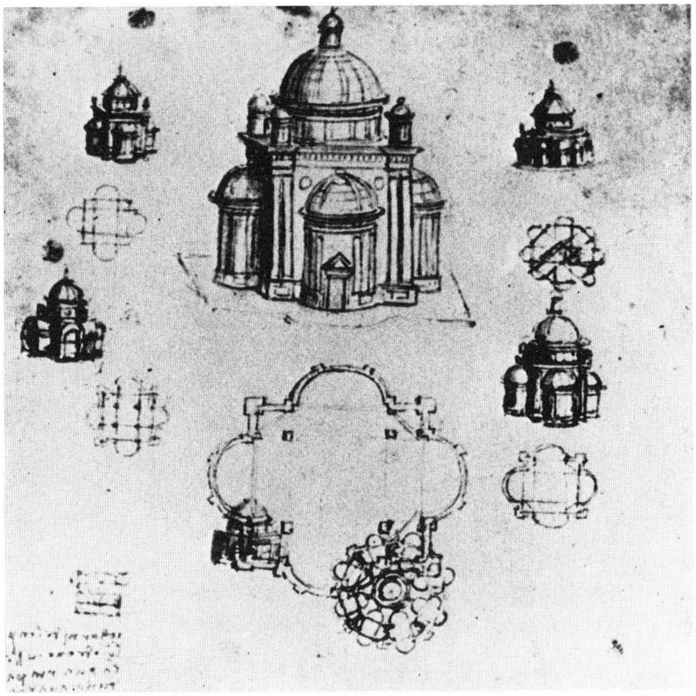

Leonardo da Vinci, Studien. Gebäude mit zentriertem Grundriß.

häufen, bricht ihre Funktion als Anhaltspunkt zusammen. Es gibt dann keine Hierarchie mehr.

Kontrast

Der Kontrast dient dazu, zwei formalen Systemen unmittelbare und eindeutige Identität zu verleihen. Er erzielt eine wechselseitige Aufwertung, die auf explizite Hierarchie verzichten kann. Die gegenseitige Abhängigkeit der Elemente ergibt sich aus der Spannung, die ihrer gegensätzlichen Natur entspringt (Abb.). Die gegensätzlichen Begriffe können verschiedener Art sein, doch muß eine gewisse Nähe, wenn nicht Überschneidung vorhanden sein, damit ein Dialog entstehen kann:

- *positiv und negativ*
  z.B. voll/leer, konvex/konkav, Kurve/Gerade
- *hell und dunkel*
  z.B. Licht/Schatten, reflektierend/absorbierend
- *groß und klein*
  z.B. weit/eng, hoch/niedrig
- *horizontal und vertikal*
- *natürlich und künstlich*
  z.B. rauh/glatt, pflanzlich/mineralisch

Der Kontrast erlaubt uns, Unterschiede zu erkennen. Wir haben dies schon bei dem Phänomen Figur/Grund festgestellt. In noch stärkerem Maße treten zwei Gegensätze, die in Kontrast zueinander gesetzt werden, in einen wechselseitigen „Dialog". Mit dreien, vieren oder gar mehr würde dies bereits schwierig, wenn nicht unmöglich. Der Kontrast ist ein Prinzip, das unsere Umwelt ordnet. Die Bedeutung einer Form wird durch ihr Gegenteil aufgewertet. Wenn Slutzky sagt, daß bei Le Corbusier *„die negativen* [leeren] *Räume einen formalen Wert erhalten, der dem der Objekte entspricht, welche sie erzeugen"*[55], so spielt er auf das erste Ziel der Komposition mittels Kontrast an: eine Form durch Wirkung der anderen zu verändern, wobei selbst die Leere ein Begriff des Gegensatzpaares sein kann. Damit die Gegensätze „in Kommunikation" tre-

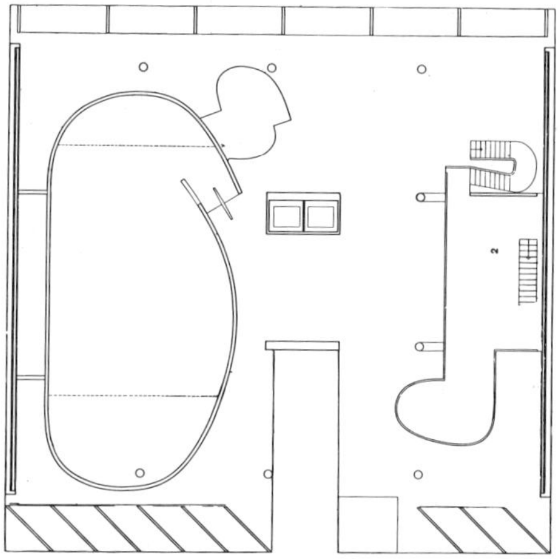

„Kurve–Gerade". Le Corbusier, Haus des Baumwollspinnereiverbands, Grundriß des 3. OG, Ahmedabad, 1954.

„Konkav–konvex". Francesco Borromini, Sant'Ivo della Sapienza, Rom, 1642–1660.

ten können, müssen ihre Unterschiede jedoch genügend ausgeprägt sein. Es gibt hierfür kaum eine Regel, da die Gegensätze verschiedenste Formen annehmen können. Letztendlich bleibt das Auge der endgültige Richter.

Komplexität

Von unten nach oben zunehmende Komplexität.

Das Konzept der architektonischen Komplexität läßt sich in Opposition zur Einfachheit, das heißt zum Elementaren und Eindeutigen, definieren (Abb.). Betrachten wir den Parthenon aus einem Schrägwinkel, so können wir ihn ganz erfassen, selbst seine abgewandten Seiten. All seine Elemente – Basis, Säulen, Kapitelle, Architrave – tragen dazu bei, eine Einheit herzustellen, die keine mehrdeutige Lesart zuläßt. Trotz seiner unendlichen Raffinesse bleibt dieser Tempel von größter Einfachheit. *Das Auge wird eher dazu aufgefordert, ihn hinzunehmen, als ihn zu erkunden.*

Mit den Fassadenentwürfen für San Lorenzo von Michelangelo verhält es sich ganz anders. Trotz ihrer Symme-

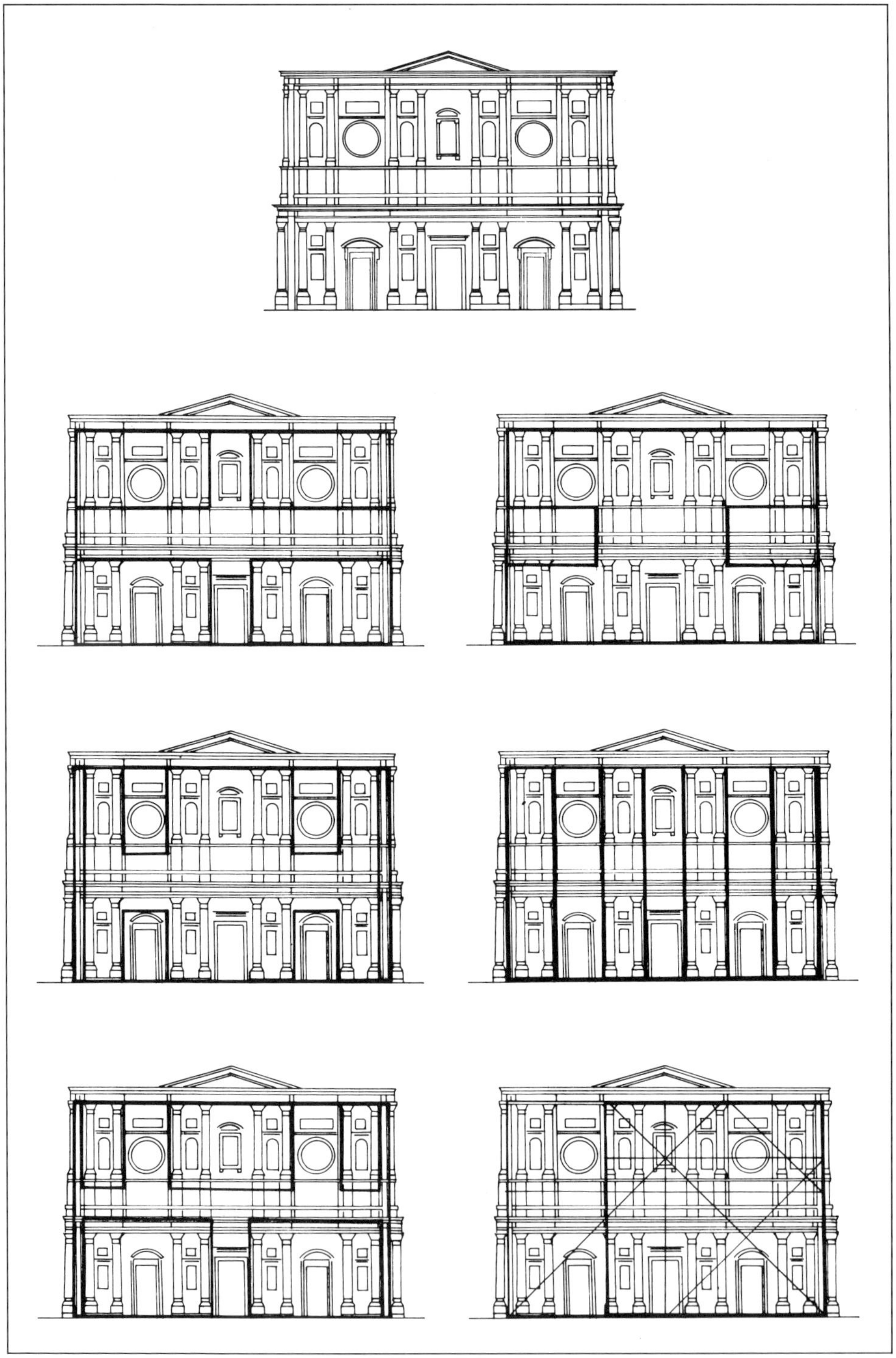

Michelangelo, Fassade für die Totenkapelle San Lorenzo in Florenz, 1516–34: Eine der ersten Skizzen weist noch eine wenig komplexe Symmetrie auf, was für die meisten symmetrischen Gebäude gilt. Michelangelo gibt sich damit nicht zufrieden. Im endgültigen Entwurf weicht das Übergewicht der Achse zurück. Die möglichen Lesarten sind vielfältig und ungefähr gleichberechtigt, wie diese Auswahl zeigt.

trie, die ein wirksames Prinzip zur Herstellung von Einheit ist, haben wir es hier mit mehreren übereinandergelagerten und koordinierten formalen Strukturen zu tun. Die Elemente sind so gruppiert, daß sie dem Betrachter mehr als nur eine Möglichkeit der Interpretation bieten – dies bezeichnen wir als *Komplexität*. Je mehr wir uns nähern – und selbst wenn wir an einem festen Standort bleiben –, schwankt die Fassade zwischen mehreren Gliederungen, die abwechselnd die Oberhand gewinnen. Die Fassade wird zum *Feld der Erkundung* (Abb. S. 58). Colin Rowe und Robert Slutzky haben das Konzept der *Transparenz* eingeführt, anhand dessen sie eine interessante kritische Methode für Analyse und Verwendung solcher Überlagerungsphänomene entwickelt haben.[56]

Wir treffen jedoch in der Architektur häufig auf unfreiwillige und unbeholfene Komplexität (und auch Einfachheit). Die außergewöhnliche Qualität von San Lorenzo beruht auf Durchdachtheit der Abhängigkeiten zwischen den Elementen und Geometrien. Das entstehende Gleichgewicht bewirkt, daß die Fassade komplex, *aber nicht kompliziert* ist, so wie der Parthenon einfach, aber nicht banal ist. Die Beherrschung der architektonischen Komplexität ist, ebenso wie die der Einfachheit, Frucht einer beharrlichen Arbeit. Sie ist nicht einfach eine Frage des Talents, wie Bernhard Hoesli durch einen Vergleich der Vorstudien Michelangelos anschaulich darstellt.[57] Der erste Entwurf wirkt noch „unbeholfen“: Die geometrischen Teilsysteme verflechten sich noch nicht zu einem Ganzen; sie stehen nebeneinander.

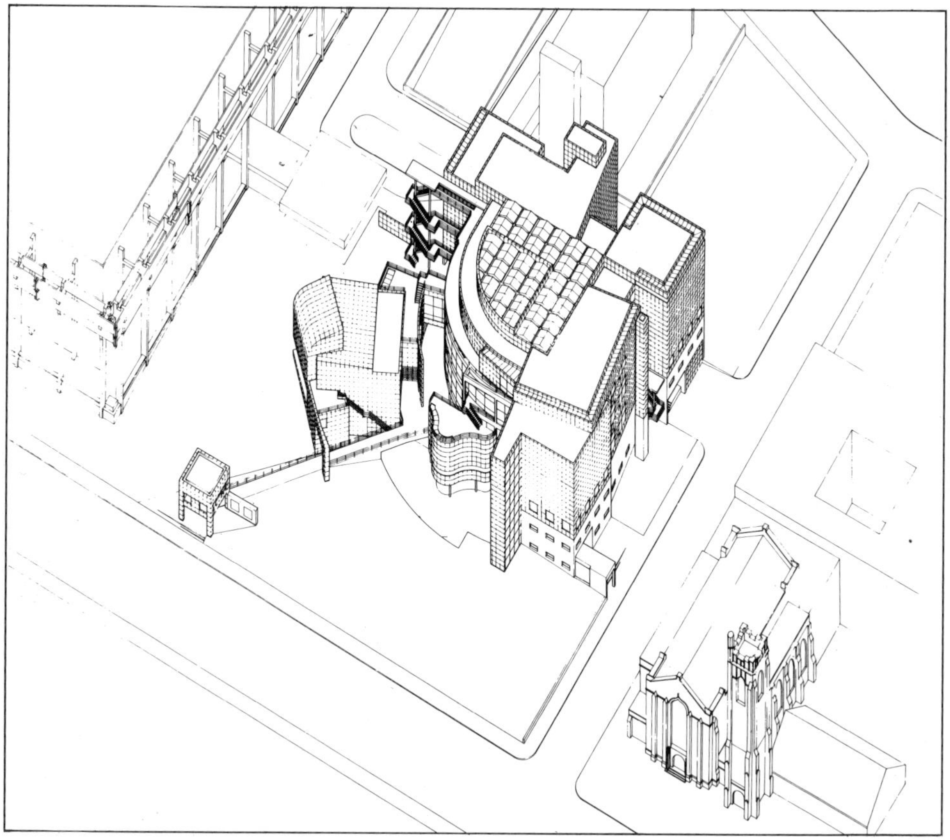

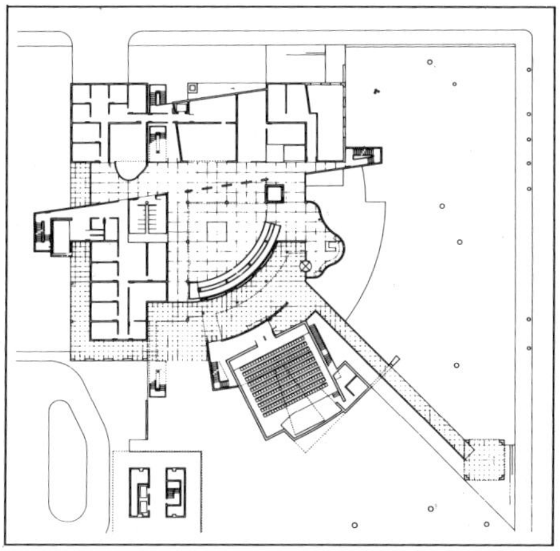

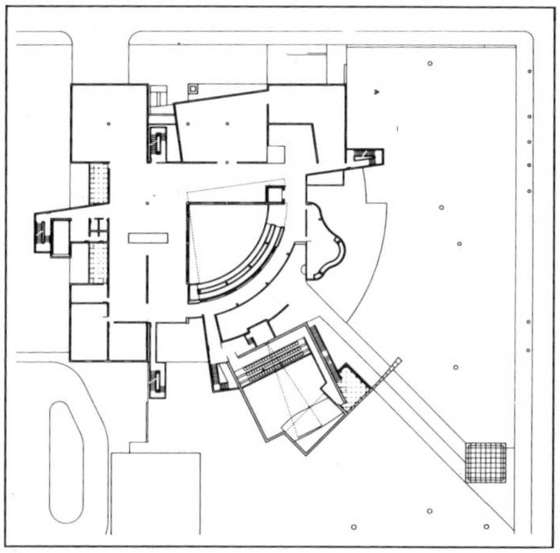

Räumliche Komplexität: Richard Meier, High Museum of Art, Atlanta, Georgia, 1983.

Es bestehen andere Möglichkeiten des Arbeitens mit der Komplexität, zum Beispiel die *Abweichung von einer Norm.* Diese kann durch Verstöße gegen eine etablierte Symmetrie entstehen, durch eine Abweichung innerhalb einer regelmäßigen Textur oder auch einfach durch die Deformation einer vertrauten Figur. Wählen wir als Beispiel das High Museum of Art von Richard Meier in Atlanta (Abb. S. 59). Woraus läßt sich der Zusammenhalt dieser komplexen Geometrie, dieser Vielzahl von Körpern und räumlichen Gegebenheiten erklären? Hier beschränkt sich die „beherrschte Komplexität" nicht allein auf die Fassaden. Äußerlich bewirkt die Verkleidung aus quadratischen Metallplatten, die eine von Geometrie und Funktion der einzelnen Baukörper unabhängige homogene Textur bildet, eine starke Einheitlichkeit. Diese *Kontinuität der Textur* ist notwendig, um die Unregelmäßigkeiten zu einer für den Laien erkennbaren Einheit zusammenzuführen. Beim Aufbau des Innenraums sind die Deformationen besonders häufig. Beim Museumsrundgang wird die anfängliche Rechtwinkligkeit von einer Richtungsänderung zur anderen mit zunehmendem Nachdruck übertreten, so daß man die Unordnung fürchten könnte. Drei Maßnahmen verhindern die Auflösung der Ordnung:

- Die Drehungen und Überschneidungen stellen letztendlich in bezug zueinander zumindest andeutungsweise eine neue Rechtwinkligkeit her;
- sie haben fast immer einen transversalen Bezug nach außen;
- der große viertelkreisförmige Zentralraum dient während des Rundgangs stets als Bezugspunkt.

Der Zusammenhalt ist prekär, beunruhigend und herausfordernd. Es ist nicht sicher, ob dies der geeignetste Raum ist, um Kunstwerke auszustellen, denn Meier interessiert scheinbar vor allem das Vermögen der Architektur, selbst *„Kunst"* zu sein.

Der Balanceakt zwischen sichtbarer Ordnung, versteckter Ordnung und Unordnung ist schwierig. Es erweckt die Bewunderung des Laien und selbst des Kenners, wenn solch ein Werk nicht nur eine Poetik widerspiegelt, sondern ebenso das ihr zugrundeliegende Können und Wissen um die Mittel. Dies zeigen diese beiden mehrere Jahrhunderte auseinanderliegenden Werke.

Widerspruch

Wir können für unsere städtischen und architektonischen Ensembles zwei Arten von Widersprüchen unterscheiden; der eine ist zufällig und kommt durch eine unterschiedliche Entstehungsgeschichte zustande, der andere ist beabsichtigt und verweist auf die Entwurfsarbeit.

(1) *Mißtönende Reibung* von zwei oder mehreren formalen Systemen entsteht, wenn eines das andere in Frage stellt (Abb.): Hier handelt es sich um einen hohen Grad an Komplexität, bei der widersprüchliche visuelle Informationen den Betrachter zwischen zwei oder mehr Befunden im Zweifel lassen, die sich nicht zu einem Ganzen fügen wollen. Mangel an Koordination und Zusammenstoß divergierender Kräfte und Interessen erwecken dann den Eindruck des Zufälligen. Wir finden in der Architektur unserer Städte hierfür zahlreiche Beispiele. Sie erzählen eine Geschichte mehr oder weniger „egozentrischer" sozialer und wirtschaftlicher Antriebe.

(2) Der Widerspruch kann auch *intellektuelles Spiel* und Herausforderung sein: In diesem Fall wird die architektonische Erwartung durch absichtliche ironische Paradoxien zerstört (Abb. unten). Die Methode spielt mit dialektischen Effekten; in ein und demselben Werk werden „formale Thesen und Antithesen" zum Ausdruck gebracht. Zum Beispiel plaziert man einen Stützpfeiler inmitten eines Gewölbes. Zwischen der zur Lösung eines gegebenen Problems gewählten Bautechnik (der stützenfreien Überbrükkung eines Raums) und ihrem Gegenteil (dem Stützpfeiler) entsteht eine Spannung, die den aktiv kritischen Umgang mit der Architektur fördern will.

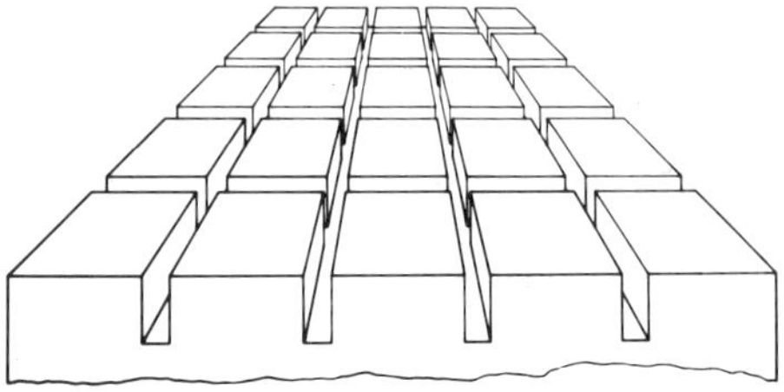

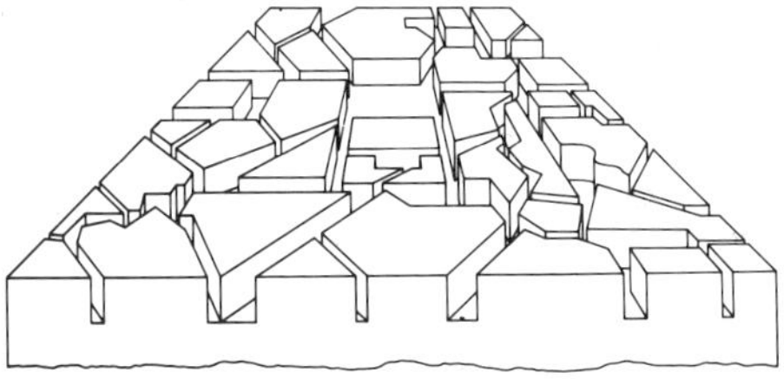

„Gefährdet ist die Ordnung, wenn die Abweichungen stark genug sind, um die Gesamtstruktur durcheinanderzubringen." (Arnheim)[58]

Pfeiler oder Säule, eckig oder rund? Salinenstadt Chaux, Haus des Vorstehers, Claude Nicolas Ledoux, 1775–1779.

Der auf die Renaissance folgende italienische Manierismus steht am Anfang einer Poetik des Irrealen, Unglaubhaften und des magischen Spiels. Er wendet sich gegen etablierte Regeln. Palladio setzt sich zwar mit dem Manierismus auseinander, bleibt aber konservativ: *„Aber das, was mir am wichtigsten zu sein scheint, ist der Mißbrauch, die Giebel der Türen, Fenster und Loggien in der Mitte aufzubrechen, wenn man bedenkt, daß sie gemacht worden sind, um das Gebäude vor Regen zu schützen. So haben auch die früheren Baumeister, gelehrt durch die Notwendigkeit, einen First in die Mitte des Giebels gelegt."*[59] In der Folgezeit wird die Reinheit der Renaissance zugunsten einer sarkastischen Ausdrucksfreiheit verworfen, die sich im Spiel mit konventionellen Elementen die Laune der funktionalen Unstimmigkeit erlaubt (Abb.). Ebenso finden wir Spuren von Manierismus in der Architektur des 19. und beginnenden 20. Jahrhunderts, die die Befreiung vom akademischen Rationalismus zum Ziel hat. Vielleicht können wir Serlio recht geben, der im 16. Jahrhundert sagte, daß die Neuerung gefalle, solange sie nicht alle Regeln auslöscht.

Durchbrochener Giebel, Carlo Maderno, Villa Aldobrandini, Frascati, 1601–1606.

In der zeitgenössischen Architektur ist es Robert Venturi, der die Begriffe des Widerspruchs und der Ambivalenz aufzuwerten versucht hat, um der zeitweilig dogmatischen Einfachheit der Moderne entgegenzuwirken. Dies findet sowohl in seinen Bauten und Entwürfen (Abb.) als auch in seinen Schriften Ausdruck: *„... auch eine wirre Architektur kann wertvoll sein, wenn sie die vielfältigen und gegensätzlichen Beziehungen zwischen Inhalt und Aussage anspricht."*[60] Dem Eindeutigen – Langweiligen – setzt er das mehrdeutige „Sowohl-als-auch" – das Anregende – entgegen. Die Forderung, daß ein architektonisches Ensemble zugleich

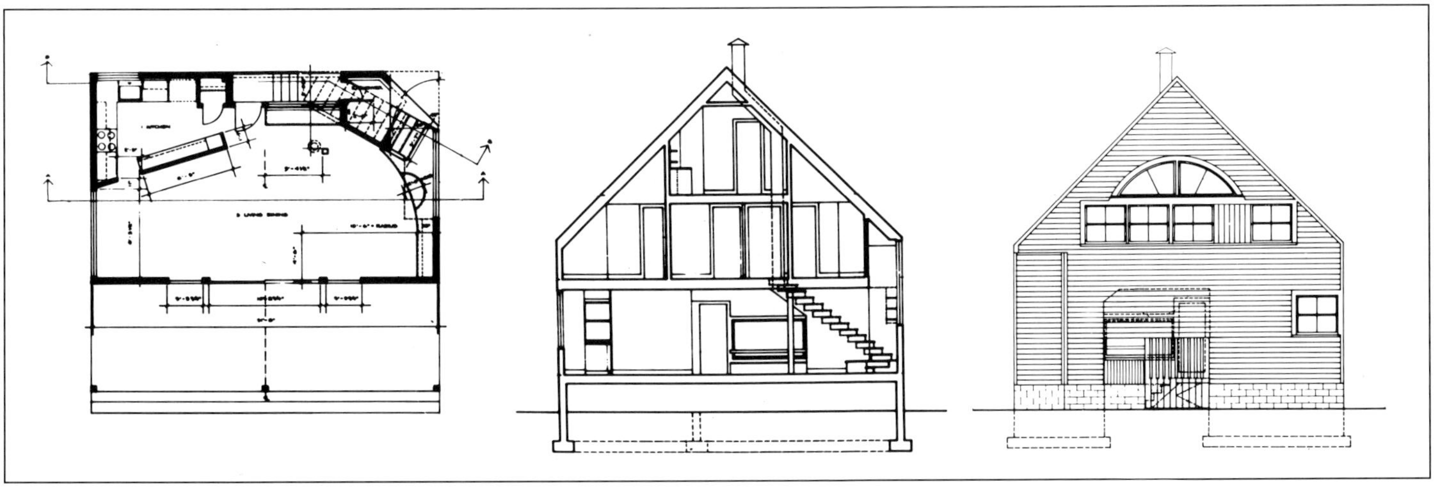

Robert Venturi und John Rauch, Villa Trubeck, Nantucket, Massachusetts, 1970.

groß und klein, fließend und artikuliert, offen und geschlossen, Konstruktion und Ornament sein soll, steht in Zusammenhang mit den Bezügen zwischen Teilen und Ganzem. In dieser Doppeldeutigkeit kommt weniger eine Theorie denn ein Engagement zum Ausdruck, das von einer manifest polemischen Haltung bestimmt wird und bewußt auf bestimmte historische Vorbilder zurückgreift.

Arnheim formuliert seinen Skeptizismus hinsichtlich dieser Strategie folgendermaßen: *„Widerspruch ist ein Makel... Mit seiner Hilfe werden Unordnung, Verwirrung, die vulgäre Zusammenballung von Unverträglichem und andere Symptome der modernen Pathologie verteidigt, an denen Venturi – zumindest in der Theorie – Gefallen findet ... Ein Objekt kann mehrere Funktionen erfüllen, vorausgesetzt, diese Funktionen sind nicht unvereinbar. Es kann auch zweideutig sein, in dem Sinne, daß sich zwei Versionen abwechseln. All das sind mögliche und annehmbare Ordnungen. Wenn man aber von einem Ding sagt, es sei dies und zugleich das und die zwei schließen sich gegenseitig aus ..., dann ist das Gesagte Unsinn ...“*[61]

Chaos

Im Chaos ist keiner der Kohärenzfaktoren mehr in Kraft. Sind noch welche vorhanden, so annullieren sie sich gegenseitig, da keine Struktur und kein formales oder inhaltliches Thema mehr die Teile oder das Ganze bestimmen. Es herrschen Mißklang und Regellosigkeit. Die Elemente sind zahlreich. *„Was ist unter Unordnung zu verstehen? Nicht einfach das Fehlen jeglicher Ordnung ... Bei abnehmender struktureller Gliederung [werden] die Bestandteile austauschbar, und Gleichförmigkeit beherrscht das Feld. Ich habe ebenso gesagt, daß eine solche Gleichförmigkeit – im Gegensatz zur Terminologie der Physiker – als ein Zustand der Ordnung anzusehen ist, wenn auch auf sehr einfachem Niveau. Unordnung ist etwas anderes. Sie entsteht als Folge einer Nichtübereinstimmung von*

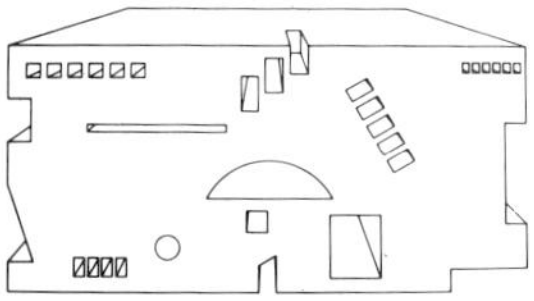

Chaotische städtische Formen.

Teilordnungen ... Eine geordnete Situation untersteht einem Gesamtprinzip, das in einer ungeordneten Situation fehlt.“[61] (Arnheim). Manche Viertel unserer Städte haben im Laufe dieses Jahrhunderts chaotische Formen angenommen (Abb.). Diese *Unordnung* spiegelt ihre jüngste Entwicklung zu einer Anhäufung von Objekten und Gebäuden wider, die nur ihrem eigenen jeweiligem Zweck und keinem gemeinsamen Ziel dienen, das sie zur Stadt werden ließe. Friedrich Schinkel sagte schon 1840: *„Die für jedermann passende Nützlichkeit zum Prinzip erhoben und zu allgemeiner Anwendbarkeit befördert, ist der wesentliche Grund und Boden der Philisterei.“*[62]

Kann das Chaos selbst zur Quelle von Leben und Schöpferischer Kraft werden? Nietzsche sagte, es müsse Chaos sein, damit ein Stern geboren werde. Wenn dem tatsächlich so wäre, könnten wir einen besonders schönen Stern erwarten. Soweit die Gesellschaft jedoch nicht völlig im Niedergang ist, ihrer Vergangenheit entsagt und all ihre Wurzeln und *Hoffnungen* verloren hat, dürfen Architekten und Stadtplaner nicht zu Komplizen des Chaos werden.

Das städtische Chaos ist ein instabiler Zustand. Zum einen neigt es dazu, sich um die Zentren der Betriebsamkeit zu organisieren. Zum anderen mildert die durch Nutzung einer Stadt entstehende Gewohnheit das anfängliche Chaos eines Bildes. Der Bewohner einer Kasbah besitzt ein *Organisationszentrum* – sein Haus – von dem aus er ein komplexes Beziehungsnetz flicht, welches das Durcheinander einsichtig macht.

3.4 Regelmäßigkeit und Unregelmäßigkeit

Die regelmäßige geometrische Ordnung steht zeitweilig schlecht im Kurs. Leicht spricht man von Einförmigkeit, Starre, *Monotonie*, Unmenschlichkeit usw. Im Leitartikel einer dem Thema „Ordnung und Unordnung“ gewidmeten Ausgabe der Zeitschrift Daidalos sagt Ulrich Conrads der Ordnung mit folgenden Worten den Kampf an: *„War die Unordnung bislang der Architektur feindlich – und umgekehrt –, so ist sie nun Stimulans des Bauens. Mehr noch: Das Bauen könnte neue Verbindlichkeit gewinnen aus jenen besonderen Zügen der Unordnung, die wir als Strukturen des Lebendigen erkennen und die – zumeist – nicht auf Reihe oder in Symmetrie zu bringen sind. Netzwerke, Labyrinthe würden wir die Ergebnisse solchen Bauens aus der Unordnung nennen müssen.“*[63]

Diese These gründet auf der Vorstellung, daß menschliches Leben und Wesen der Natur sehr viel komplexer seien als eine regelmäßige und geometrische Ordnung, und läßt anklingen, daß Stadt und Gebäude jene Komplexität unmittelbarer widerspiegeln sollten. Die Argumentation weist jedoch drei bedeutende Lücken auf.

Zum einen müssen wir die Komplexität dieser Welt geistig und visuell vereinfachen, um einprägsame Bilder zu erhalten und uns in ihr zurechtzufinden. Wir könnten einen Baum nicht als Ganzheit erinnern, wäre da nicht die Wiederholung praktisch identischer Blätter und die ordnende Struktur der Äste. Wir müssen die Teile zu größeren und einfacheren Einheiten zusammenführen können, ohne vorher alle Einzelheiten zu dechiffrieren. Das gleiche Prinzip gilt für die Stadt, ihre Viertel, ihre Plätze und Straßen, Gebäude und Fenster. Abwechslungen können anregen, nicht aber die Unordnung.

Weiterhin ist zu bedenken, daß eine gewisse Regelmäßigkeit bautechnisch notwendig ist, damit Elemente zweckmäßig zusammengefügt werden können.

Und schließlich ist Bauen auch eine geistige Tätigkeit und sucht als solche über die pure Nachahmung der Natur oder der sozialen Gegebenheiten hinauszugehen. Die einfachen geometrischen Figuren und Strukturen sind hierbei besonders hilfreich. Die Lebenspraxis ist komplex, aber die Formen, welche Leben enthalten, sind regelmäßig (zum Beispiel ökologische Kreisläufe, Wachstums- und Stoffwechselprozesse von Pflanzen usw.). Es ist eine hohe Genugtuung für den Architekten, wenn es ihm gelingt, Regelmäßigkeit zu schaffen und dennoch die Komplexität der Gesellschaft zu berücksichtigen.

Aber Regelmäßigkeit welcher Art und welchen Ausmaßes? Auf welcher Ebene? Es ist keinesfalls gesagt, daß eine vollkommen quadratische oder kreisförmige Stadt sich dem Gedächtnis besonders leicht einprägt. Auf die Frage nach dem Grad der geometrischen Abstraktion findet jede Kultur ihre eigene Antwort. Dies ist einer der Gründe für den Streit um Rationalismus oder Pittoreske.

Einfachheit

Die einfachen Formen – Linie, Kreis, Kugel, Kubus, Pyramide usw. – üben in Architektur und Design vielfältige Faszination auf uns aus, von den repräsentativen Bauten bis hin zu den alltäglichen Gegenständen. Betrachten wir die Sonnenscheibe, so stellen wir uns kaum Fragen zur Komplexität ihrer physikalischen Beschaffenheit. Ihre Form und Strahlung rufen unvermeidlich den Gedanken an Licht und Wärme hervor.

Die einfachen geometrischen Linien, Flächen und Körper besitzen – ebenso wie die anthropomorphen Formen – die Kraft, uns eine komplexe Realität in ihrer Essenz wiederzugeben, ohne daß wir durch eine Überfülle von Details gestört würden. Wir erleben Augenblicke der Zufriedenheit, Ruhe und Bewunderung, wenn zu gewissen Stunden oder aus gewissem Blickwinkel komplexe Gebilde einfach werden. Manhattan – wie verwirrend komplex trotz seines Rasters! – wird vom gegenüberliegenden Ufer aus bei Anbruch der Nacht oder im Nebel zu einer Silhouette. San Lorenzo ist letztendlich nichts als ein „vulgäres" Rechteck.

Wir haben die Silhouette als Beispiel gewählt, aber Einfachheit – nicht Banalität – ist ein Wert, den wir sowohl in bezug auf die Fläche als auch auf den Raum anstreben. Gombrich ist der Meinung, daß der Wert der Einfachheit eng an die klassische abendländische Kultur gebunden ist. Bei den Griechen wurde sie zur Tugend und galt als Beweis für theoretische Fähigkeiten, welche auf Kunstgriffe der Verführung verzichten konnten.[64] Doch auch im Orient zeigt sich, von der Königsmoschee in Isfahan bis hin zur Zen-Kunst, jenes Streben nach einfachen, umfassenden Formen, trotz allen Reichtums in Dekor und Detaillierung.

Olympia.
Trotz Fragmentierung bleibt der Sarkophagdeckel gut lesbar; die Regelmäßigkeit widersteht dem Wandel der Zeiten.

Daß die Einfachheit uns geistige Befriedigung verschafft, hängt wahrscheinlich mit in uns verankerten physiologischen und wahrnehmungsbedingten Vorlieben zusammen. Programmatische Ansprüche reichen nicht aus, um in einem architektonischen Entwurf Einfachheit zu erreichen. Sie ist Frucht eines geduldigen Studiums, das darauf zielt, die verworrenen Gegebenheiten der Wirklichkeit zu einer erkenntlichen Geometrie zu abstrahieren und zu einen.

Die Grenzen zwischen Banalität und Einfachheit sind verschwommen. Der wesentliche Unterschied liegt in der *Eleganz*. Die Einfachheit wird in Architektur und Stadtplanung nur durch elegante Lösungen erreicht; durch Lösungen, die mit äußerst sparsamen Mitteln die Komplexität der Phänomene in ein einziges Bild fassen, ohne die Nuancen zu verletzen. *„Die Eleganz erscheint immer mühelos, aber nicht alles, was mühelos ist, ist auch immer elegant."* (Voltaire). Genauso ist in der Mathematik oder Physik der elegante Beweis zumeist auch der stichhaltigste.

Regelmäßigkeit

Die Regelmäßigkeit ist allgegenwärtig: der Herzschlag, die Atmung, das Tropfen eines Wasserhahns, das Ticken einer Uhr, die Abfolge von Tag und Nacht, der Rhythmus der Jahreszeiten ... wir können uns ihr nicht entziehen. Erst wenn der Pulsschlag wechselt, beginnen wir, ihn zu messen, da sein Gleichmaß gefährdet ist. Die Regelmäßigkeit ist in uns. Ein geheimer Rhythmus regelt unser Leben.

Monotonie? Sicher, und sogar Qual, wenn es die allein mögliche Wahrnehmung bleibt und die vollkommen repetitive Regelmäßigkeit im Zentrum des Interesses steht. *„Das wirksamste Bildungsmittel für die Ordnung ist die Uniform ... Bei einem vorsätzlich uniformen Arbeiten kommen unsere feineren Bildungskräfte zur Wirkung, welche einem ganz Neuen gegenüber versagen würden; darin liegt die Wohltat, welche die Anerkennung der Ordnung oder der Uniform für alles einfache Können hat ... wir müssen das Ähnliche viel empfinden, um seine feinen Unterschiede zu erkennnen; darin liegt die Beschränkung, die derjenigen entspricht, die auch in der Ordnung ist."*[65] schreibt Heinrich Tessenow.

Der regelmäßige Rhythmus des Boleros von Ravel ist ein striktes Ordnungssystem, auf dessen Grundlage erst das Crescendo der beiden melodischen Themen möglich wird. Außer am Schluß gibt es keine Modulation, keine Entwicklung, aber bei jeder Wiederkehr des Themas entsteht eine neue und intensivere Instrumentalfärbung. In Architektur und Design verhält es sich kaum anders. Die unterschwellige Regelmäßigkeit garantiert die Kontinuität, die uns leitet und Sicherheit gewährt. Der rhythmische Takt muß nicht unbedingt eintönig sein: Er kann durch Gruppierung zu

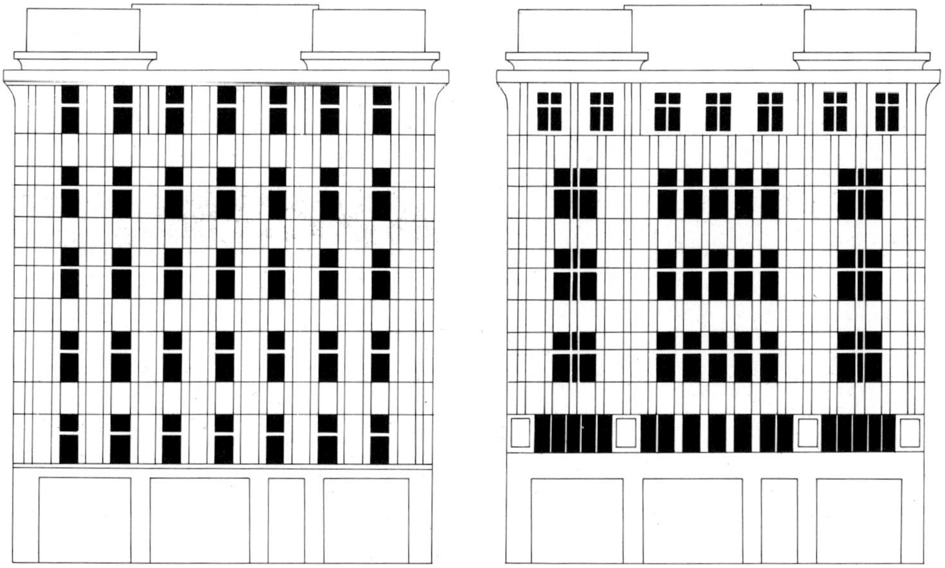

Links ist der Rhythmus der Fenster rein repetitiv; rechts ist er modifiziert und im Hinblick auf die Ränder der Fassade zu Takten gruppiert. (Fassaden des Zacherl-Hauses von Josef Plečnik in Wien, 1903–1905).

„Vielfalt, die sich nicht auf Einheit reduzieren läßt, ist Konfusion; Einheit, die nicht auf Vielfalt beruht, ist Tyrannei.“ (Blaise Pascal)
Royal Crescent, Bath, 1767.

größeren Einheiten zusammengefaßt werden (Abb. S. 65 und 66).

Wo liegen die Grenzen zwischen untermalender und aufdringlicher Wiederholung, die Grenzen zwischen Ordnung und Monotonie? Dies ist eine Frage der Einschätzung, in die viele Faktoren hineinspielen: der jeweilige Ort, der Maßstab, das Gesichtsfeld, die Bedeutung des Objekts, die Gewohnheit usw. Es scheint, daß bei umfangreichen Ensembles, in denen der Rhythmus an erster Stelle steht und kaum Hierarchien oder Gruppierungen zu größeren Einheiten vorhanden sind, tatsächlich die Gefahr der Monotonie besteht.

Die Regelmäßigkeit von serienmäßig gefertigten Industrieprodukten – Stühle, Heizkörper, Waschbecken, Türklinken, Schrauben und Muttern – wirft an sich noch nicht das Problem der Monotonie auf. Ihr jeweiliger Einsatz und ihr Kontext sind es, die hinterfragt werden müssen. Würde die Stadt ebenso mechanisch erzeugt, ohne Rücksicht auf Ort und Aufgabe, wäre sie nicht mehr geordnet, sondern schematisch.

Die Regelmäßigkeit droht keinesfalls nur dann in Monotonie umzuschlagen, wenn sie auf Wiederholung absolut identischer Elemente oder einem vollkommen geometrischen Raster beruht. Schon eine morphologische Verwandtschaft, wie man sie zum Beispiel in zahlreichen vorstädtischen Einzelhaussiedlungen finden kann, reicht aus. Die Regelmäßigkeit ist zu unserer Orientierung in der Stadt und grundsätzlich in Zeit und Raum notwendig, aber besitzt sie weder wahrnehmbare Grenze noch Abwechslung, noch hierarchische Struktur, die über die einfache Addition hinausgeht, so erlischt unser Interesse und wir sind desorientiert.

Eine repetitive Struktur kann zuweilen ihren Rhythmus, ihre Ausrichtung oder ihre Dichte wechseln. Solche Variationen, die die errichtete Ordnung nicht zu sehr entstellen, ähneln ein wenig unseren Stimmungswechseln, die den Charakter eher unterstreichen, als ihn in Frage stellen. Die Abweichungen erproben die Regel und verstärken so ihren Reiz. Nehmen wir uns jedoch davor in acht, Abwechslungen aus reiner Gefallsucht künstlich zu erzwingen. Es ist nicht ratsam, in einen Grundriß oder eine Ansicht „Zickzacke“ einzuführen, um einen Raum oder eine Fassade zu „beleben“, beliebig Raster oder Ausrichtung zu wechseln oder je nach Geschmack und Mode Symbole überzustülpen. Solche Willkür zerstört häufiger die etablierte Ordnung, als daß sie sie aufwertet. Die Unterbrechung oder Variation eines Rhythmus, die Abweichung von Ausrichtung oder Raster usw. müssen *notwendig* erscheinen, als Schritt zur Begegnung mit dem Ort und/oder der Gesamtplanung, d.h. eine übergeordnete strategische Funktion erhalten.

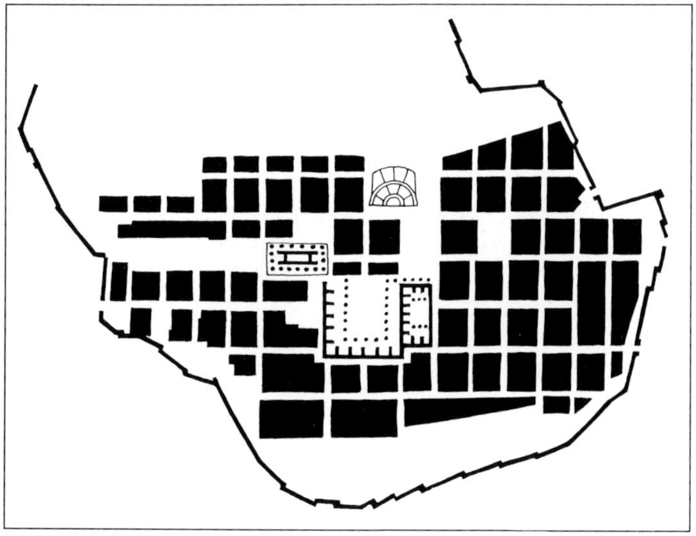

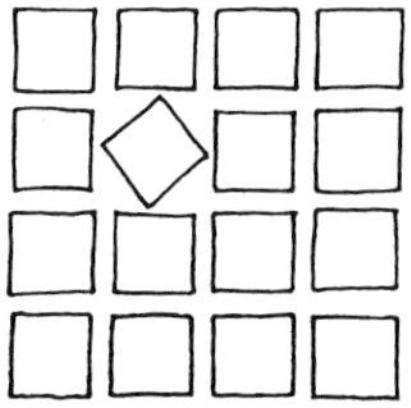

Die Ausnahme von der Regel.

Priene, Kolonialstadt der griechischen Antike am Ägäischen Meer. Regelmäßiges Stadtgewebe und öffentliche Gebäude als Ausnahmen.

Ausnahmen von der Regel

Eine wohletablierte Regelmäßigkeit kann den Hintergrund für Ausnahmen abgeben, welche damit vorrangige Wichtigkeit erhalten (Abb.). Die Warnung, die wir eben ausgesprochen haben, bleibt jedoch gültig. Eine sinnvolle Ausnahme ist mehr wert als ein rein formales Spiel. Die Klinke stellt die Ausnahme in der Regelmäßigkeit der Tür dar, die Tür in der Fassade, der Brunnen oder Justizpalast in der Stadt, das Kloster in der Landschaft. (Kap. 5). Innerhalb des regelmäßigen Schachbrettplans von Priene, einer Kolonialstadt der Antike, bleiben die Ausnahmestellungen der Agora, dem Heiligtum und dem Theater vorbehalten (Abb.). Die Geschichte hat innerhalb des strengen römischen Karomusters der Stadt Turin Ausnahmen wachsen lassen. Durch einfache Erweiterungen, die das Raster nicht im geringsten stören, wurden Plätze geschaffen, die den wichtigsten Gebäuden einen besonderen Ort zuweisen. Es ist keine Akrobatik wie die Drehung eines Gebäudes um 45° notwendig, um dieses zur Ausnahme werden zu lassen.

Die Bedeutung eines Gebäudes muß nicht unbedingt inhaltlicher Art sein, um seine Ausnahmestellung zu rechtfertigen. Sie kann zum Beispiel ebenso in Zusammenhang mit topographischen Unregelmäßigkeiten, historischem Wert, Konstruktion und sogar der Form des Objekts stehen. Intelligent und feinfühlig eingesetzt, lassen solche Unregelmäßigkeiten den Betrachter die Regel anhand ihrer Ausnahme erkennen und schätzen. Zen und Japans Kunst und Kunsthandwerk im allgemeinen nutzen diese Möglichkeit mit Raffinesse. Japanische Korbflechtkunst zeugt nicht nur von größtem Geschick, sondern weist durch gewollte und sparsam eingesetzte Unvollkommenheiten noch darüber hinaus.

Wenn die Ausnahmestellung mit der inhaltlichen Bedeutung zusammentrifft, handelt es sich um eine geglückte Ausnahme, da sie dadurch legitimiert wird.

4 Maß und Gleichgewicht

„Welliges Glas"
Le Corbusier,
Kloster La-Tourette

4.1 Anthropomorphe Architektur

> *„Die Harmonie des lebenden Körpers entsteht durch das Gleichgewicht bewegter Massen. Die Kathedrale ist im Ebenbilde lebender Körper erbaut. Ihre Proportionen, ihre Gleichgewichtsbeziehungen entsprechen genau der Ordnung in der Natur, entspringen allgemeinen Gesetzen. Die großen Meister, die diese Wunder der Baukunst errichtet haben, beherrschten die gesamte Wissenschaft und verstanden sie zu nutzen, da sie, aus den natürlichen, ursprünglichen Quellen geschöpft, in ihnen lebendig geblieben war."*
>
> Auguste Rodin[66]

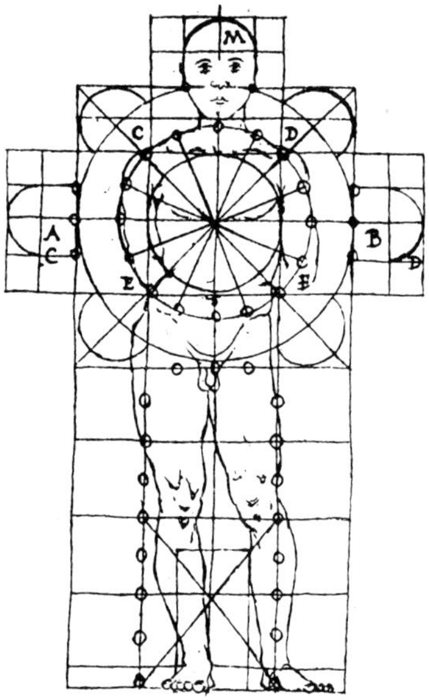

„Vermenschlichung des Baukörpers." Francesco di Giorgio Martini, Ende 15. Jahrhundert.

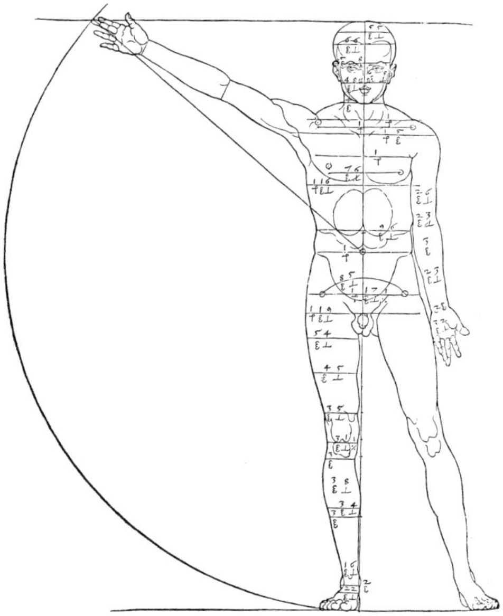

Albrecht Dürer, Proportionsstudien, Anfang 16. Jahrhundert.

Die analoge Betrachtung von menschlichem Körperbau und Architektur ist sowohl aus ästhetischen Gründen als auch aufgrund ihrer Symbolkraft reizvoll. In unserer subjektiven Vorstellung von der Ordnung des Universums ist nicht das Atom, sondern unser Körper das wichtigste Bezugselement. Im Vergleich zu ihm bestimmen wir das Kleine und Große, Geometrische und Amorphe, Harte und Weiche, Enge und Weite, Starke und Schwache usw. Ein gesunder menschlicher Körper erscheint uns ausgewogen. Er stellt eine Ganzheit dar, der nichts mehr hinzuzufügen ist; man kann ihn kleiden oder schmücken, ihm aber weder einen dritten Arm anfügen noch ein Bein verlängern. Unser Sinn für das Schöne ist wahrscheinlich an die Gestalt unseres Körpers gebunden.

In der Geschichte der Architektur waren die Versuche, den Baukörper zu „vermenschlichen" (Abb. oben) ebenso zahlreich wie die, den menschlichen Körper zu „geometrisieren" (Abb.).

In diesem Zusammenhang sind auch die Bestrebungen zu verstehen,

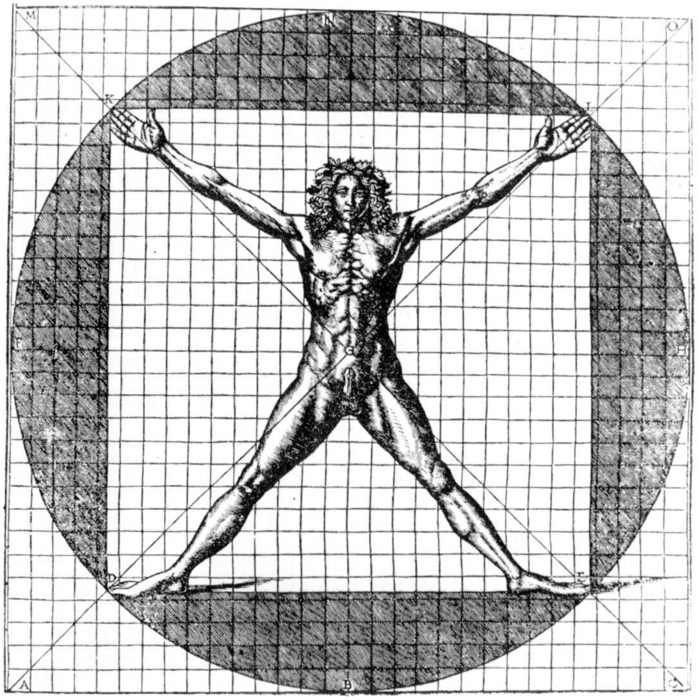

„Geometrisierung des menschlichen Körpers". Cesare Cesariano, Der vitruvianische Mensch, 16. Jahrhundert.
„Diese Vorstellung ist ebenso forciert wie die Figur des Mannes im Kreis, wie sie Cesariano darstellt. Cesariano ist der erste Illustrator, der den Mann so weit ausstreckt, daß Hände und Füße in die Ecken eines Quadrats reichen. Die ungewöhnliche Haltung mag Cesariano den Gedanken eingegeben haben, den Mann als einen ‚Wilden Mann' mit erigiertem Penis und Laubkranz im wuchernden Haar zu zeichnen …"[67]

Proportionsregeln zwischen den einzelnen Teilen des menschlichen Körpers aufzudecken, die auf architektonische Maße übertragbar wären. Auch wenn es ein wenig an die „Quadratur des Kreises" erinnert, den menschlichen Körper, der nach den Prinzipien von Stufung und Kontinuität organisiert ist, in ganze Zahlen zerlegen zu wollen oder ihn in einfache geometrische Formen wie Kreis oder Quadrat zu zwängen, können wir jahrhundertelange Bemühungen nicht unberücksichtigt lassen. Wir werden später, im Zusammenhang mit den Proportionen, darauf zurückkommen.

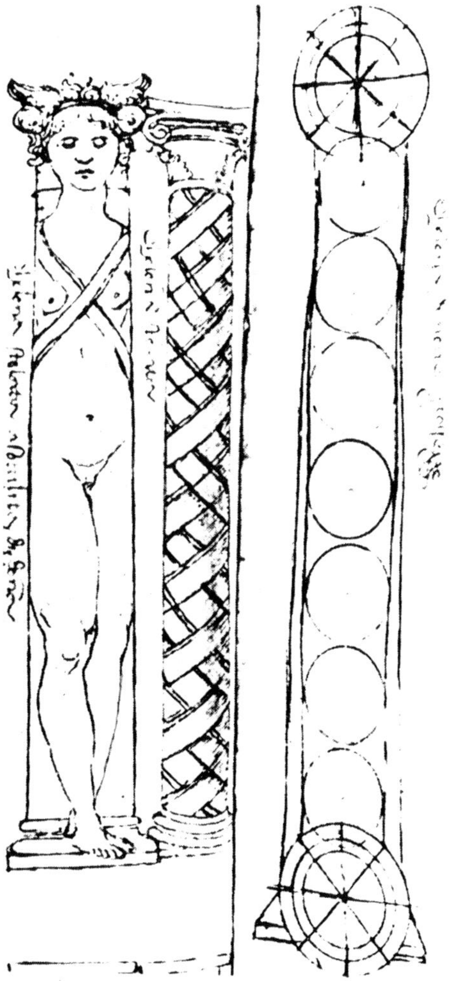

„Die mädchenhafte Säule." Francesco di Giorgio Martini, Ende 15. Jahrhundert.

Was uns augenblicklich interessiert, sind die Analogien zwischen menschlichem Körperbau und einzelnen architektonischen Elementen. Das bekannteste Beispiel hierfür sind die drei klassischen Ordnungen der Antike. Seit Beginn des Vitruvianismus in der Renaissance wurde dieser Gegenstand drei Jahrhunderte lang mit wahrer Leidenschaft behandelt: Die in Anlehnung an die menschliche Statur proportionierte Säule konnte „Mann" sein, also männliche Kraft, Festigkeit und Schönheit evozieren; dies war die dorische Säule, deren Durchmesser ein Sechstel ihrer Höhe beträgt. Sie konnte ein junges Mädchen sein wie die korinthische Säule, die mit ihrem Durchmesser von einem Achtel der Höhe schlanker und graziler wirkt und von einem Kapitell geschmückt wird, das an lockiges Haar erinnert. Schließlich konnte sie „Frau" sein wie die ionische Säule, obgleich hier die Analogie weniger deutlich scheint: War sie vielleicht die Zwittersäule? Je nachdem, ob ein Tempel für eine Göttin oder einen Gott bestimmt war, sollte die passende Ordnung verwendet werden. Zuweilen wurden im antiken Griechenland die Säulen sogar durch menschliche Figuren ersetzt: dies gilt für die Karyatiden der Akropolis oder die Kolosse des Odeion in der Agora von Athen.

Die figürliche Darstellung von Menschen oder Tieren in der Architektur ist anfechtbar (Abb. S. 72). Als der Autor dieses Buches als einsamer und unwissender Reisender im Alter von 17 Jahren zum ersten Mal zur Akropolis von Athen gelangte, entsetzten ihn die Karyatiden des Erechteions: War es nicht *grotesk*, diesen eleganten Frauen das ungeheure Gewicht der Steinmassen aufzubürden und sie derart an ihren Platz zu fesseln? Es hätte genügt, wenn eine einzige von ihnen sich ein wenig bewegt hätte, und das gesamte Gebäude wäre zusammengestürzt. Und spüren wir im übrigen nicht förmlich ihre Erleichterung über die Metallstützen, die die Restauratoren im 20. Jahrhundert hinzufügten?

Schon Vitruv sagte, daß die Karyatiden ein Symbol der Strafe seien.[68] Die Stadt Kari auf dem Peloponnes sei mit den Persern verbündet gewesen. Die Athener hätten nach ihrem Sieg alle Männer der Stadt ermordet und die Frauen gezwungen, bis ans Ende ihres Lebens ein und dasselbe Gewand zu tragen. Die Karyatiden symbolisierten eine Warnung vor illoyalen Bündnissen. Wir wissen heute nicht mehr, ob die Sühne der Karyatiden einer Legende oder einer historischen Tatsache entspringt. Legenden entstehen, wo die Menschheit unerklärliche Tatsachen zu verstehen sucht.

Dennoch läßt sich die anthropomorphische Interpretation der dorischen und korinthischen Säulen neu in Frage stellen. Sicher wirkt die dorische eher behäbig, kräftig und analog eher männlich, die korinthische eher zart, schlank, zerbrechlich und analog eher weiblich, aber solche Analogien sollten im Bereich des Geistigen bleiben und nicht zu einer direkten Übertragung führen, die den eigentlichen Sinn des Bauens leicht entstellen kann.

Zahlreiche Bauten nehmen in Gliederung oder Maß auf den menschlichen Körper oder seine Teile Bezug, ohne deshalb bis hin zur Nachahmung zu gehen. Francesco di Giorgio Martini

Die Karyatiden des Erechteion, Akropolis von Athen, 5. Jahrhundert v. Chr.

Jean-Jacques Lequeu, Darstellung einer Säule für die Assemblée Nationale, Ende 18. Jahrhundert.

Palazzo Zuccari, Rom, Anfang 17. Jahrhundert.

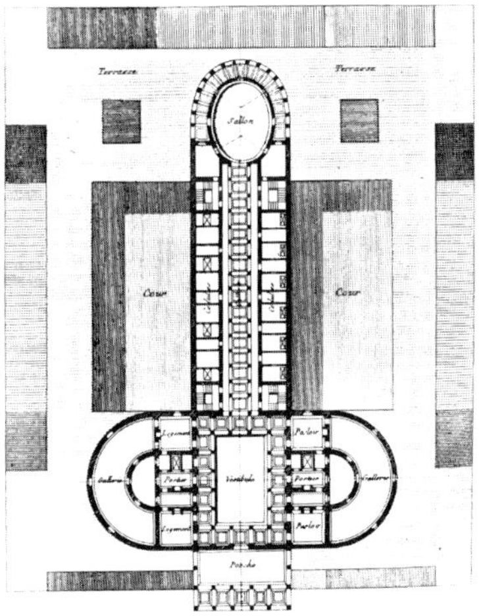

Oikema, Entwurf für ein Bordell. „Glauben Sie mir, frönen sie dieser Leidenschaft, sie wird sie von allen anderen heilen". Claude-Nicolas Ledoux, Ende 18. Jahrhundert.

Mossdorf, Hahn, Busch, Entwurf für den Chicago Tribune Tower, 1922.

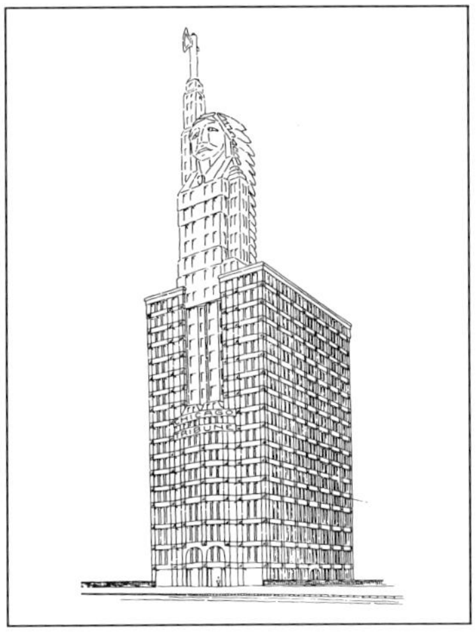

Jean-Jacques Lequeu, Kuhstall.

„Ente und dekorierter Schuppen" Learning from Las Vegas?

Anthropo- und Zoomorphismen … oder architektonische Karikatur?

(1439–1501) suchte Gleichnisse des menschlichen Körpers nicht nur in den Säulen (Abb. S. 71), sondern ebenso in Grundrissen von Städten und Gebäuden (Abb. S. 70) oder Kirchenfassaden. Diese vielleicht rein „spekulativen Betrachtungen" mögen für die Raumerfahrung keine Rolle spielen, aber versteckte Anspielungen auf den menschlichen Körper können für den Prozeß der Entwurfsarbeit wertvoll sein. Sie sorgen für Disziplin und ein Bezugssystem in einem Bereich, in dem die Probleme wenig klar und durch viele Faktoren bestimmt sind.

Analogien zwischen Körper und Gebäude finden sich selbst in unserer Wortwahl wieder: das Skelett, die Haut, die Stirn usw. Und erinnern die Fenster nicht an Augen, die Tür an den Mund? Robert Slutzky hat solche Analogien in der Architektur von Le Corbusier untersucht.[69] Nicht nur interpretiert er die schrägen Pilotis als Beine und Füße, die Stockwerke als Rumpf, Kopf und Gesicht und das sehr artikulierte Dach als Krone oder Gehirn, er weist auch eine deutliche Faszination Le Corbusiers für das *Auge* nach, wie sie ebenso in vielen historischen Gebäuden zum Ausdruck kommt. Man kann sich fragen, ob Le Corbusier von der Villa Schwob bis zum Turm von Algier und dem Kloster La Tourette wohl bewußt in diesem Sinne gewirkt hat, da er dies in seinen zahlreichen Schriften nie ausdrücklich erwähnt. Das muß jedoch nichts bedeuten, denn ein intuitives Phänomen kann auf schriftliche Erklärungen verzichten.

Die sinnlichen Formen des Jugendstils und die skulpturalen des deutschen Expressionismus verwandten menschliche, tierische oder pflanzliche Formen (Kap. 5.2, Kontinuität). Die Vertreter dieser Bewegungen griffen die Konturen ihrer natürlichen Vorbilder auf. Sie akzentuierten oder schematisierten die Kurven und Gegenkurven und die aus ihnen hervorgehenden Flächen. Sie reproduzierten sie in fragmentarischer Form in ihren Gebäuden, Möbeln und anderen Gegenständen und entleerten sie ihres ursprünglichen Sinns.

Architektur und menschlicher Körper begegnen sich auch und sehr viel konkreter im ergonomischen Bereich. Die Bezüge zwischen Größe, Form und Bewegung sind es, die im wesentlichen das „menschliche Maß" ausmachen, diesen recht verschwommenen und zweifellos ideologiebelasteten Begriff.

Treten wir mit der Architektur in körperlichen Kontakt, so zeigt sie, wie sie uns wirklich gesonnen ist (Abb.). Die Beispiele sind zahllos. Nehmen wir zunächst den Palazzo Farnese von Sangallo: Der Sockel ist nicht nur ein formales Element, das den unteren Teil der Fassade strukturiert, er lädt auch dazu ein, sich zu setzen und anzulehnen. Treppen und Balustraden der Piazza di Spagna in Rom wirken ähnlich einladend. Die äußerst schmalen Durchgänge zwischen Bibliothek und Vorraum des Eßzimmers in der Villa Karma von Adolf Loos in Clarens lassen uns das Maß unseres Körpers spüren. Ähnlich setzte Frank Lloyd Wright verschiedene Deckenhöhen ein. Die Fenstergestaltung der Exeter Library von Louis Kahn zählt zu den bemerkenswertesten des 20. Jahrhunderts. Jeder Arbeitstisch bildet einen intimen Teilbereich mit seinem eigenen Fenster, während die darüberliegenden großzügigen Glaswände den majestätischen Ausmaßen der Räume dieses öffentlichen Gebäudes Rechnung tragen. Das Fenster des Mietshauses aus dem Ende des 19. Jahrhunderts, dessen Brüstung nur 50 statt wie heute festgelegt 90 oder 100 cm über dem Boden liegt, lädt dazu ein, sich dort niederzusetzen. Es erlaubt ebenso den Blick nach unten, auf öffentlichen Raum, Vegetation, Straße, Boden.

Sockel des Palazzo Farnese, Rom, Antonio da Sangallo, begonnen 1534.

Wir haben gesehen, daß Maß und Gleichgewicht des menschlichen Körpers über Nachahmung, idealisierten Verweis, sinnliche Anspielung und schließlich als konkrete Einladung zur menschlichen Handlung in die Architektur hineinspielen. Dieses Thema verdiente der Vertiefung, was jedoch den Rahmen dieser Einführung sprengen würde. Vielleicht haben wir dennoch Interesse für einen zu häufig aus der Architekturkritik verdrängten Aspekt wecken können: den Anthropomorphismus als Bild oder Metapher.

4.2 Zahlen, Proportionen

Der architektonische Entwurf arbeitet immer mit Größen, die er wiederholt und gruppiert, um kontrollierte Bezüge zwischen ihnen herzustellen. Spricht man von Proportionen, so meint man das „rechte Maß" der Objekte, die wir herstellen. Wem soll man die richtigen Größenverhältnisse entlehnen, wenn nicht der Natur oder der geistigen Abstraktion, d.h. der Mathematik und insbesondere der Geometrie?

Von der Antike bis hin zur Renaissance hat man versucht, die euklidische Geometrie und die Formen der Natur zu einem einzigen Universalsystem zu vereinen. Der menschliche Körper galt als höchster Grad der Vollendung der Natur; ihn begann man zu „geometrisieren" (Abb.). Es gibt tatsächlich erstaunliche Bezüge, sowohl Größenentsprechungen wie zum Beispiel die Hand, die genau das Gesicht deckt, als auch Vielfache und Teilmengen wie den Fuß, der ein Sechstel der Länge des stehenden Körpers beträgt, das in drei gleichmäßige Teile gegliederte Gesicht, die Handbreite, die vier Daumen beträgt usw. Da es vielleicht nichts auf der Welt gibt, das unsere Sinne mehr erfreut als ein schöner menschlicher Körper, hat sein Vorbildcharakter nie aufgehört, die Geister zu bewegen. Der Architekt ist auf der Suche nach der Berechenbarkeit des Schönen, was in der Lehre zur Notwendigkeit wird. Die Renaissance forschte anhand des menschlichen Körpers nach allgemeinen Formen, Maßen und Größenverhältnissen, die zu numerischen oder geometrischen Prinzipien erhoben werden konnten.[70] Die Suche nach einer universellen Wahrheit prägte hier das Bündnis von Körper, Geometrie und Zahl. Während das Mittelalter jene Wahrheit in der Bibel findet („Aber du hast alles geregelt mit Maß, Zahl und Gewicht")[71], bezieht sich die Renaissance auf Philosophen wie Platon, Pythagoras und Aristoteles. Platon trifft eine Unterscheidung zwischen dem Naturschönen, das relativ sei, und der Schönheit einer geraden Linie, eines Kreises oder einfacher geometrischer Flächen oder Körper, die absolut sei. Für Pythagoras stellen die Zahlen die Gesetze des Universums dar. Sie sind per definitionem schön. Nicht zufällig begründet Pythagoras eine mathematische Wissenschaft, die über die Musik eng mit der Ästhetik verbunden ist, und wird Vitruv in der Renaissance zum Vorbild für die Proportionen.

Die „Versteinerung" der Musik in der Architektur ist wohlbegründet. Leon Battista Alberti verwendet die Zahlen 1,2,3,4, um harmonische Intervalle von 2:3 (Quinte), 3:4 (Quarte), 1:2 (Oktave) usw. herzustellen. Die Oktave, die Quarte und der Ganzton bilden das Gerüst des griechischen Tonsystems. Für eine weitergehende Analyse der Bezüge zwischen musikalischen Harmonien und Architektur sind die Werke von Wittkower und Naredi-Rainer von Nutzen.[72] Es besteht ein Zusammenhang zwischen harmonischem Klang und räumlicher Dimension. Teilt man eine gespannte Saite in ihrer Mitte, so erhält man genau eine Oktave, und das Ohr ist fähig, Stimmigkeit oder Abweichung mit erstaunlicher Präzision wahrzunehmen. Die Versuchung ist groß, diese Maße auf den visuellen Bereich zu übertragen. Nichts jedoch beweist,

Geometrie und Proportionen des Gesichts. Villard de Honnecourt, 13. Jahrhundert.

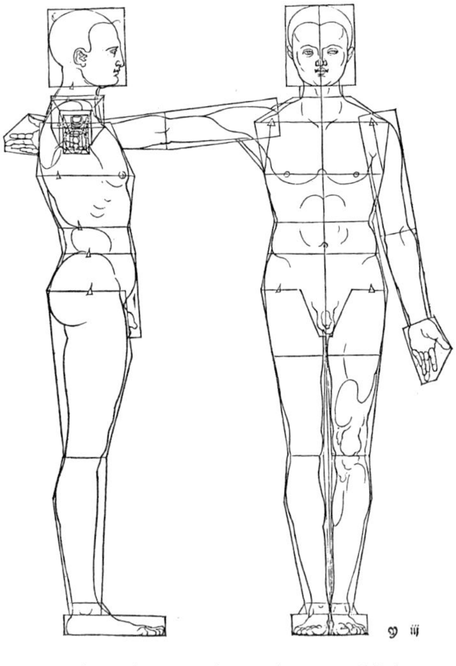

Geometrie und Proportionen des menschlichen Körpers. Albrecht Dürer, Anfang 16. Jahrhundert.

daß unsere visuelle Wahrnehmung den Schemata unserer auditiven Wahrnehmung folgt. Die Werke Albertis sind in strenger Analogie zur Musik proportioniert, und niemand wird ihre Qualität bestreiten. Ein Architekt vom Format Albertis hätte sich jedoch ebenso erfolgreich anderer als musikalischer Regeln bedienen können.

Die verschiedenen Proportionssysteme, die erarbeitet und verwendet wurden, lassen sich in folgende zwei Grundarten unterteilen: die *kommensurablen* Systeme, in denen die Größen einen gemeinsamen Nenner haben, und die *inkommensurablen* Systeme, in denen die verschiedenen Größen kein gemeinsames Maß besitzen.

Kommensurable Proportionen

Die von der Musik inspirierten Systeme, von denen eben die Rede war, nutzen solche Größenverhältnisse. Die kommensurablen Proportionen haben für Entwurf und Bau den großen Vorteil, daß das gesamte Spektrum an Größenverhältnissen ein gemeinsames Modul-Maß besitzt. Beschränkt sich der Architekt darüber hinaus auf Zahlenverhältnisse, deren gemeinsamer Nenner relativ klein ist, so muß dieses Maß nicht unbedingt so abstrakt und reduziert sein wie der Zentimeter. Es kann ein Fuß sein oder ein konstruktives Element wie die Wandstärke oder, wie bei den Griechen, der Durchmesser der Säule. Durch Verhältnisse wie 1:2, 1:3, 1:4, 2:3, 3:4, 3:5, 4:5 ist es nicht allzu schwer, solche Maße zu größeren Einheiten zu verbinden, die untereinander wiederum klare Verhältnisse derselben Art respektieren (Abb.). Für Palladio, der so weit geht, sogar die Stärke der Trennwände zu berücksichtigen, um die klaren Verhältnisse nicht zu stören[73], ist dies ein fester Bestandteil des Entwurfs. Seine Räume überschreiten nie die Proportion von 1:2. Meistens gründet er die Dimensionen der Räume in Grundriß wie Schnitt auf musikalische Proportionen, ohne sich jedoch sklavisch daran zu halten. Aus Gründen praktischer Gegebenheiten des Projekts scheint er sehr wohl gewisse Näherungswerte zuzulassen. Der substantielle Unterschied zum gerasterten Plan des 20. Jahrhunderts besteht darin, daß letzterer *jedes* Maß zuläßt, sofern nur das Raster respektiert wird, während die um Proportionen bemühten Architekten bevorzugte Verhältnisse wählen, die man auf mehreren Ebenen des Entwurfs wiederfindet.

Diese einfachen Verhältnisse sind noch heute von großem Nutzen, um den Entwurf zu „disziplinieren", denn:

- ein Verhältnis von 1:1, 2:3 oder 4:5 ist für das Auge generell leichter wahrnehmbar als ein Verhältnis von 7:8;

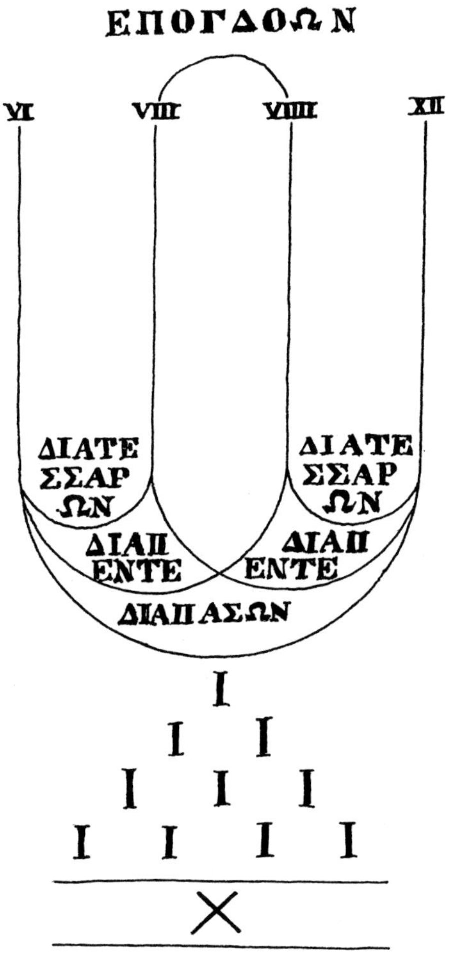

Das Tetrachord von Pythagoras.
Die klassische musikalische Harmonie beruht auf kommensurablen Proportionen.

- die Verhältnisse können leicht miteinander kombiniert werden, um neue Größen zu formen, die ihrerseits wiederum in klaren Verhältnissen zueinander stehen;
- ein einziges Modul dient als Koordinationsfaktor für Entwurf und Ausführung. Die Größe dieser Maßeinheit kann einem Mauerstein, einer Säule oder einem abstrakten Maß, zum Beispiel 30 cm, entsprechen, sofern der Produktionsprozeß dies zuläßt.

Das Bauen ist kollektiver Natur. Daher bedarf es der Konventionen. Es ist nicht unbedingt ratsam, diese Grundeinheit je nach Belieben des Architekten oder je nach Projekt zu verändern. Leider gibt es heute weder ein konstruktives Element noch ein Maß, das sich klar genug durchsetzen kann, um allgemein respektiert zu werden.

Inkommensurable Proportionen

Geometrische Grundfiguren wie gleichseitiges Dreieck, ägyptisches Dreieck, dessen Seitenverhältnis 3:4:5 beträgt, Quadrat und Kreis besitzen die Eigenschaft, daß Höhe, Diagonale oder Durchmesser in einem irrationalen Zahlenverhältnis zu Seiten bzw. Umfang stehen. Sie sind zwar einfach zu konstruieren, aber schwierig genau zu messen.

Man nimmt an, daß das gleichseitige Dreieck ursprünglich dem Kathedralenbau zugrunde lag. Die Griechen verwendeten außer kommensurablen Proportionen auch das Verhältnis $1:\sqrt{2}$ und kannten den Goldenen Schnitt (Abb.). *„Der eigentliche Grund für die vom Goldenen Schnitt ausgehende Faszination liegt aber nicht nur in seiner ästhetischen Qualität, sondern vor allem auch in seiner mathematischen Eigenschaft der sukzessiven, bis ins Unendliche fortsetzbaren Teilbarkeit in beide Richtungen."*[74]

Der Goldene Schnitt kommt dem Verhältnis 5:8 sehr nahe. Le Corbusier gebührt das Verdienst, den Goldenen Schnitt mit Hilfe der Reihen des Mathematikers Leonardo Fibonacci aus dem 13. Jahrhundert in rationale Zahlen überführt zu haben, die sich auf die Architektur anwenden lassen. Sein *Modulor* ist das innovativste und wichtigste Proportionssystem, das von einem Architekten des 20. Jahrhunderts erarbeitet wurde. Fassen wir kurz dessen Prinzipien zusammen.

Ein Mensch mit erhobenem Arm ist in ein Rechteck von 113x226 cm gestellt, das aus zwei übereineinander stehenden Quadraten gebildet wird, die sich auf Höhe des Nabels treffen. Eine von der Gesamthöhe ausgehende sukzessive Teilung in Segmente, deren Verhältnisse für die jeweils benachbarten dem Goldenen Schnitt entsprechen, ergibt die Fibonaccireihe 226, 140, 86, 53, 33, 20 usw. („blaue Reihe"). Eine von halber Höhe, das heißt von den 113 cm des Quadrats, ausgehende sukzessive Teilung ergibt nach unten die zweite Fibonaccireihe 113, 70, 43, 27, 16 usw., die nach oben fortgesetzt die Größe des angenommenen Standardmenschen (1,83 m = 70+113) ergibt („rote Reihe"). Das Verhältnis von 1:2 (113 und 226), das zwischen den Ausgangswerten der beiden Reihen besteht, bleibt in ihrem weiteren Verlauf fortbestehen (mit einigen Näherungswerten bei den niedrigen Zahlen).

Das Prinzip solcher Reihen ist seit Jahrhunderten bekannt. Das Verdienst Le Corbusiers besteht darin, daß es ihm gelungen ist, ein grundlegendes geometrisches Prinzip mit rationalen Zahlen und Größen, die für den menschlichen Körper und seine Bewegungen von Bedeutung sind, in Übereinstimmung gebracht zu haben.

Der Modulor hat bis heute nur sehr begrenzten Anklang gefunden. Er ist tatsächlich schwer anwendbar, da die höheren Zahlen, außer im direkten Nebeneinander der beiden Reihen, so gut wie nie ein kleineres gemeinsames Maß besitzen. Vielleicht müßte man eine gelbe, grüne, braune oder orange Reihe hinzufügen ...? *Letztendlich ist das Modul-Maß eine Abstraktion des Zentimeters.* Dieser hat ganz offensichtlich weder zu einem Bauelement noch

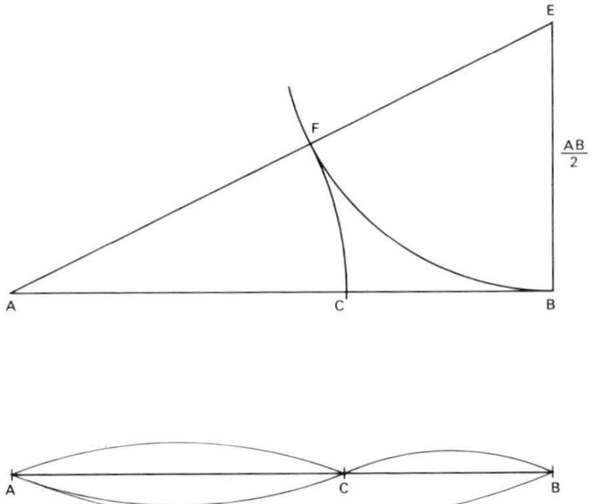

Der Goldene Schnitt AB:AC=AC:CB ist anderen inkommensurablen Verhältnissen vergleichbar, deren gemeinsamer Nenner unendlich klein ist.

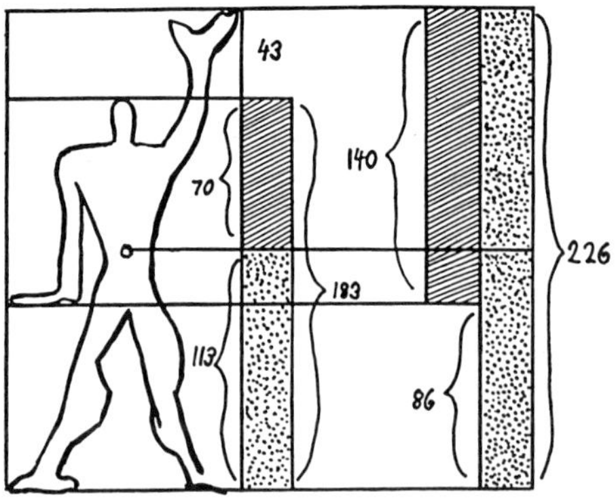

Der Modulor, Le Corbusier, 1945–1950.

zum menschlichen Körper irgendeinen konkreten Bezug. Da die Bautechnik aber gezwungenermaßen ein Vorgang der Addition identischer Elemente ist, konnten die Normen sich nicht am Modulor orientieren, wie Le Corbusier gewünscht hätte. Selbst wenn unser Hauptbaumaterial eine Art Pappmaché wäre, wäre die systematische Anwendung des Modulors nicht so bequem für die Konstruktion wie etwa das einfachere Verfahren Palladios. Mit seiner Unité d'Habitation in Marseille, für die er den Modulor verwendete, hat Le Corbusier jedoch bewiesen, daß seine Methode zu Proportionen führen kann, die Auge und Körper angenehm sind.

Die gefährdete Proportion

Heute findet sich kaum eine Architekturschule, die irgendeine ausdrückliche Lehre der Proportionen anbietet. Hier und da findet ein Vortrag statt, aber nur zaghaft, mehr als theoretisches Alibi denn im Hinblick auf eine systematische Anwendung in Entwurf und Praxis. Zweitausend Jahre lang stand die Frage der Proportionen jedoch im Zentrum des Interesses der Architekturtheoretiker!

Auf den ersten Blick erscheint es paradox, daß die Architektur in unserem Jahrhundert der Wissenschaft gerade diese unwiderlegbaren ästhetischen Erkenntnisse vernachlässigt. Wahrscheinlich ist dies auf den *pseudowissenschaftlichen* Charakter der Systeme der Antike und Renaissance zurückzuführen. Obwohl ihre mathematischen Berechnungen stimmen, sind die ästhetischen Implikationen doch mehr ein Ergebnis der Gewohnheit als der inneren Logik, welches dann zur Norm werden kann. Statistische Erhebungen zu Vorlieben im Bereich der Proportionen, die vor mehr als fünfzig Jahren durchgeführt wurden, haben gezeigt, daß der ästhetische Genuß keinesfalls im Verhältnis 1:2 oder dem Goldenen Schnitt gipfelt.[75] Der Individualismus des Künstlers als Ideologie des 20. Jahrhunderts ist ein zweites Hindernis bei der Suche nach einem universalen System kommensurabler oder inkommensurabler Größen.

Der Autor dieses Buches verwendet für seine Entwürfe und Kritiken kein vorgefügtes Proportionssystem. Er urteilt zunächst mit dem Auge. Hiernach bedient er sich einfacher geometrischer Formen, Teilern oder Vielfachen rationaler Zahlen und natürlich auch Diagonalen, um zu versuchen, präzisere Bezüge zwischen den Teilen herzustellen. Die Faszination von Zahl und klarem geometrischen Verhältnis entspringt der geistigen Befriedigung,

„‚Eine rechte Maß gibt eine gute Gestalt und nit allein im Gemäl, sunder in allen Dingen, die fürbracht werden', sagt Dürer, der sich ein Leben lang ... mit der Suche nach dem ‚rechten Maß' beschäftigt und schließlich erkannt hat, daß es ein einziges ‚rechtes Maß' als das ‚wirklich Beste' und absolut Schöne nicht gebe." (Paul v. Naredi-Rainer)[76]

„Stabilität und Hygiene sind für ein Wohnhaus sehr viel wichtiger als die schönsten Proportionen und Dekorationen." (Philibert Delorme)

„ ... was zeigt, daß die Schönheit eines Gebäudes auch dies mit dem menschlichen Körper gemein hat, daß sie nicht so sehr in der Exaktheit einer bestimmten Proportion besteht ..., sondern in der Anmut der Form, die nichts anderes als deren Abwandlung zum Angenehmen ist, auf der die vollkommene und treffliche Schönheit gründen kann, ohne daß jene Art von Proportion strikt eingehalten wird ..." (Claude Perrault)

„Nehmen wir im Bereich der Architektur ein Werk an, für das die Proportionen nicht genau eingehalten wurden; dies wäre sicherlich ein großer Makel. Aber hieraus folgt nicht, daß dieser Makel unser Sehorgan derart verletzt, daß wir die Erscheinung des Gebäudes nicht ertragen könnten; vielleicht wirkte dieser Makel auf unseren Blick wie ein falscher Akkord in der Musik auf unser Ohr ... Die Proportion ist, obwohl sie eine der wesentlichen Schönheiten der Architektur ausmacht, nicht das erste Gesetz, aus dem alle Grundprinzipien der Kunst hervorgehen ...
... Die Grundprinzipien der Architektur entspringen der Regelmäßigkeit ..." (Etienne-Louis Boullée)

„Es scheint, daß bei einem architektonischen Werk gewisse Glieder eine fast unveränderliche Dimension beibehalten müssen, welche Größe das Gebäude auch immer haben mag: Um die Dinge von der rein nützlichen Seite her zu betrachten, sollte die Höhe einer Tür kein anderes Maß kennen als die Größe des Menschen, den sie einläßt; die Stufen einer Freitreppe sollten sich der Konstitution des Menschen anpassen, der sie ersteigen muß.
Die Griechen berücksichtigten solche Art von Überlegungen höchstens in der archaischen Epoche, verloren sie aber sehr schnell aus den Augen: Nach und nach unterwarfen sie alle Organe dem Modulkanon, sie vergrößern oder verkleinern sie, je nachdem, ob das Modul steigt oder fällt. Verdoppeln sie die Fläche der Fassade, verdoppeln sie auch die Höhe der Türen, verdoppeln sie auch die der Stufen. Jeder Bezug zwischen der Bestimmung der Organe und ihrer Größe ist abgerissen: Nichts bleibt übrig, was dem Gebäude seinen Maßstab verleiht." (Auguste Choisy)

„Eben nicht, die Architektur ist keine Wissenschaft der Zahlen, und wäre es nötig, dies zu beweisen, so täte ich es mit einem Wort, dem Wort Kunst ..." (Julien Guadet)

„Die Proportionssysteme gehören zur Vergangenheit, nur die Eklektiker bedienen sich ihrer noch heute. Formeln können niemals die Grundlage der Schöpfung sein. Für die Schöpfung sind Einfälle und bewußte Analyse vonnöten ..." (László Moholy-Nagy)[77]

die sie uns verschafft, und wohl auch der Erleichterung, die sie für die Bauausführung mit sich bringt. Wichtig ist die Festlegung auf eine Regel, und hier gibt es a priori keinen Grund, die der Alten zu verwerfen. Die Zahl hat den Vorteil, ein Kunstwerk wiederholbar zu machen, ohne daß man es plagiieren müßte. Der Ursprung der Zahl kann mystisch, symbolisch oder anthropologisch sein (die Dreifaltigkeit, das Kreuz, die vier Jahreszeiten, die zwölf Monde, gerade und ungerade, das Quadrat, die Anthropometrie usw.) Was jedenfalls letztendlich von Bedeutung ist, sind Kohärenz und Gleichgewicht zwischen den Elementen.

Die Erschütterung des Vertrauens in ein „richtiges" Proportionssystem, ein wiederholbares Prinzip zur *Erlangung des Schönen*, fand jedoch nicht erst in unserem Jahrhundert statt. Schon jene, die noch hofften, hier eine universale Regel zu finden, wurden nicht selten von Ungewißheit ergriffen. Der diesbezügliche Zweifel findet sich vor allem bei den Franzosen, weniger bei den Italienern. Die verschiedenen kritischen Stimmen (S. 77) regen vielleicht zum Nachdenken an.

4.3 Gleichgewicht

Symmetrie

In den Theorien der Architektur hat der Begriff „Symmetrie" nicht immer dieselbe Bedeutung. Er bezeichnet zunächst nur eine Vorstellung von Ordnung. Hierin liegt seine Wichtigkeit für die klassische Architektur. Vitruv schreibt ihm diesen allgemeinen Sinn zu und versteht darunter das Gleichgewicht zwischen den Teilen, die ein kohärentes Ganzes bilden. Wir werden ihn hier im restriktiveren Sinn der Renaissance verwenden; wir sprechen von jenem besonderen Gleichgewicht, das durch „Spiegelung" von Elementen entlang einer Achse entsteht. Wir haben bereits gesehen, daß die Symmetrie ein Sonderfall der Herstellung von Kohärenz durch Ausrichtung der Elemente ist. Die Gestaltpsychologie hat gezeigt, daß Symmetrie stärker wirkt als Ähnlichkeit (Abb.). Wir tendieren dazu, symmetrische Elemente zu einer einzigen Figur zusammenzuführen, selbst wenn wir nicht von einem Punkt der Spiegelachse aus blikken. Das Gleichgewicht ist auch dann deutlich, wenn den so angeordneten Elementen kein weiterer Faktor gemeinsam ist als ihre Lage in bezug auf die immaterielle Achse (Abb.). Läßt sich insgesamt oder zu großen Teilen eine symmetrische Organisation erkennen, wirkt sie auf das Asymmetrische wie ein Magnet. Boullée sagt, Montesquieu zitierend: *„Die Symmetrie gefällt uns, weil sie Klarheit herstellt und der Geist, der unaufhörlich sucht zu begreifen, ohne Schwierigkeit die Gesamtheit der von ihr dargebotenen Elemente zu fassen vermag."*[78] Symmetrie ist Klarheit. Diese unanfechtbare Tatsache läßt sie bei den Klassikern zum Symbol für weltliche oder kirchliche Macht werden, die sich selbst für „unanfechtbar" erklärt. Der Unterschied zwischen dem Reichstag von Speer, einem Gebäude des imperialen Roms und einem Tempel von Phidias liegt nur in der Raffinesse von Proportionen und Details.

Sieht man von einigen höchst kunstvollen Beispielen ab, wird man zugeben müssen, daß die eindeutige Symmetrie leicht unser Interesse mindert. Das Redundante, das unsere Erwartungen haargenau erfüllt, gefällt

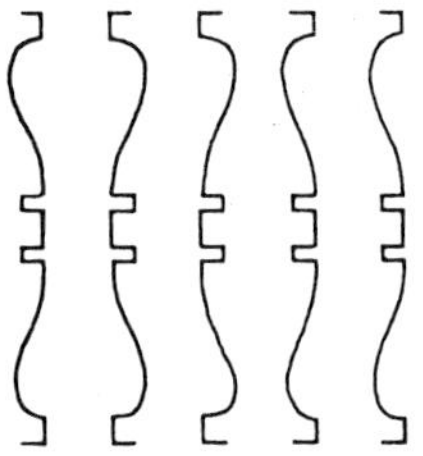

Die Symmetrie wirkt stärker als die Ähnlichkeit.

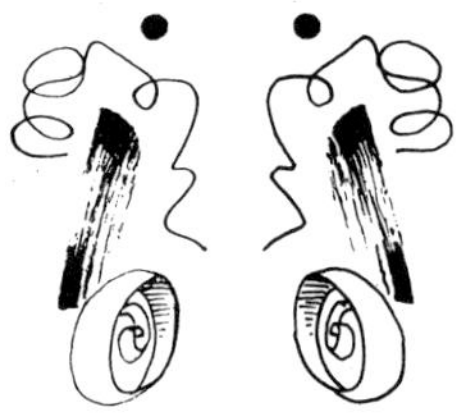

Verschiedenartige Elemente werden durch die Symmetrie zu einer kohärenten Einheit zusammengeführt.

uns nur im ersten Augenblick. Bietet unsere gesamte Umgebung keine Überraschung, keine Möglichkeit zu unterschiedlicher Kombination und aktiver Wahrnehmung, so verschließen sich Intellekt und Empfindung. Eine *komplexe* symmetrische Komposition dagegen wie die von San Lorenzo (Abb. S. 58), die sekundäre Symmetrien und verschiedene horizontale und vertikale Bezüge herstellt, bietet Variationen, die unser Interesse erregen und die Aufmerksamkeit wachhalten. In bezug auf die Musik sagt Lévi-Strauss, der ästhetische Genuß entstehe durch den Wechsel von Reiz und Ruhe, von enttäuschter Erwartung und Erfüllung jenseits aller Erwartungen. Im visuellen Bereich erreicht die Symmetrie sehr viel schwerer solche Vielfalt, doch sie kann es. In der Architektur liegen der Verwendung der Symmetrie zwei theoretische Ansätze unterschiedlicher Natur zugrunde:

(1) *Die Symmetrie als ästhetisches Prinzip.* Für Palladio ist die Symmetrie eine Voraussetzung sine qua non der Harmonie. Er erhebt sie zur absoluten Re-

gel und weicht nie davon ab. Bei der Achsensymmetrie vermeidet man, die Flächenmitte durch ein solides Element zu füllen. Die antiken Tempel und Paläste haben mit Ausnahme der minoischen immer eine Stirnseite mit gerader Säulenzahl, damit die Mitte frei bleibt und als Eingang dienen kann. Vom ägyptischen Altertum bis zur Renaissance und noch hinein bis ins 18. Jahrhundert ist die Ebenen- oder Punktsymmetrie hauptsächlich kultischen Gebäuden und Symbolen weltlicher Macht vorbehalten. Seit dem 19. Jahrhundert wird die Symmetrie mehr und mehr für gewöhnliche Bauten aller Art verwendet, kleine Einzelhäuser, Mietsblöcke, Fabriken, Schlachthöfe, Umspannwerke usw. Durch ihre Vulgarisierung hat die Symmetrie ihren Ausnahmewert verloren und infolgedessen einen Teil ihrer allgemein anerkannten Symbolkraft. Eine Folge jener Abwertung ist, daß das 20. Jahrhundert zur Realisierung seiner repräsentativen Bauten für Macht- oder Sakralzwecke ebensogut auf die Asymmetrie wie auf die Symmetrie zurückgreifen kann. Dies ist natürlich nicht der einzige Grund für die Entstehung neuer räumlicher Konzeptionen, aber die „Abnutzung" der Achsensymmetrie hat wahrscheinlich indirekt zu ihrer zeitweiligen Diskreditierung beigetragen.

(2) *Die Symmetrie als konstruktives Prinzip.* Für Viollet-le-Duc erzwingt das Spitzbogengewölbe – die Konstruktion also – die Symmetrie. Man muß die Folgerichtigkeit dieses Gedankens unterstreichen, der durch die statischen Gesetze für kleinere Spannweiten – Rahmen, Bögen, Kuppeln usw. – untermauert wird. Aber wenn auch eine rationelle Bautechnik die symmetrische Verteilung von Stütze und Last verlangt, so erfordert sie doch keine hierarchisierte Symmetrie für die Stützen. Auch erlauben uns die modernen Baustoffe, vor allem der Eisenbeton, der ein fließendes Material ist und verschiedene Bewehrungen zuläßt, durchaus rationell mit der Asymmetrie zu arbeiten, sofern die Gegebenheiten der Gebäudefunktion und des Orts oder die ästhetische Absicht es erlauben.

Die Symmetrie hat den Vorzug vollkommenen Gleichgewichts, jedoch ruft sie häufig, selbst bei Werken großer Meister, ein seltsames Unbehagen

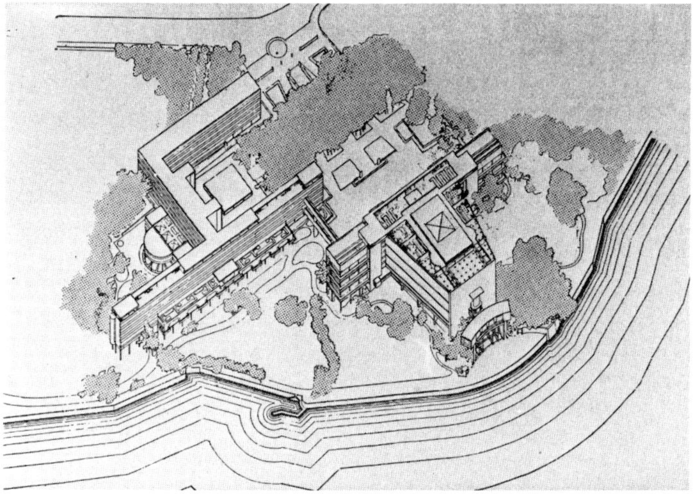

Symmetrie der Teile und Asymmetrie des Ganzen. Wettbewerb für den Völkerbundpalast in Genf, Le Corbusier, 1927.

Die Achse ist der Zeremonie vorbehalten: „Die Pilgerprozession zieht zu den sieben Kirchen."

hervor. Nicht die Symmetrie an sich stört, sondern daß sie allzu häufig dazu zwingt, sich ihr über die Achse zu nähern. *Auf der starren Linie einer Achse zu gehen ist unmöglich, es bringt das Gleichgewicht ins Schwanken.* Vielleicht ist diese Demütigung des Menschen durch die Architektur der Grund dafür, daß man symmetrische Bauten, vor allem wenn sie Monumentalcharakter tragen, häufig des Faschismus bezichtigt. Es gibt jedoch nur faschistisches Verhalten und Gedankengut. Es gibt keine „faschistische" Architektur, so wie es auch keine „demokratische", „royalistische" oder „marxistische" Architektur gibt. Monumentalität ist nicht an eine bestimmte Gesellschaftsform gebunden.

Nehmen wir eine majestätische gotische Kathedrale, die achsensymmetrisch konstruiert ist und in der Mitte ein Portal hat. Vergessen wir nicht, daß diese sakrale Stätte nicht so konzipiert war, wie sie heute von den Touristen genutzt wird. Sie sah ursprünglich keine axiale *Näherung* vor. Das Mittelportal und seine Achse dienten nicht dem gewöhnlichen Verkehr, sondern waren einer *Idee geweiht*: der Idee Gottes, des Lebens und Todes eines Heiligen, der Idee des Universums ... Die Achse war als Weg ausschließlich *Prozessionen* vorbehalten, dem Menschenzug, der die Idee symbolisierte (Abb. S. 79). Mit dem Verlust der Ausrichtung auf *eine* übergeordnete Idee, welche die Achse mehr der kollektiven Zeremonie als dem Verkehr zuweist, sieht sich heute diese Art von Symmetrie in Frage gestellt.

Heißt das, man müsse jeden Gedanken an Symmetrie verwerfen? Keinesfalls, denn noch immer befriedigt die Symmetrie durch ihr Gleichgewicht unser Auge und bietet ihm die Möglichkeit, leicht eine *Einheit* herzustellen, die sich vom Rest der Umgebung abhebt. Aber das Schönheitsempfinden ist der Symmetrie heute sicher nicht mehr so stark verpflichtet wie zu Zeiten der Renaissance, welche sie kanonisierte. Im Gegenteil hat das Auge des 20. Jahrhunderts gelernt, ausgewogene Asymmetrien und subtile Abweichungen von einer etablierten Ordnung, ob symmetrisch oder nicht, zu würdigen. Wir wissen asymmetrische *und* symmetrische Objekte zu schätzen.

Man kann Analogien zwischen Gesicht und Fassade herstellen. Ist es nicht reizvoller, ein symmetrisches Objekt aus schrägem Winkel als „platt" von vorne zu betrachten? Wir sehen unserem Gesprächspartner beim Reden in die Augen, jedoch selten frontal und niemals ständig. Besteht man hartnäckig darauf, so erzeugt dies Unbehagen. Die Zeitungen bilden nur gesuchte Kriminelle von vorne ab, niemals aber Dichter oder Schauspieler! Die Architekturzeitschriften versuchen dagegen, die Fotografie an die maßstäblichen Zeichnungen anzugleichen, welche die Architekten gewohnt sind, und zeigen Frontalansichten symmetrischer Gebäude. Häufig verfehlen sie damit die tatsächliche Wirkung des fotografierten Objekts auf die Wahrnehmung. Die Symmetrie ist schwierig zu handhaben, wenn man sich ihr von der Achse her nähert. Die Achse ist kein Ort des Alltäglichen, sie ist den Riten vorbehalten.

Um zu zeigen, wie schwer es ist, in diesem Bereich Regeln aufzustellen, erinnern wir an ein Beispiel aus der Renaissance. In jener großartigen Epoche der Architektur strebten bedeutende Werke nach vollkommener Symmetrie. Gleichzeitig verweigerten sie sich aber der Überlagerung von Achse und Weg. Als Beispiel kann der

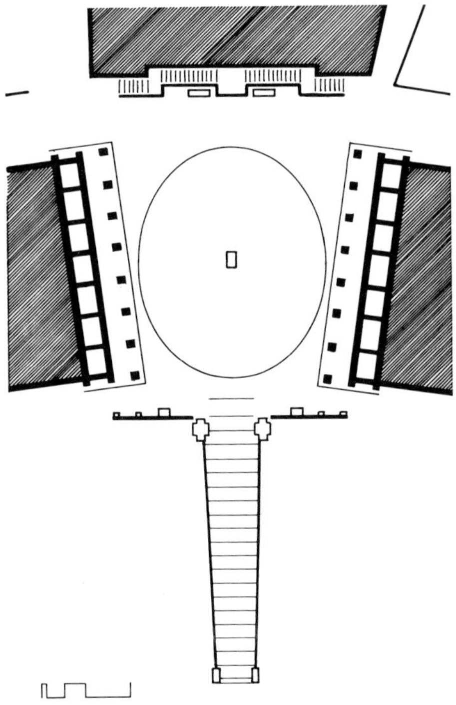

Der direkte Weg wird durch die Statue auf der Achse versperrt: Das Kapitol in Rom, Neugestaltung im 16. Jahrhundert durch Michelangelo.

im 16. Jahrhundert von Michelangelo gestaltete Kapitolsplatz in Rom gelten (Abb.). Die große Treppe, die auf den Platz führt, liegt zwar auf der Achse, erhält aber durch die Topographie, die noch beträchtliche Entfernung zum Gebäude und ihre mächtige Breite eine gewisse Autonomie. Diese Treppe ist notwendig, um die besondere Stellung des Kapitols innerhalb des Stadtgewebes vorzubereiten und anzukündigen. Sowie man den Platz erreicht hat, sind alle Mittel daran gesetzt, daß der Weg des Fußgängers die Achse vermeidet: Vier weitere Zugänge eröffnen sich an den Ecken des Platzes; das Haupttor zum Kapitol liegt zwar wohl zentral, die dorthin führenden Trep-

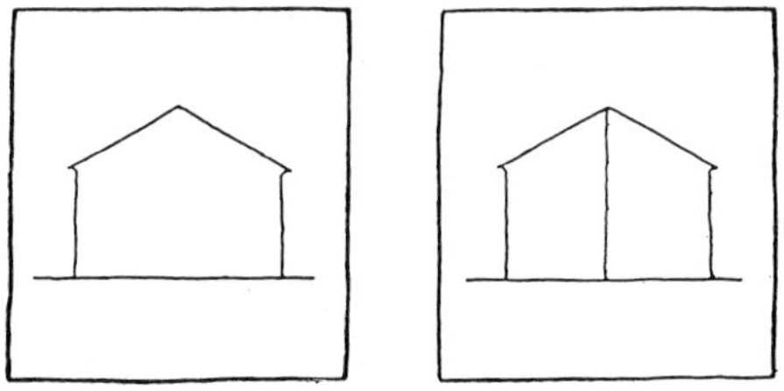

„Wenn wir der Forderung der Symmetrie willenlos folgen, so führt uns das zuletzt dahin, in die symmetrische Fläche – etwa der Figur links – die Achse als Linie einzuzeichnen; danach ist dann – mit der Figur rechts – die Symmetrie vollkommen starr geworden, ist tot, ist zersetzt, indem wir die ursprünglich symmetrische Fläche in zwei symmetrische Flächen zerlegt haben."

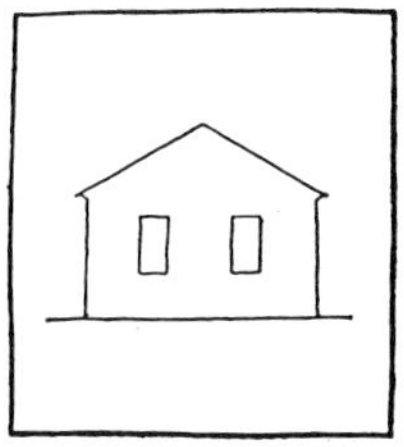

„Gehen wir den Forderungen der Symmetrieachse etwas aus dem Weg und setzen wir, abseits der Achse, neue Bilder, so bleibt zwar unser Interesse für die Achse lebendig, aber es teilt sich jetzt in das Interesse für die Achse und für die neuen Bildteile, und unser Auge sozusagen pendelt zwischen Achse und den neuen Bildteilen hin und her, so daß die Gesamtfläche plötzlich bewegt und lebendig ist."

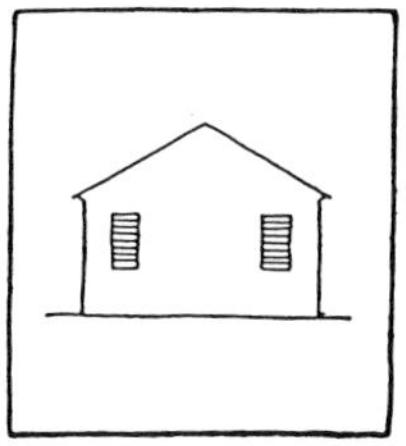

„Das läßt sich nun oft sehr schön ausbauen, indem man sucht, die neuen Bildteile möglichst weit von der Achse abzurücken und möglicherweise noch zu betonen …"
(Heinrich Tessenow)[79]

pen aber gehen von den Ecken des Gebäudes aus. Die Mitte des Platzes wird von einer „Idee" besetzt (der Reiterstatue des Mark Aurel), und die Bodentextur ist so kraftvoll und feinsinnig hervorgehoben, daß sie wiederum eine gewisse Unabhängigkeit vom Gebäude erlangt, obwohl die Achse aufgenommen wird.

In der Architektur des 20. Jahrhunderts war die Symmetrie kurzzeitig die Regel, meistens jedoch ein Tabu. Bei Rietveld, Gropius und Le Corbusier findet sie sich nur in den frühen Werken. Für Mies van der Rohe, Asplund und später Kahn war sie ein wesentliches Kompositionsprinzip, vor allem in den späteren Werken. Von den modernen Architekturschulen seit dem Bauhaus der zwanziger bis in die sechziger und siebziger Jahre wurde sie als ästhetisches Prinzip eher abgelehnt, wenn nicht geahndet, ihr konstruktiver Wert jedoch anerkannt. Diese nahmen zum einen die Entwicklung der bildenden Künste auf, zum anderen eine Tendenz, die architektonische Form aus den praktischen Erfordernissen und der Poesie des Ortes zu entwickeln anstatt aus dem Abstraktum einer einfachen geometrischen Ordnung. Heute erkennen dieselben Schulen beide Strukturen an, ohne der einen oder anderen Überlegenheit zuzusprechen, aber auch ohne die Faktoren zu vermitteln, die die Chance ihres Gelingens erhöhen.

Die Arbeit mit der Symmetrie scheint auf den ersten Blick leicht zu sein. Von Anfang an weist der Entwurf in Grundriß, Schnitt und Ansicht genügend Ordnung auf. So betrachtet eignet sich die symmetrische Architektur perfekt für eilige Bauherren. Sie stellt schnell einigermaßen zufrieden. Aber sie hat zu schwerwiegende Folgen, um eine einfache Lösung zu sein. Für den Architekten ist das *„richtige Gleichgewicht"* letztendlich nicht leichter durch Symmetrie als durch Asymmetrie zu finden. Zwischen der Symmetrie Michelangelos und der Sym-

Durch die Entfernung der Motive (Ovalfenster) von der Symmetrieachse wird deren Bedeutung nachdrücklich geschwächt.
Villa Schwob, Le Corbusier, 1916/1917, La Chaux-de-Fonds und Haus Chana Orloff, Auguste Perret, 1927, Paris.

metrie des Generalunternehmers liegt nur ein schmaler Grat, der jedoch einen großen Unterschied ausmacht.

Gibt es verallgemeinerbare Prinzipien, die helfen können, die Symmetrie besser zu beherrschen? Wir stützen uns auf Tessenow[79], der auf sehr einfache Weise darstellt, wie sich Spannungen innerhalb einer symmetrischen Anordnung verstärken oder ausgleichen. Tessenow erkennt die Schwierigkeit, „von der Achse wegzukommen", die bei der Arbeit mit der Symmetrie oft als unangenehme Starre empfunden wird, und legt hiergegen ein Prinzip dar, das ein wenig in Vergessenheit geraten ist (Abb. S. 81).

Genau diese Elementarregeln der Symmetrie müssen Michelangelo – vielleicht intuitiv – bei der Endfassung seines Entwurfs für San Lorenzo geleitet haben oder auch, ein uns näheres Beispiel, Le Corbusier bei der Gestaltung der Fassade der Villa Schwob in La Chaux-de-Fonds (Abb. S. 81). Bei letzterer verleihen die stumme Mittelpartie und die weit auseinanderliegenden Ovalfenster, deren Wirkung durch die sich nach beiden Seiten verlängernden Mauern verstärkt wird, der Symmetrie erst jene Kraft und jenes Geheimnis, die sie fesselnd machen. Le Corbusier, der die Symmetrie als

Die Wiederholung von Symmetrien erfordert jeweils einen Rahmen, damit Verwirrung vermieden wird.

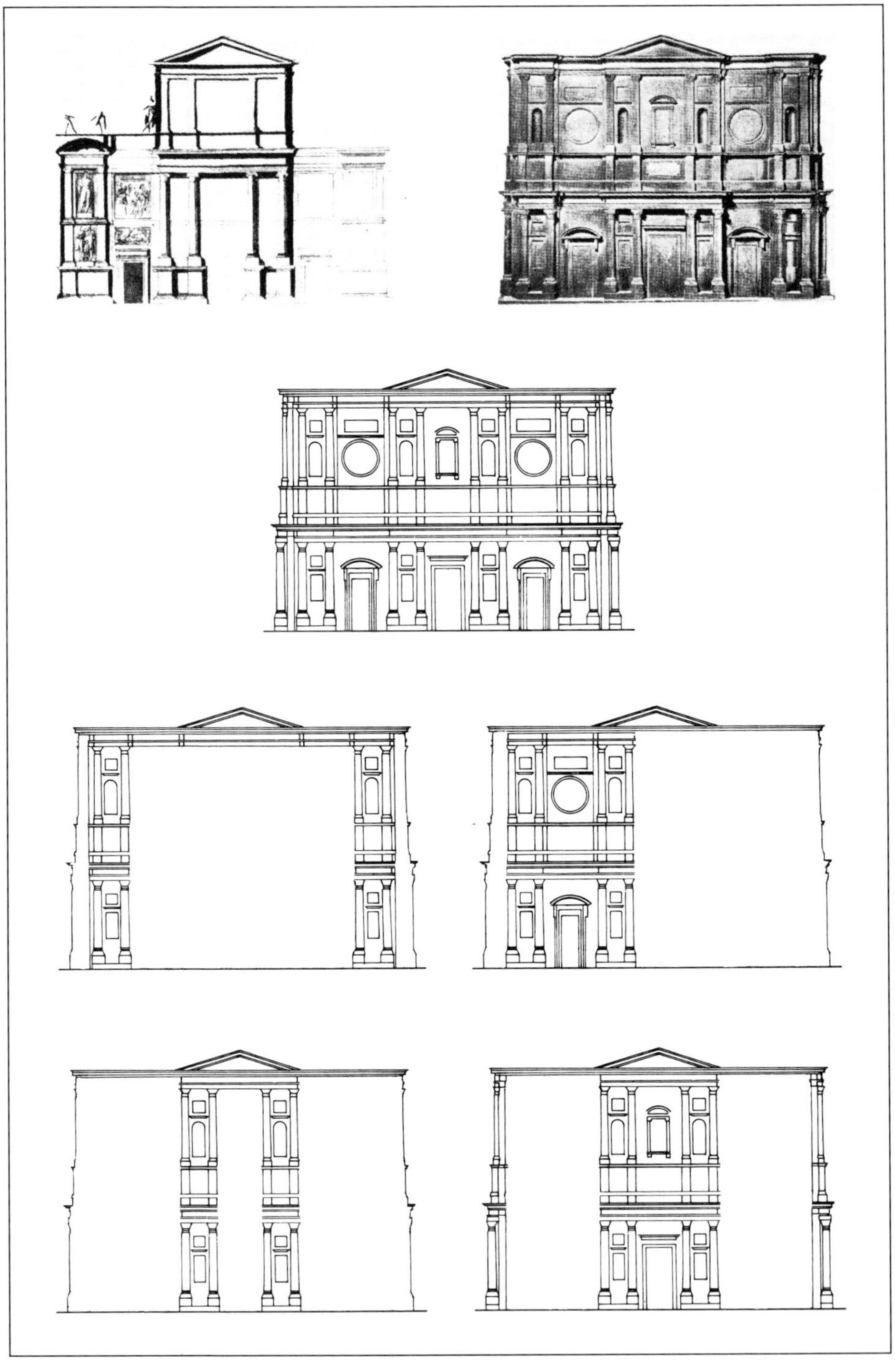

Mehrere Symmetrien überlagern sich: die Seitenachsen haben fast dasselbe Gewicht wie die Zentralachse. Es entsteht ein subtiles Gleichgewicht, das die Bezüge über die gesamte Fassade verteilt, anstatt sich auf eine einzige Achse zu konzentrieren. Michelangelo, Entwurf für San Lorenzo in Florenz, 1516–1534.

Kompositionsverfahren für die Wohnhausarchitektur früh aufgegeben hat, kannte deren Grundprinzipien offenbar sehr gut.

Ein zweiter, etwas komplexerer Aspekt der Symmetrie lohnt der Analyse. Wird eine *symmetrische Figur ein zweites Mal wiederholt*, ohne daß eine Hierarchie etabliert wird, entstehen drei konkurrierende Achsen, und es gelingt uns nicht mehr, das symmetrische Bild zu isolieren (Abb. S. 82). Gombrich schreibt, daß *„... das ‚Gleichgewicht' des symmetrischen Planens als Stütze einen festen Rahmen oder ein anderes Mittel zum Isolieren des Gebildes braucht. Besonders bedroht jede weitere Wiederholung die Ruhe, zerstört sie doch das einmalige der Mittelachse."* [80] Das Bild wird verschwommen und unklar. Dies ist richtig, aber wenn sich die seitlichen Symmetrien einer einzigen Mittelachse unterordnen oder zweitrangige Symmetrien sich durch ihren Bezug zur Hauptachse überlagern, entsteht eine komplexe Hierarchie, die in sich sehr kohärent sein kann. Ziehen wir erneut das Beispiel von San Lorenzo heran, so läßt sich dies leicht feststellen (Abb. S. 82).

Noch ein dritter Aspekt verdient der Erwähnung. Die Symmetrie *muß nicht vollkommen sein*. Das menschliche Gesicht ist selten gänzlich symmetrisch. Geringfügige Abweichungen von der Symmetrie beeinträchtigen nicht das Gesamtbild eines architektonischen Ensembles; sie können sogar seine Strenge mildern.

Das asymmetrische Gleichgewicht

Wir können mit einiger Bestimmtheit von Figur/Grund-Konzepten und Kohärenzfaktoren reden, denn hinter ihnen stehen Theorien, die auf geprüften Beobachtungen beruhen.

Obwohl wir alltäglich Objekte und Kompositionen aller Art beurteilen, fällt es uns schwer, normativ über deren *Gleichgewicht* zu sprechen. Das visuelle Gleichgewicht läßt sich nicht objektiv beweisen: Es bleibt der Ein-

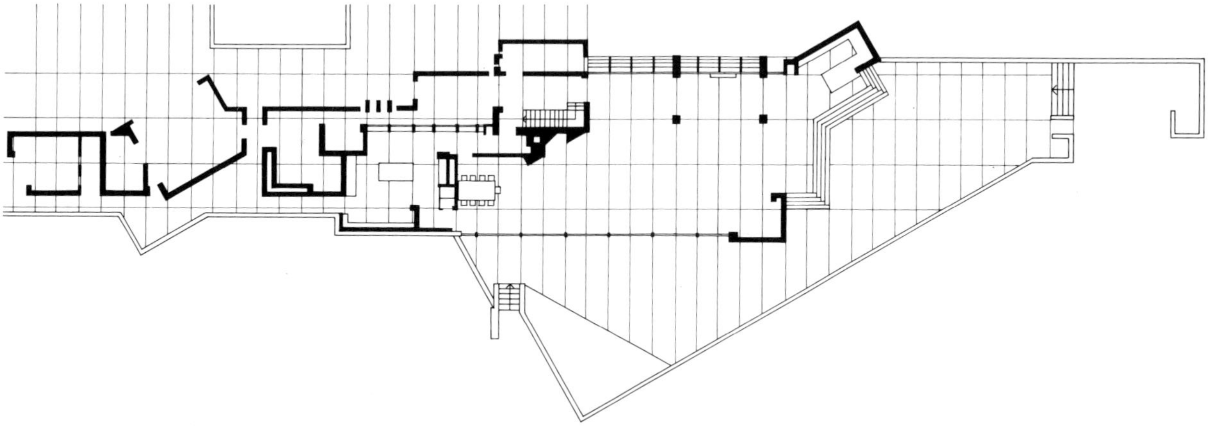

Einer der größten Meister des asymmetrischen Gleichgewichts im 20. Jahrhundert ist ohne Zweifel Frank Lloyd Wright.
Entwurf Haus Marcus, Dallas, Texas, 1935.

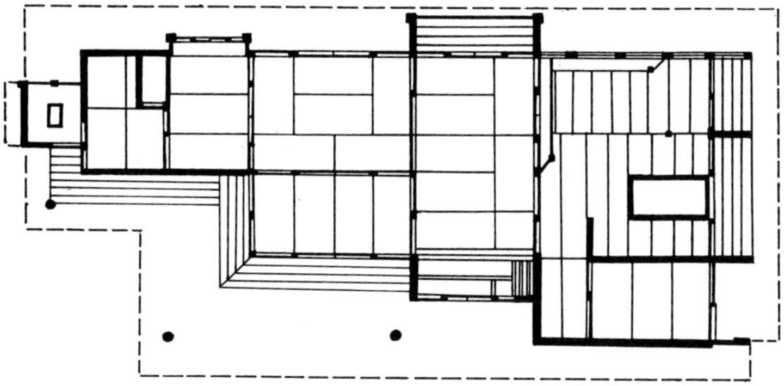

Shoi-Ken, Teehaus im Park von Katsura, Kioto, 17. Jahrhundert.

schätzung des einzelnen überlassen, wobei es jedoch kaum gravierende Divergenzen zu geben scheint.

Wir haben gesehen, daß Gleichgewicht und monumentale Würde der Architektur zu Zeiten Vitruvs und schon in der früheren Antike, auf die er sich bezieht, im Mittelalter, in der Renaissance und bis ins 19. Jahrhundert nicht ohne den Rückgriff auf Achsen- oder Punktsymmetrie vorstellbar waren. Es ist einer der wichtigsten abendländischen Fortschritte des 20. Jahrhunderts, das bis dahin der Malerei und Skulptur vorbehaltene asymmetrische Gleichgewicht als bewußte Absicht eines architektonischen Entwurfs für zulässig erklärt zu haben. Vorher wurde es in Europa eher selten für bedeutende Werke verwendet. Das Beispiel des englischen Gartens ließe sich anführen, doch gerade hier zeigt sich ein starker Einfluß der Malerei, deren Vorbild ihn inspirierte.

In Japan verhält es sich anders, denn dort kultiviert man das asymmetrische Gleichgewicht seit Jahrhunderten nicht nur in Malerei, Skulptur, Ikebana (der Kunst des Blumensteckens) oder Gartenkunst, sondern ebenfalls in der Kunst, Gebäude zu planen und zu gruppieren. Der Kaiserpalast von Katsura in Kioto aus dem 17. Jahrhundert illustriert dies glänzend (Abb. S. 83). Das Prinzip der Symmetrie, dessen Bedeutung für die Ökonomie der Holzkonstruktion durchaus anerkannt wird, kommt niemals jenseits der einzelnen baulichen Einheit zum Tragen.

Die verborgenen Regeln des asymmetrischen Gleichgewichts sind sehr viel schwerer zu erfassen und zu vermitteln als die der Symmetrie. *Horizontale* und *Vertikale* bilden wichtige Bezüge. Oben und unten, eine horizontale oder vertikale Linie und deren rechter

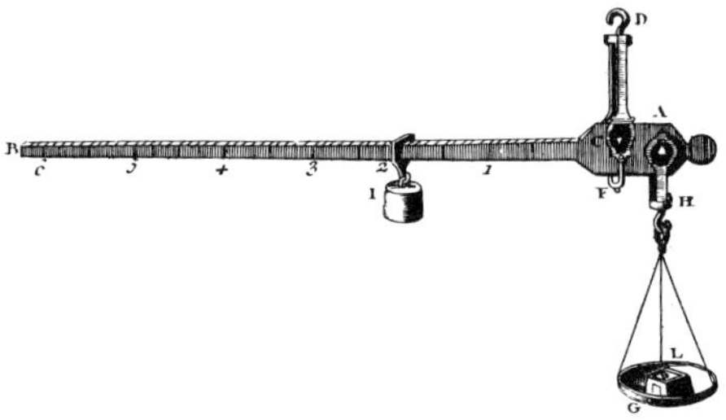

Hebelarm und Gleichgewicht.

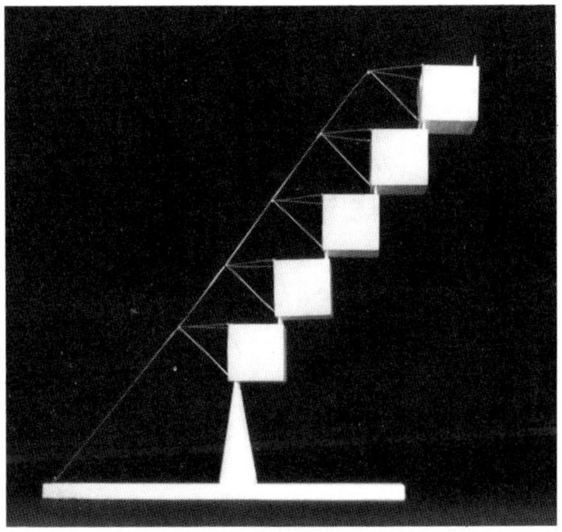

Fast unglaubliches Gleichgewicht und plastisches Spiel: Santiago Calatrava, Skulptur, 1984.

Gleichgewicht der Kräfte: Salginatobelbrücke, Robert Maillart, 1929/1930.

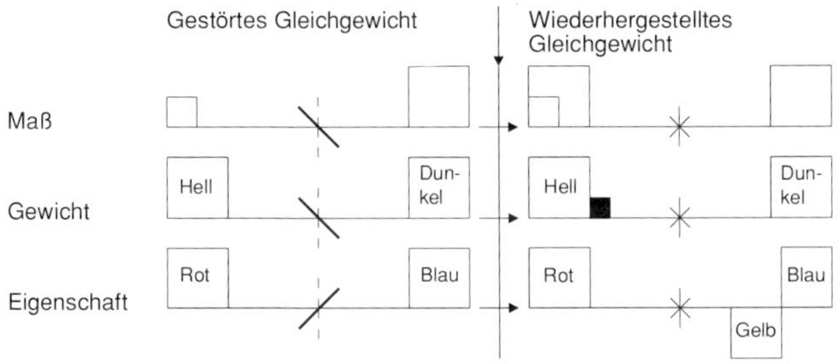

Das asymmetrische Gleichgewicht, nach Paul Klee.

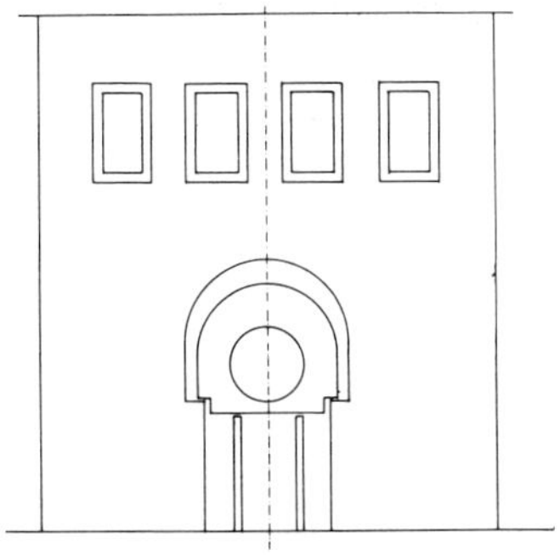

Neugestaltung eines Hauses der Altstadt von Lausanne durch das Atelier Cube (G. und M. Collomb, P. Vogel), 1983.
Oben die idealisierte Situation und ihre theoretische Lösung mittels Achsensymmetrie; unten die bestehende Situation: Die vier Fenster, der Torbogen und die Kioske sind nach dem Zufall ihrer Entstehungsgeschichte plaziert. Torbogen und Fenster haben nichts miteinander gemein.

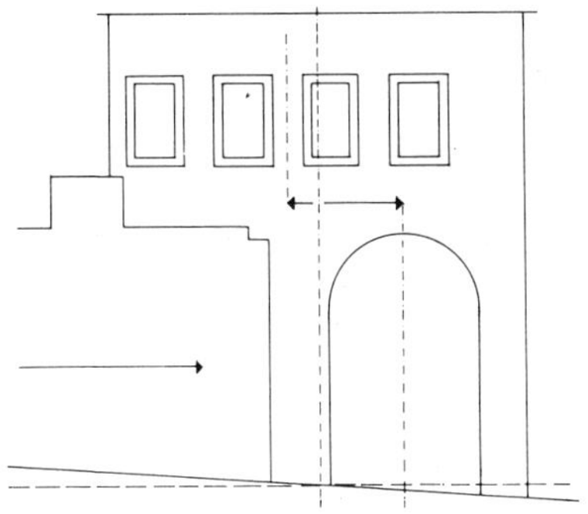

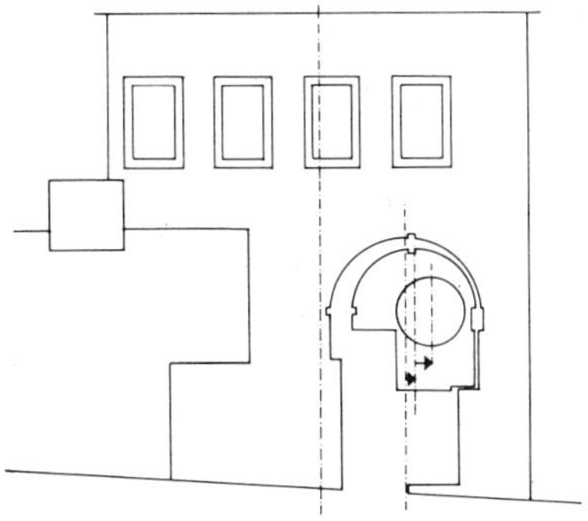

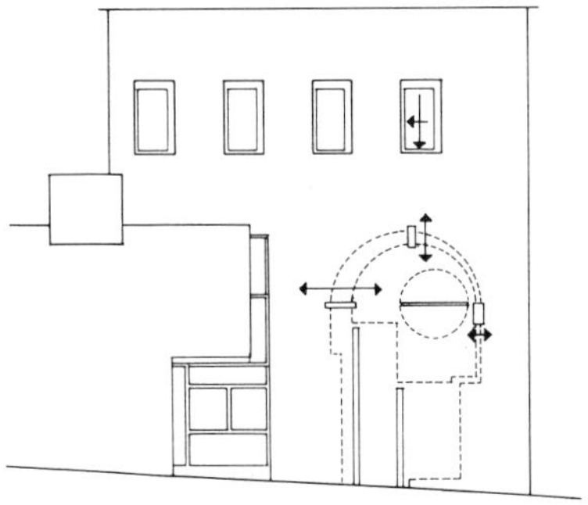

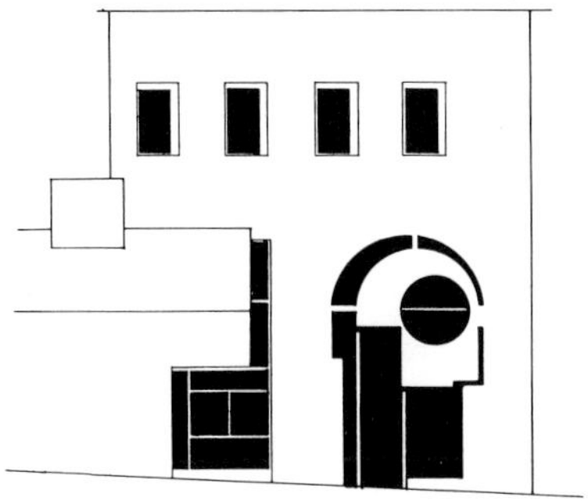

Das Gleichgewicht der gesamten Fassade wird wiederhergestellt, indem die Architekten ausschließlich die Geometrie von Aussparungen und Fläche verändern, die durch den bestehenden Torbogen vorgezeichnet ist: Zum einen wird eine Betonplatte eingefügt, die im oberen Teil mit einem dezentrierten Rundfenster versehen ist, zum anderen wird die Masse der Wand neu verteilt. Der Torbogen findet so seinen Platz im Bezug zu den Fenstern und den Rändern der Fassade. Sie sind Teil ein und derselben Komposition ausgeglichener Spannungen. Die drei Halter der Platte unterstreichen diese Bezüge.

Winkel machen wir auf Anhieb aus und sind fähig, die leichteste Abweichung davon zu erkennen. Unsere aufrechte Stellung spielt hierbei eine wichtige Rolle. Unsere Wahrnehmung dieser „primären“ Abweichungen ist im Gegensatz zu unserem Gefühl für Proportionen von einer Präzision, die der des erfahrenen Violinisten nahekommt, welcher sein Instrument stimmt.

Unser Erleben der Welt vom Säuglings- bis hin zum Erwachsenenalter ist an die Erfahrung der *Schwerkraft* gebunden. In Anwendung dieser Erfahrung nutzen wir alltäglich das asymmetrische Prinzip des *Hebelarms*: um eine Dose zu öffnen, einen Nagel herauszuziehen, eine Masse fortzubewegen (Abb. S. 84). Horizontalität/Vertikalität und Schwerkraft/Hebelprinzip gehören wahrscheinlich zu den Grundfaktoren, die das architektonische Gleichgewicht bestimmen.

Bei der Fassade und vor allem beim Schnitt wird das Prinzip der Schwerkraft unmittelbar deutlich. Wir kennen die Kräfte der Erdanziehung, der jede Konstruktion zu trotzen sucht. Daher haben wir bei einer Brücke von Robert Maillart oder einem Spitzbogengewölbe, die die lotrechten Kräfte seitlich zur tragenden Erde ableiten, ein unmittelbares Bild von Kraft und Gegenkraft (Abb. S. 84). Solche Arten von Konstruktionen erwecken in uns einen Eindruck von „natürlicher“ Schönheit, Stimmigkeit und Ausgewogenheit. Auch im abstrakteren Sinn nehmen wir für jede Anordnung von Objekten auf einer Fläche (dem Bild) oder im Raum ein Gleichgewicht bzw. Ungleichgewicht wahr. Nehmen wir als Beispiel die Fenster einer Fassade. Die Wand, zunächst ein konstruktives Element, welches das statische Gleichgewicht sichert, übernimmt in unserer

Wahrnehmung eine weitere Funktion. Sie wird zum Grund und Rahmen für ein Spiel fiktiver Gewichte und Gegengewichte (der Öffnungen), deren Spannungen es auszugleichen gilt. Die Prinzipien von Horizontalität, Vertikalität und Schwerkraft sind so tief in uns verankert, daß sie weiterhin wirksam bleiben. Dies veranlaßte Paul Klee[81] dazu, von asymmetrischem Gleichgewicht zu sprechen (Abb. S. 84).

Rudolf Arnheim untersucht dieses Phänomen der „Balance" in seinem Werk „Art and Visual Perception." Es gibt kaum neuere Arbeiten, die die Forschung zu Phänomenen visuellen Gleichgewichts weiter vorangetrieben hätten. Man wird sich daher vorläufig durch Versuche vorarbeiten müssen. Die Kenntnis einiger Erfahrungen kann diese Arbeit jedoch beschleunigen. Wir verdeutlichen dies anhand der Analyse einer Fassadenumwandlung, die zeigt, wie gewisse asymmetrische Eingriffe das Gleichgewicht wiederherstellen können (Abb. S. 85).

Phänomene des Gleichgewichts treten sowohl auf horizontaler Ebene wie im Raum auf. Sorgfältig auf einem Tisch angeordnete Objekte, das Stillleben des Malers oder Gebäude rund um einen Platz stehen in einem ausgeglichenen oder unausgeglichenen Spannungsverhältnis.

Der Gegensatz zu Gleichgewicht ist nicht *Dynamik*, sondern Ungleichgewicht, d.h. Instabilität, Ungewißheit, Verworrenheit. Die Häuser Frank Lloyd Wrights sind nicht unausgewogen, sondern sie betonen den Zugangsweg und die Kraftlinien des Ortes. Ungleichgewicht entsteht dagegen überall dort, wo die Unterschiede der wirkenden Kräfte nicht durch das Spiel der entsprechenden Gegenkräfte ausgeglichen werden können – ähnlich wie beim Bild des Hebelarms.

5 Gewebe und Objekt

Wand mit Objekt-Fenster
Palazzo Zuccari, Rom

5.1 Stadt und Monument

Das Gewebe bietet ein Bild der Kontinuität, der „unendlichen" Ausdehnung; das *Objekt* ist ein geschlossenes, klar umrissenes Element, das sich als Ganzes erfassen läßt. Objekte ziehen die Aufmerksamkeit des Blicks auf sich, sie heben sich von einem Grund ab. Man spricht auch von einer „Leinwand" oder einer ‚Folie', vor der sich irgend etwas deutlich abzeichnet. Eine solche Leinwand ist ein *Gewebe*.

Diese Vorstellung kann auf die Stadt übertragen werden, in der gewisse Bauten als Objekte erscheinen (Gebäude-Objekte), weil sie sich vom Stadtgewebe abheben, das nach den Gesetzen der Nähe, Ähnlichkeit, Wiederholung und gemeinsamen Ausrichtung der Elemente organisiert ist.

Dasselbe Phänomen entsteht im Inneren der Gebäude, wo gewisse Elemente – Säulen, Türen, Fenster, Nische, Kamin, Altar – zuweilen isoliert auftreten. Man kann sie dann *unterscheiden und sogar benennen*, während der Rest der Umgebung durch größere Homogenität gekennzeichnet ist.

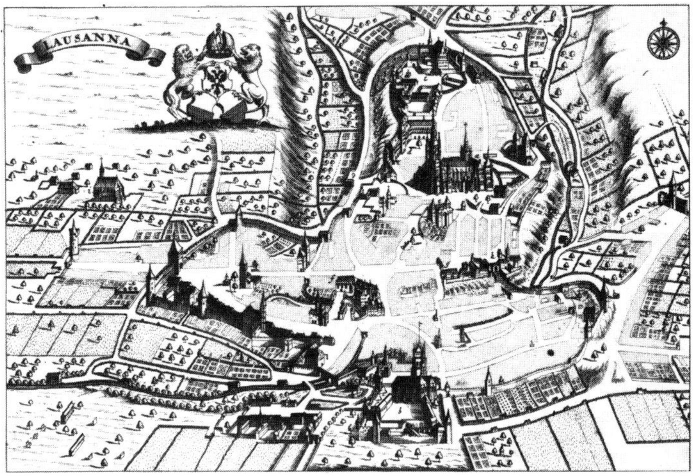

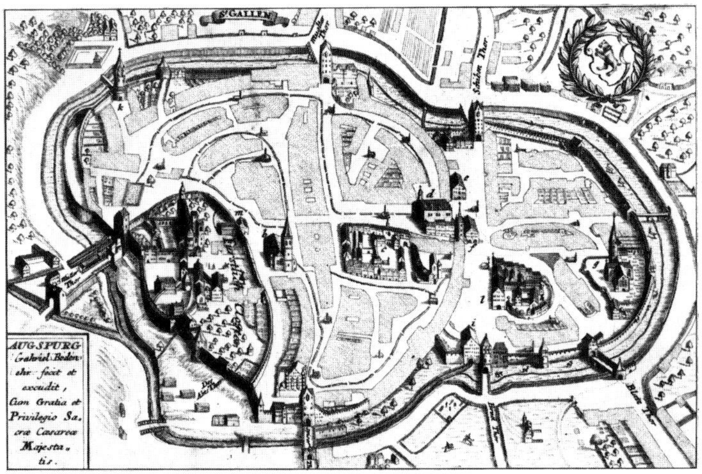

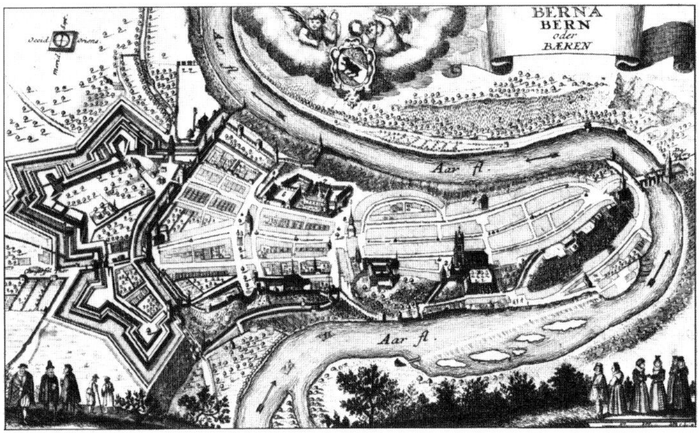

Diese Stiche aus einem im 18. Jahrhundert von G. Bodenehr erstellten Atlas Schweizer Städte sind vielsagend: Tore, Kirchen, Klöster und Brunnen (typische öffentliche Symbole) sind isometrisch dargestellt, während der Rest der Stadt einem Gewebe gleichgesetzt wird.

In fast allen vorindustriellen Kulturen sind gewöhnliche städtische Wohn- und Arbeitsstätten in Gebäuden untergebracht, die in ihrer Gesamtheit ein relativ homogenes Gewebe bilden. Brüche in dieser einmal errichteten Regelmäßigkeit erhalten eine besondere Bedeutung. Sie sind hauptsächlich den Monumenten oder Zeichen im Stadtbild vorbehalten: dem Tempel, dem Schloß, dem Markt.

Im historischen Zentrum von Bern bieten sich nur die Kathedrale, das Rathaus, die Stadttore und die Brunnen für eine „Objekt-Lektüre" an. Die anderen Gebäude verbinden sich zu einem Gewebe, und erst wenn man sie aus unmittelbarer Nähe betrachtet, beginnen sich neue erkennbare Einheiten herauszulösen. *Es besteht also eine Hierarchie.*

Der 1748 von Giambattista Nolli erstellte Plan von Rom ist ein typologisch wertvolles Dokument, das deutlich jene Komplementarität zwischen Gewebe und Objekt bzw. Stadt und Monument aufzeigt (Abb.). Er erlaubt, die verschiedenen Ebenen und Strukturen von Außenraum, öffentlichem Innenraum und städtischem Gewebe als Masse der Wohn- und Arbeitsstätten (in Schwarz) zu erkennen. Er zeigt ebenso, wie die Gebäude, denen der Wert eines Objekts oder Monuments zugewiesen wird, sich ins Gewebe des Gewöhnlichen und Alltäglichen einfügen, und wie sie die Stadt durch ihre „Kraftfelder" ordnen. Alberti sagt, daß der Ort, an welchem man einen Tempel errichtet, feierlich, prächtig und erhaben und frei von profanem Einfluß sein solle. Er weist der Kultstätte den Status eines Objekts zu und präzisiert, daß an ihrer Stirnseite ein geräumiger und angemessener Platz anzulegen sei.

Bei gewissen heiligen Gebäuden in Rom kündet einzig die Stirnfassade den Objektcharakter und die Verlängerung des öffentlichen Raums in das Innere an, während die drei übrigen Seiten sich ins allgemeine Gewebe einfügen. Man hat es hier mit einem Fassaden-Objekt zu tun. Auch kann man beobachten, daß trotz der Raumnot, die durch große städtische Dichte entsteht, *das Gewebe zurückweicht*, und sei es auch nur ein wenig, um den öffentlichen Raum vor Gebäude- oder Fassaden-Objekten zu erweitern.

Bei beiden angeführten Beispielen, Bern und Rom, ist das städtische Objekt mit einer Idee verbunden: der Tempel mit dem Kult, das Stadttor mit der Macht, der Brunnen mit der Idee der Gemeinsamkeit beim Austausch von Neuigkeiten und Erzählungen. Diese Ideen weisen über die eigentliche Funktion der Objekte hinaus, welche zu Sinnbildern einer Tradition werden, die wesentlicher Bestandteil des gesellschaftlichen Lebens ist. Die

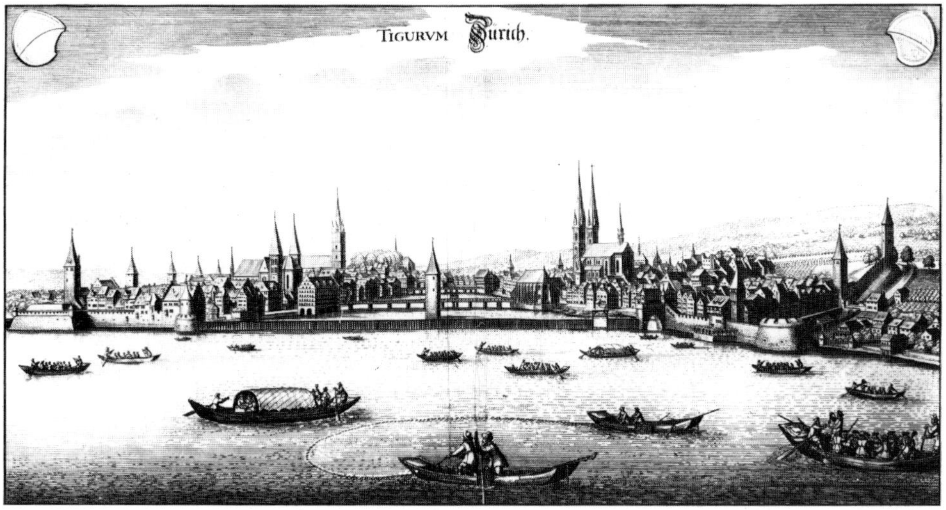

„... Der Giebel des Privathauses sei so beschaffen, daß er in keiner Weise mit der Majestät der Tempel in Konkurrenz tritt ..." (Leon Battista Alberti); Matthäus Merian, Zürich vom See her gesehen, 1642.

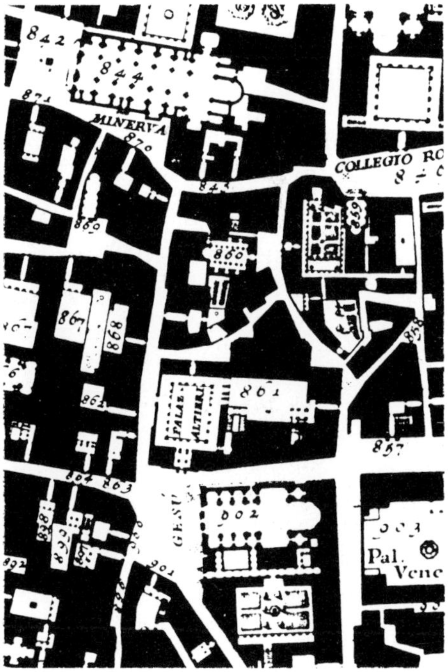

Gewebe, Objekt-Gebäude und Objekt-Fassaden. Giambattista Nollis Plan von Rom, 1748. (Ausschnitt).

Objekt in Richtung Platz, Gewebe entlang des Boulevards.
Mario Botta, Banque de l'Etat de Fribourg, 1977–1981.

Voraussetzungen für ein besonderes Bauwerk, ein Monument, sind erfüllt.

In gewisser Weise sind Schule, Universität, Bahnhof und selbst die Bank im 20. Jahrhundert in ihrer allgemein anerkannten Bedeutung an die Stelle der traditionellen Institutionen getreten. Diese Gebäude werden zum zeitgenössischen Merkmal der Gesellschaft, welcher sie dienen. Die Staatsbank in Fribourg von Mario Botta (Abb.) zeigt eine Unterscheidung von Objekt und Gewebe. Nicht die gesamte Bank wird als Objekt oder Monument behandelt, sondern nur der Eckkörper, der zum Bahnhofsplatz hin orientiert ist, während die Straßenfassaden sich darauf beschränken, als Teile des urbanen Gewebes zu fungieren. Dieses Beispiel spricht von einer neuen Sensibilität für den Ort und die Stadt als Gewebe. Hätte man diese Hauptverwaltung der Bank in den sechziger Jahren errichtet, wäre höchstwahrscheinlich das gesamte Gebäude als Objekt behandelt worden.

Da der Monumentcharakter von Gebäuden an die Idee der Dauerhaftigkeit gebunden ist, ist die Versuchung groß, sich auf konventionelle Kodes der Vergangenheit zu stützen. Dazu sagt Peter Eisenman treffend, daß *„das Monument seit dem 16. Jahrhundert seiner Definition nach eklektisch war ...“*.[82] Dies erklärt die zähe Weigerung der großen öffentlichen Einrichtungen, sich die Sprache der Moderne zu eigen zu machen. Daß der Wettbewerb für den Palast des Völkerbunds 1927 zwar von Le Corbusier gewonnen wurde, der Bau dann aber von Architekten des zähen Eklektizismus realisiert werden sollte, veranschaulicht sehr gut diesen Streit zwischen Konvention und Moderne um die Frage, was dem repräsentativen Gebäude, dem Monument „gemäß“ sei.

Es ist ein Hauptproblem der städtebaulichen Entwicklung des 20. Jahrhunderts, zu einer Vervielfachung der Objekte und einer Vernachlässigung des Gewebes geführt zu haben. Zu zahlreich sind die Gebäude, die sich als „Objekt“ darstellen, in Mißachtung ihrer öffentlichen Rolle oder der hierarchischen Stellung, die ihnen im Wertesystem unserer Gesellschaft zukommt. Die Gründe hierfür mögen vielfach sein: Bauvorschriften, Werbewirksamkeit, professionelle Eitelkeit usw. – aber sie weisen wohl kaum einen Weg in die Zukunft. Die Objekt-Gebäude haben durch Multiplikation ihren Ausnahmewert verloren. Heutzutage verleihen stadtplanerische Vorschriften und Massenproduktionsverfahren Gebäuden von alltäglichem Inhalt und Funktion den Status eines Objekts. Der Gebäudetypus wird nicht dem jeweiligen Standort angepaßt individuell neu konzipiert, sondern gemäß einem „exotischen“ Vorbild genau oder fast genau kopiert. In dieser Hinsicht hat die moderne Architektur zuweilen gesündigt und die Lehre des historisch gewachsenen Stadtgewebes überhört.

Seltsamerweise ist kein analoges Phänomen im Inneren der Gebäude aufgetreten. Im Gegenteil gab es hier eine Entwicklung von der Betrachtung des Objekts hin zur räumlichen

Wuchernde Objekte schließen sich nicht unbedingt zu einem Gewebe zusammen.

Betrachtung. Paradoxerweise hat die Bewegung der Moderne den Gebäuden Objektstatus verliehen, ihren Innenräumen jedoch gewebeartigen Charakter, der räumliche Kontinuität herstellt (Abb.).

Objektstatus nach außen hin, fließendes Gewebe im Inneren: Gerrit Rietveld, Innenansicht des Hauses Schröder, Utrecht, 1924.

Gewebe oder Objekt? Die Frage stellt sich für jeden Architekturentwurf und darf nicht willkürlich beantwortet werden. Betrachtet man jedes neue Gebäude als partiellen Wandel der Stadt, erhält die Entscheidung eine ethische Dimension. Sie betrifft Form, Geschichte und Leben der Stadt und des jeweiligen Standorts.

Meistens ist es verlockender, sich für das Objekt zu entscheiden als für das Gewebe. Letztere Wahl verlangt besonders gründliche Auseinandersetzung mit dem Kontext. Außerdem versuchen oft sowohl der Architekt, der endlich eine Chance erhält, als auch der Bauherr, der vielleicht das einzige Werk seines Lebens in Auftrag gibt, ein außergewöhnliches Schaustück zu liefern. Aber wir können unsere Städte nicht auf der Grundlage einer Ansammlung von *Schaustücken* errichten – das wäre fast so, als wollten wir ein Haus aus den zahlreichen in den Architekturbüros angehäuften Materialproben erbauen. Es gilt also, Standort und Funktion zu berücksichtigen und herauszufinden, ob sie zum Objekt oder Gewebe tendieren; meistens werden sie sich als Gewebe erweisen, denn das Objekt, das potentielle Monument, erhält nur durch seine Seltenheit und seinen Sinn für die Gemeinschaft seinen Wert. Beschäftigt man sich mit einer „Masche" im städtischen Netz, wird die Aufgabe jedoch nicht weniger interessant. Auch hier sind Erfindungsgeist und Schöpferkraft gefragt.

Eine zeitgenössische Masche in einem historischen Netz: Frank Lloyd Wright, Entwurf Masieri Memorial, Venedig, 1953.

Der Architekt muß für seinen Entwurf also die *Mittel* beherrschen, die ihm erlauben, den Gewebe- oder Objektcharakter eines Gebäudes zu verstärken oder abzuschwächen. Die formalen Eigenschaften des Gewebes wurden schon im Kapitel „Ordnung und Unordnung“ erläutert; diejenigen, die zur Erkennung von Objekten beitragen, können wie folgt zusammengefaßt werden:

Das Objekt ist eine Ausnahme, ein Regelbruch, die *Isolation* oder zumindest Abgrenzung einer Figur von einem Grund. Der Grund ist nicht neutral. Er steht in Spannung zum Objekt.

Der zylindrische Tempel ist das Objekt-Gebäude par excellence (Abb. oben). Seine vollkommen konvexe Form, die durch den kreisförmigen Grundriß bedingt ist, bewirkt eine eindeutige Isolation.

Solch ein Effekt der Wahrnehmung eines ganzheitlichen Objekts läßt sich ebenso durch ein symmetrisches Gebäude mit quadratischem oder rechteckigen Grundriß und sogar durch komplexere Gebilde erzielen (Abb. unten). Entscheidend ist eine gewisse, dem Objekt eigene Kontinuität und Regelmäßigkeit und eine Diskontinuität in bezug auf den Kontext.

Das Objekt bedarf einer Verdich-

Der Rundbau, Objekt par excellence: selbst der fragmentarische Zustand läßt keinen Zweifel an seinem Objektcharakter aufkommen. Tholos Tempel in Delphi, 390 v. Chr.

Kompaktes, geschlossenes Objekt: Rudolf Steiner, Goetheanum, Dornach, 1925–1928.

tung, eines Gleichgewichts innerer Spannungen, wie wir sie im Kapitel „Zusammenhalt des Ganzen" diskutiert haben, die es als unauflösliche Einheit erscheinen lassen. Die Kontinuität der Seitenflächen und die Artikulation des Übergangs zu Boden und Himmel verstärken Geschlossenheit und Zusammenhalt des Objekt-Gebäudes. Man steht einem Ganzen gegenüber, nicht einem Fragment.

5.2 Komposition des Objekts: Artikulation und Kontinuität

Gebäude sind umfangreiche Ansammlungen einer Vielzahl von Elementen. Diese sind zu größeren Einheiten zusammengeführt, welche ihrerseits die Bezüge der Teile zum Ganzen modulieren. Da das Gebäude ein zusammengesetztes Gefüge ist, werden durch Betonen oder Verwischen der Fugen zwischen den Elementen sehr verschiedene ästhetische Effekte erzielt. Im Großen und Ganzen unterscheiden wir für das Objekt zwei Kompositionsverfahren: *Artikulation und Kontinuität.*

Bestimmte historische Epochen haben die Artikulation bevorzugt, andere – sehr viel seltener – die Kontinuität. Der gotischen Baukunst ist es wahrscheinlich am besten gelungen, beide Verfahrensweisen zu verbinden. Die Dienste, die zarten Kapitelle und die Rippen der Spitzbogengewölbe gehören zur artikulierten Sprache. Gleichzeitig schwingen sich jedoch die Säulen mit solcher Dynamik empor und verfließen in Rippen und Gewölbe, daß die Gesamtform Vorrang vor der Autonomie der Teile gewinnt.

Auf ganz andere Weise entsteht im Innenraum einer barocken Kirche ein Wechselspiel von Artikulation und Kontinuität. Kurven und Gegenkurven, Pilaster und Wandsäulen, Nischen und Ausbauchungen verfließen nach dem Register der Kontinuität. Nur eine einzige, inhaltlich strategische Bruchstelle wird artikuliert: Die Grenze zwischen den zur Erde gehörigen Wänden und den Decken, Gewölben und Kuppeln, die den Himmel symbolisieren.

Um die beiden Konzepte von Artikulation und Kontinuität zu verdeutlichen, wollen wir einige eindeutige Beispiele vorstellen.

Artikulation

Die Artikulation zwischen Elementen akzentuiert die Autonomie der Teile. Sie betont die verschiedenen konstitutiven Elemente des Gebäudes und ihre besondere Funktion. Die Fugen bilden Akzente, deren Rhythmus, Form und Stärke mit Blick auf das Ganze sorgfältigst geplant werden muß. Konstruktive Gründe sind hier nicht ausreichend, das ästhetische Empfinden muß helfend hinzukommen.

Die Stelle, an welcher zwei oder mehrere Elemente aufeinandertreffen, wird durch einen Leerraum, eine Fuge oder ein anderes, speziell für diesen Zweck entworfenes Element unterstrichen wie zum Beispiel das Kapitell, welches Säule und Architrav voneinander abgrenzt. Man sieht, daß nach dieser Definition ein bloßer „Zusammenprall" zweier Elemente noch nicht als Artikulation angesehen wird. Letztere verlangt die Kenntlichmachung der Begrenzung der Elemente und deren Fuge.

Die *Mittel*, die die Artikulation bewirken, sind verschiedener Natur und können gleichzeitig in Kraft treten: Wechsel des Materials, des architektonischen Elements, der Funktion oder der Bedeutung.

Die Artikulation muß in der Architektur im Gegensatz zur Skulptur auf eines oder mehrere dieser Mittel zurückgreifen: Sie darf keine reine Stilübung sein. Die Artikulation erlaubt, von der Konstruktion, der Funktion und der Beziehung zum Ort zu sprechen. So wird das Gebäude expliziter; es spricht von sich selbst.

Kontinuität

Die Kontinuität oder „Fusion" von Elementen verringert die Autonomie der Teile. Sie verweist auf eine größere Einheit oder das Objekt in seiner Gesamtheit. Die Kontinuität ersetzt die relative Autonomie der Elemente durch ein Fließen der Formen. Die neu entstehenden Formen ziehen hieraus eine sinnliche Kraft gleich der des menschlichen Körpers. Sie appellieren an den Tastsinn. Jede Welle einer kontinuierlichen Linie suggeriert schon die nächste.

Das Objekt scheint nun wie aus einem Guß. Dies gilt zum Beispiel für die großen Stahlbetonplatten. In den meisten Fällen ist die konstruktive Wirklichkeit sehr viel komplexer als es den Anschein hat, beispielsweise in den traditionellen Dörfern der Kykladen. Es handelt sich dann um eine Verkleidung, die die Fugen zwischen den Elementen verringert oder verschwinden läßt und die Kontinuität von Körper, Umriß und Flächen herstellt. Zuweilen grenzt es an ein technisches Kunststück, diese Kontinuität zu erreichen. Das Register der Kontinuität bietet sicherlich die Möglichkeit, die Kohärenz eines Objekts zu verstärken. Die Bildhauer greifen regelmäßig darauf zurück, nutzen aber gleichzeitig die Artikulation für bestimmte strategische Stellen. Das auf diesem Prinzip beruhende zeitgenössische Bauwerk wird nur schwerer akzeptiert. Die angeführten Beispiele sind Ausnahmen. Die Gründe hierfür sind kultureller Art. Da wir uns seit Jahrhunderten an die konstruktive und intellektuelle Logik der aus artikulierten Gebäuden bestehenden Stadt gewöhnt haben, haben wir Mühe, sie uns aus „Tonerde" vorzustellen. Die Gebäude der Kontinuität bleiben Fremdkörper in der Stadt.

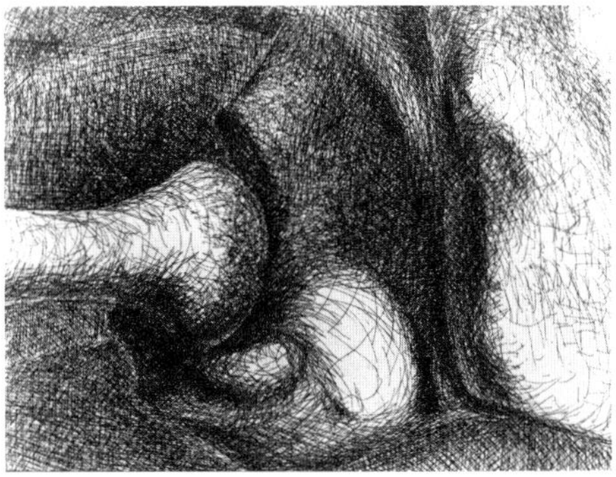

Artikulation: Henry Moore, Elephant Skull, plate 19, 1969.

Artikulation Sockel–Säule–Architrav; vertikale und horizontale Struktur durch Wechsel des konstruktiven Elements. Neptuntempel, Paestum., 5. Jahrhundert v. Chr.
Die klassische Architektur ist von der Antike bis zur Renaissance eine Komposition mittels Artikulation. Ihre typischen Elemente wie „Sockel", „Säule", „Kapitell", „Giebel", „Architrav" sind unmittelbar zu identifizieren.

Artikulation zwischen vertikalen und horizontalen Elementen, Autonomie der Elemente: Linie/Fläche, Rahmen/Füllung. Gerrit Rietveld, Buffet, 1919.
Die De Stijl-Bewegung hat die Integrität der geometrischen Elemente immer erhalten. Es gibt weder „Zusammenprall" noch Verflechtung, da die Geraden und Flächen sich virtuell über ihre Schnittpunkte hinaus verlängern.

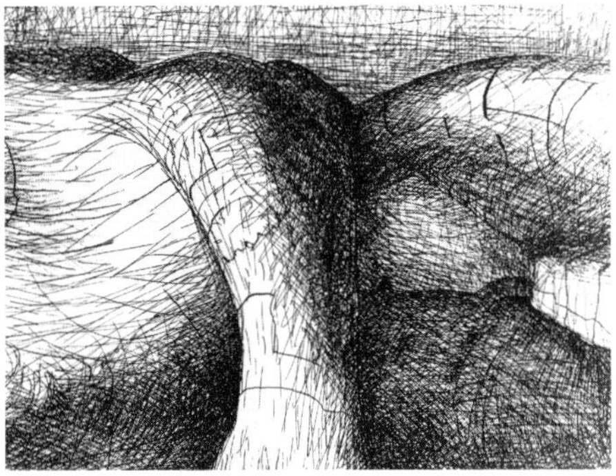

Kontinuität: Henry Moore, Elephant Skull, plate 6, 1970.

Fusion der Elemente: Während die gotische Kunst die Bedeutung der Artikulation zugunsten der Kontinuität nur verringerte, strebte der deutsche Expressionismus zu Anfang des 20. Jahrhunderts nach vollkommenener Kontinuität. Erich Mendelsohn, Einsteinturm, Sternwarte in Potsdam, 1917.

Die konstruktive Ungenauigkeit und das Auftreten einer Fuge beim „Zusammenprall" uneinheitlicher Elemente werden durch eine Mörtelschicht und den gleichmäßigen, weißen Kalkanstrich überspielt. Idra, Griechenland, 1984.

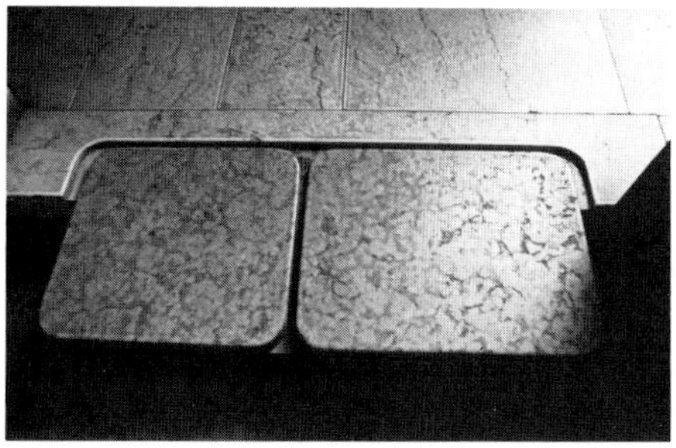

Artikulation einer Schwelle durch Hohlfuge und Materialwechsel: Putz – Beton – Marmor; Wechsel des Elements: Boden – Treppe; Wechsel der Bedeutung: alt – neu. Carlo Scarpa, Museo di Castelvecchio, Verona, 1957–1964. Die besondere Sorgfalt, die hier angewendet wurde, gilt einem engen Durchgang, der den Besucher des Museums zu seinem Ausgangspunkt zurückführt. Er ist eine Art Schlußpunkt des Rundgangs.

Artikulation von Sockel, Fenstern und Dach: Wie bei Carlo Scarpa wird die Artikulation durch einen Materialwechsel erzielt und dazu genutzt, die wichtigsten Elemente des Gebäudes zu unterstreichen. Byzantinische Kirche in Hosios Lukas, Griechenland, 11. Jahrhundert.

Zoomorphische Kontinuität: Der Jugendstil, dessen Kontinuität von pflanzlichen, tierischen oder menschlichen Gestalten inspiriert wird, hat die Fusion der Elemente zum ästhetischen Prinzip erhoben. Eugène Grasset, Variationen zum Thema Sternrochen, 1890. Eine geschwungene Linie, die wir frei Hand zeichnen, wirkt schnell unentschlossen. Die besten Übungen dazu bleiben Akt- und Modellstudien. Die Umrisse des menschlichen Körpers erscheinen nirgends unausgewogen.

Die Bauart der Mauern bringt fließende Formen hervor. Sie sind aus unbehauenen Steinen, deren Zwischenräume mit Mörtel ausgefüllt und mit Mörtel und Kalk verkleidet werden. Es ist, als ob man eine Skulptur aus Tonerde mit der Hand formt. Sifnos, Kykladen, Griechenland.

Kontinuität und Artikulation in einem: der Barock behält die Artikulation den signifikanten Bruchstellen vor, etwa der Begegnung von erdgebundener Wand und Decke, die den Himmel symbolisiert. Sankt Nikolaus in Malá Strana, Prag 1702.

5.3 Das Objekt: Flächen, Kanten, Bezug zu Erde und Himmel

Wir haben gesehen, daß das Objekt-Gebäude geschlossen und von seinem Kontext isoliert ist und daß man um es herumgehen kann. Aufgrund dieser Tatsache spielt die Bearbeitung seiner Flächen, Kanten und seiner Grenzen zu Boden und Luftraum für das Kenntlichmachen seiner Identität eine wesentliche Rolle. Die Begriffe von Artikulation und Kontinuität lassen sich auch hier verwenden. Die vier Arten von Kantengestaltung – Artikulation durch ein besonderes Reliefelement oder durch Aussparung der Ekke, die scharfe Kante, die sich auf eine Linie reduziert, und die abgerundete Kante – finden ihr Äquivalent in Basis und Gesims. Natürlich sind innerhalb der Zeichnungen (Abb. S. 97, 99, 100, 102) Kombinationen möglich. Aus Gründen der Deutlichkeit werden wir jedoch die visuellen Effekte innerhalb einer homogenen Zusammenstellung untersuchen.

In der Dynamik von Anziehung und Abstoßung zwischen einem Objekt und seiner Umgebung ist ein Faktor von kapitaler Bedeutung für den Architekten: Die Schwerkraft und somit der Bezug zum Boden.

Während die Bezüge zwischen Objekten eine große Interpretationsfreiheit zulassen oder sogar vernachlässigt werden können, ist die Begegnung mit der tragenden Erde unausweichlich. Die Objekte befinden sich unter uns, mit uns auf der Erde, fern dem Himmel.

Es gibt jedoch nicht nur einen möglichen Bezug. Ein Gebäude kann den Eindruck erwecken, „aus dem Boden zu wachsen", „sich in den Boden zu senken", „auf dem Boden zu ruhen" oder „über dem Boden zu schweben".

Wie kann man zwischen diesen Ausdrucksmöglichkeiten wählen und sie umsetzen?

Positive Artikulation: Profilierte Kante, Sockel, Gesims

Die betonte oder vorspringende Kante ist ein Indiz, das dieser geometrischen Stelle einen privilegierten Status zuweist. Die Ecksteine zum Beispiel werden häufig besonders hervorgehoben. Sie tragen nicht nur zur konstruktiven Stabilität bei und bilden Anhaltspunkte, sondern betonen auch sowohl das Ende einer Seitenfläche wie den Beginn einer neuen: *Die Ecksteine gehören zwei Flächen an.* Sie lassen Stärke und Stabilität der Wand erahnen und geben den Flächen einen seitlichen Rahmen. Dieses klassische Mittel wurde zu allen Zeiten der Mauerwerkskonstruktion für Objekt-Gebäude verwendet, manchmal in Form von Eckpilastern oder besonders sorgfältig behauenen Ecksteinen und manchmal in Form eines einfachen, gemalten Dekors auf dem Putz. In all diesen Fällen wird die Wichtigkeit der Kante gewürdigt.

Die Artikulation des Übergangs zum tragenden Boden mittels eines Sockels ist ein zweites klassisches Prinzip. Es markiert das Zusammentreffen einer geometrischen Konstruktion mit der unregelmäßigen und in gewisser Weise geheimnisvollen Erde. Ein sehr stabiles Zwischenelement bildet das *Fundament* für das Gebäude. Das Gebäude verwurzelt sich an einem festen Ort; man kann es nicht mehr „verrücken" wie ein Glas auf dem Tisch. Aus diesem Grund ist der Sockel des Parthenon eher dem tragenden Boden als dem Gebäude zuzurechnen. Auf der anderen Seite muß er das Gebäude aufnehmen und vorbereiten. Der Sockel steht immer in einem doppelten Abhängigkeitsverhältnis: Sein Bezug zum Objekt, das er tragen soll, ist spezifisch und muß präzise angelegt sein, seine Begegnung mit dem Boden ist unausweichlich und allgemeinerer Natur. In der klassischen Architektur kann der gleiche Sockel in mehreren ähnlichen Situationen verwendet werden.

Die Wichtigkeit des Sockels als Zwischenelement ist von den Bildhauern besonders klar erkannt worden. Brancusi ist vielleicht der Künstler des 20. Jahrhunderts, der dem Entwurf des Sockels die größte Sorgfalt beigemessen hat. Häufig macht er ihn zu einer

Positive Artikulation: das Relief.

Im Innenraum bedient sich die barocke Kirche sowohl der Artikulation als auch der Kontinuität. Äußerlich verwendet sie positive Artikulation: Sockel, gegliedertes Gurtgesims, profilierte Kanten, Dachabschluß. Kirche in Noto, Sizilien.

Gegenseitige Ergänzung von Sockel und Objekt. Constantin Brancusi, Der Fisch, 1922.

Eklektischer Sockel. Kirche am Steinhof in Wien, Otto Wagner, 1903–1907.

Waagrechter Sockel: ein einfaches Band aus Kies, das von einer Reihe Steine eingefaßt wird, an einer Stelle, wo das Gras sowieso kaum wachsen würde.

Art Antithese der Skulptur (Abb.). Für ihn gehört der Sockel entschieden zum Kunstwerk.

Eine zweite Methode besteht darin, die Funktion des Sockels oder vielmehr der *Basis* in das Gebäude zu integrieren und das gesamte Erdgeschoß oder das Fundament in die Artikulation zum Boden hin miteinzubeziehen. Bei der Kirche am Steinhof (Abb.) greift Otto Wagner ein seit der Renaissance geläufiges Thema auf, indem er den Übergang von unbearbeiteter Erde zu einem höchst kunstvollen Gebäude durch einen Rustikasokkel in zwei Stufen kenntlich macht, der an die Rauheit von Fels und Erde erinnert. Wird das gesamte Erdgeschoß so behandelt, wie etwa beim Palazzo Rucellai von Alberti, so liegen die repräsentativeren Räume in der ersten Etage, da der Sockel nicht als angemessener Platz für sie empfunden wird. Otto Wagner durchbricht diese Regel, da er mit seinem Sockel die Ebene des piano nobile überschreitet.

Die gewählten Beispiele könnten zu der irrtümlichen Schlußfolgerung verleiten, Sockel oder Basis seien notwendigerweise gewaltige Elemente. Dies ist nicht der Fall; handelt es sich um ein einfaches Gebäude, kann das Erkennungszeichen für die Grenze zur Erde ein bescheidenes Profil oder selbst ein differenziert gestalteter Bodenstreifen sein (Abb.).

Der Dachabschluß mit der Traufe muß die heikle Aufgabe des Schutzes von Fassaden und Öffnungen vor ablaufendem Regenwasser bewältigen. Er gehört im allgemeinen zum Gebäude und nicht zum Himmel und vermeidet die visuelle Doppeldeutigkeit einer virtuellen Verlängerung ins Senkrechte. Je nach Wichtigkeit des Gebäudes kann dieser obere Abschluß das gesamte letzte Stockwerk miteinbeziehen. Es gibt Ausnahmefälle, in denen sich das Gebäude aus symbolischen Gründen absichtlich scheinbar ins Unendliche des Himmels erstreckt. Die geschraubte Turmspitze von Sant' Ivo della Sapienzia von Borromini ist dafür ein Beispiel (Abb. S. 57).

Palladio hat in der berühmten Dreiteilung seiner Villen die Grenze zum Boden und den oberem Abschluß berücksichtigt: Der Sockel mit dem Wirtschaftsbereich, das Hauptstockwerk mit den Repräsentationsräumen und das Obergeschoß mit den Schlafzimmern; Form und Funktion vereinen sich zu einem kohärenten Architekturkonzept.

Negative Artikulation: die Hohlfuge

Negative Artikulation: der Hohlraum.

Negative Artikulation: unabhängige Seitenflächen. Louis I. Kahn, Philip Exeter Library, New Hampshire, 1967–1972.

Die Aussparung der Ecke ist eine Methode, welche die Seitenflächen klar voneinander abgrenzt und sie vorspringen läßt. Sie gewinnen dadurch an Eigenständigkeit. Die ausgesparte Ecke ist ein Indiz, das die Stärke oder nutzbare Tiefe der Fassade erahnen läßt (Abb.).

Schon in der Renaissance wird zuweilen die Ecke nach innen gekehrt, wenn zwei Pilaster aneinanderstoßen, die Ecke jedoch nicht ausfüllen. Jeder Pilaster gehört nur zu einer Fassade, die Funktion des abschließenden Pilasters ist allerdings wichtiger als die der negativen Ecke. Tatsächlich kann die Artikulation der Ecke durch ihr „Fehlen“ als Erfindung des 20. Jahrhun-

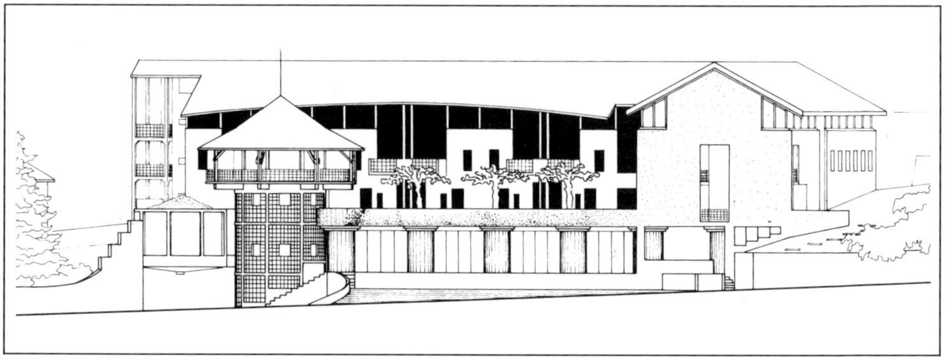

Die negative Artikulation präzisiert hier den Bezug des Gebäudes zu Dach und Himmel. Pierre von Meiss, Wettbewerb, 1982.

Negative Artikulation: Hohlfuge, Pfeiler und entleertes Dachgeschoß. Casa Frigerio in Como, Giuseppe Terragni, 1939/1940.

derts betrachtet werden. Dies steht wahrscheinlich mit zwei Phänomenen in Zusammenhang. Zum einen hat die Fassade als nicht mehr tragendes Element an Materialstärke verloren, ihre scheinbare Stärke wird eine Frage der freien Entscheidung: Mies van der Rohe läßt die Konstruktion expressiv werden, während Kahn sie der Intention des Gebäudes unterwirft. Zweitens hat das Interesse der modernen Kunst an der Plastik das Prinzip der *Desartikulation* der Kante eingeführt, zugunsten einer virtuellen Verlängerung der Fassaden über ihre tatsächlichen Grenzen hinaus und der gegenseitigen Durchdringung von Flächen und umgebendem Raum. Die Casa Frigerio von Giuseppe Terragni in Como ist zweifellos eines der brillantesten Beispiele dieser Art der Artikulation von Kante und Traufe: teilweise zurückgesetzte Wände, leicht vorspringende Balkone an der anderen Fassade und Loggia mit Wetterdach als oberem Abschluß (Abb. S. 99).[83] Ein weiteres Beispiel ist das der Villa Stein in Garches, das von Colin Rowe und Robert Slutzki in „Transparenz“[84] meisterhaft analysiert wird.

Nicht nur die negative Artikulation oder Desartikulation der Kante ist dem 20. Jahrhundert eigen: die Konstruktion mit Pilotis wird von Le Corbusier in den fünf Punkten zur modernen Architektur ausdrücklich als Errungenschaft genannt. Der Sockel wird durch einen Leerraum ersetzt. Zuweilen wird dieser Leerraum seinerseits wiederum auf einen Sockel „gestellt“ wie bei Mies van der Rohe. Das Gebäude schwebt über dem Boden und löst sich klar von ihm ab. Leerraum und Pfeiler spielen eine Mittlerrolle.

Die negative Artikulation zwischen Wand und Dach wird seit Jahrhunderten zum Beispiel in Norditalien praktiziert. Das Aufeinandertreffen zweier Konstruktionssysteme, der Wand aus Stein und des Dachgebälks aus Holz, erlaubt die Nutzung des Dachbereichs (Trocknung von Lebensmitteln und Wäsche, belüfteter Dachspeicher, Zimmer) (Abb. S. 99).

Die scharfe Kante

Die Ablehnung von klassischen Konventionen wie profilierte Kante, Sokkel, Gesims und Ornament überhaupt durch die Bewegung der Moderne hat zu einer Reduktion der Körper auf ihre einfachsten Formen geführt. Kante und Dachabschluß werden auf die abstrakte Linie zweier aufeinandertreffender Flächen oder das schlanke Profil einer Stahlrippe reduziert. Auch bei manchen Villen Palladios, die nicht von einem Giebel gekrönt sind, welcher die gesamte Breite des Hauses einnimmt, fällt das Fehlen eines Kantenelements auf, aber dennoch wird die Kante durch die Anordnung der Fenster und den Vorsprung des Sokkels betont. Mies van der Rohe ist ein Meister der Artikulation von Kanten schlanker Fassaden, aber in ihrer Feinheit wirken sie stärker aus der Nähe als aus der Ferne. Im 20. Jahrhundert wird die äußerliche Einfachheit der Körper nicht nur zur ästhetischen Qualität erhoben, sie hat ebenso konstruktive Ursachen in neuen Verfahren des Verputzens oder dem Prinzip des Skelettbaus, das die tragende Funktion der Außenwand umgeht. In dem Moment, wo die Fassade nur noch eine Hülle ist – die Vorhangwand zum Beispiel –, erfordern Kante und

Scharfe Kante: die Linie.

Die scharfe Kante, die klare Linie zwischen Boden, Wänden und Dach. Giuseppe Terragni, Foyer Kindergarten Asilo Sant'Elia, Como, 1935–37.

Traufe nicht mehr die gleiche Solidität wie früher. Wegen der heutigen thermischen Ansprüche „ummantelt" man so gut wie alle Fassaden, ob nun tragend oder nicht, ob aus neuen oder herkömmlichen Materialien gefertigt. Diese Bauweise wird die Erscheinung der zukünftigen Gebäude beeinflussen; die „Verpackung" tendiert zur scharfen Kante oder zur Kontinuität, die Artikulation wird zum Luxus oder zum Spiel ohne konstruktive Begründung.

Die scharfe Kante an der Grenze zwischen Wand und Boden erweckt den Eindruck, das Gebäude „wachse" aus dem Boden oder „senke" sich in ihn (Abb.). Dieses Eindringen in die Erde kann thematisiert werden, vor allem wenn die sichtbaren Elemente weitere versteckte suggerieren wie bei der Skulptur des Riesen von Pierino Selmoni (Abb.). In den Straßen von Amsterdam oder Delft dagegen verbindet der als einheitliches Material verwendete Backstein Straßen und Fassaden. Dadurch hat man den Eindruck, daß der Boden sich „aufwirft", um zur Mauer zu werden, während die Gebäude sich nicht unter die Erde zu verlängern scheinen. Es gibt dort tatsächlich keine Untergeschosse.

Die Kapelle wächst aus der Erde hervor: Le Corbusier, Kloster La Tourette, 1957.

Die sichtbaren Teile scheinen die unsichtbaren eindeutig zu bestimmen: Skulptur des „Riesen" von Pierino Selmoni vor der Schule Morbio Inferiore von Mario Botta, 1979.

des inneren Halbkreises, sondern sehr viel schmaler (Abb.). Die Seitenkapelle im Kloster La Tourette ist ein Beispiel für die Massivität eines Objekt-Gebäudes. Das Fehlen von Kanten verleiht ihr letztendlich ein größeres „optisches Gewicht" als der Kirche. Dieser Eindruck von Masse wird noch durch die Neigung der Wände zueinander verstärkt, die ein Gefühl von äußerster Stabilität und tiefer Verwurzelung im Boden vermittelt. Der Körper dieses kleinen Gebäudes erhält so das Gewicht eines Felsens, der aus der Erde hervorragt (Abb.S. 101).

Das Thema der Kontinuität von tragendem Boden und Objekt findet sich bei vielen mittelalterlichen Burgen und Schlössern. Das an den Fels geschmiegte Bauwerk präsentiert sich hier als kristalliner Auswuchs des Gesteins.

Da wir später nicht mehr auf die Frage der Massivität oder Leichtigkeit von Gebäuden zurückkommen werden, schieben wir hier eine Parenthese ein. Die Gestaltung von Kanten und Öffnungen (Türen, Fenstern usw.) ist ein wertvolles Mittel, um den Eindruck von Massivität zu vermitteln. Ähneln sie tiefen Nischen, wird die Massivität akzentuiert, schließt dagegen ein Fenster flach mit der Wand ab, überwiegt der Oberflächencharakter den Eindruck der Tiefe (Abb. S. 195). Die relative Größe der Öffnungen ist ebenso bestimmend für die Charakterisierung der Masse. In den gotischen Kathedralen sind sie verhältnismäßig groß, und die Konstruktion wird zum Skelett. Relativ kleine Öffnungen akzentuieren dagegen die Massivität.

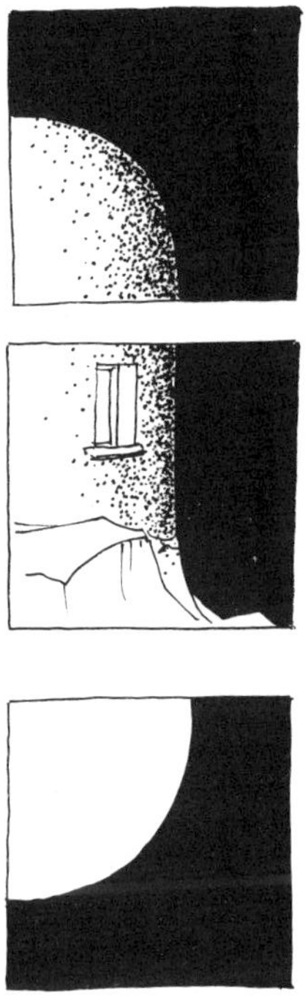

Fusion der Flächen.

Die graduelle Biegung einer Wand im Grundriß oder im Schnitt bewirkt die Fusion der Flächen des Objekts. Die Kugel ist hierfür das augenscheinlichste Bild. Eine stumpfe oder abgerundete Kante, sprich die Kontinuität der Außenhülle ohne Wechsel in der Textur der Flächen, ohne Artikulation oder Bruch, ruft einen Eindruck von „Massivität"[85] hervor. Das Licht modelliert solche Objekte durch einen gleichmäßig anwachsenden Schatten, der die geschlossene Form akzentuiert. Man kann dieses Phänomen leicht verstehen, wenn man den Chor der Abtei von Vézelay als Beispiel heranzieht. Die mächtigen Pfeiler mit ihren Diensten, die sich durch ihr vielfaches Licht- und Schattenspiel artikulieren, erscheinen nicht massiver als die viel schlankeren runden Säulen

Zwei Gewichte, zwei Maße: Pfeiler mit Diensten und Säulen. Chorrundgang der Abtei von Vézelay.

Erstes Zwischenspiel
Vom Objekt zum Raum

Die Öffnung definiert den Raum
Leon Battista Alberti,
Sant' Andrea, Mantua

Räumlichkeit des Objekts

Um über die Räumlichkeit von Objekten zu sprechen, werde ich mich des Bildes von *Strahlen* bedienen. Eine vereinzelte Skulptur oder ein freistehendes Gebäude erzeugen eine Strahlung, die um sie herum ein mehr oder weniger fest umrissenes Feld definiert. In den Einflußbereich eines Gebäudes einzudringen, ist der Beginn einer räumlichen Erfahrung. Die Reichweite der Strahlung hängt zum einen von Art und Größe des Objekts, zum anderen vom Kontext ab.

Von einem Obelisken aus pflanzen sich konzentrische Kreise fort, über deren beträchtlichen Raum er „Besitz ergreift". Man errichtet ihn also inmitten eines Platzes, aber welche Ausmaße sollte dieser Platz besitzen? Es wäre gut, wenn der Obelisk, falls er stürzte, nicht die umstehenden Gebäude beschädigte; der Radius des Platzes sollte also mindestens der Höhe des Obelisken entsprechen.

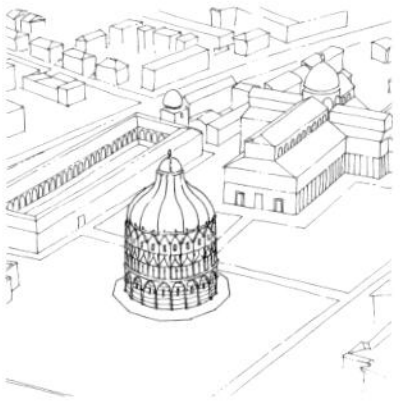

Das isolierte und strahlende Objekt: Taufkapelle von Pisa.

Ein zylindrisches Gebäude erzeugt ähnliche konzentrische Wellenkreise. Die Taufkapelle von Pisa läßt keine Berührung mit einem anderen Gebäude zu (Abb.). Der Tempietto von Bramante ist im Hof von San Pietro in Montori eingeschlossen wie ein Ring in einer Schatulle, aber er berührt nicht dessen Mauern (Abb.). So ist es auch riskant, eine Rundtreppe an die Wand eines Raums zu „zwängen" oder ein Amphitheater an andere Bauwerke anzubinden. Sie verlangen Abstand; er kann sehr gering sein und eine beabsichtigte Spannung zwischen den Elementen schaffen, es kann aber nicht auf ihn verzichtet werden.

Ein punktuelles und in sich ruhendes Objekt, das mehrere gleichrangige Symmetrieachsen besitzt (beispielsweise Quadrat, Achteck, Kreis), sendet gleich starke „räumliche Strahlungen" nach verschiedenen Richtungen aus – etwa so wie ein Leuchtturm. Es sind aber eher Ausnahmefälle, in denen Standort oder Funktion eines Gebäudes solch gleichmäßige Strahlung rechtfertigen wie bei einem Tempel oder einer einzelnen Villa in dominierender Lage. Zumeist fordert die Asymmetrie von städtischen und ländlichen Standorten eine Nuancierung des räumlichen Effekts. Die rechten und linken Seitenfassaden sind häufig gleichgeartet, aber Vorderfront (zum Beispiel zur Straße hin) und Rückfront (zum Beispiel zum Hof hin) haben im Vergleich zu den übrigen Flächen erheblich größeren Raumbedarf. Deshalb muß man die elementaren geometrischen Figuren jedoch keinesfalls aus dem architektonischen Wortschatz verbannen, denn wir haben die Möglichkeit, durch Hinzufü-

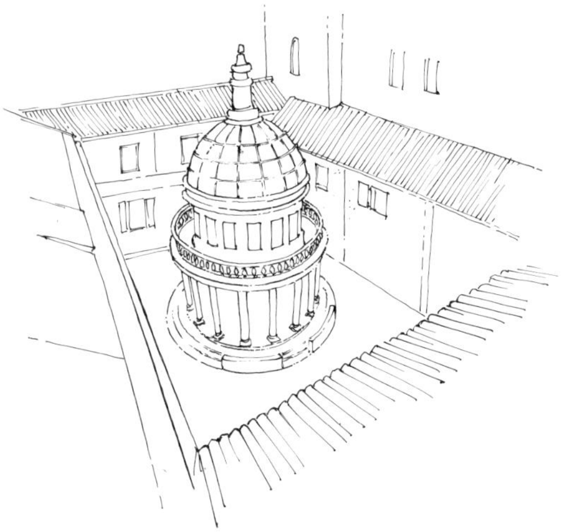

Das Objekt in seiner Schatulle: gefangene Strahlung. Tempietto von San Pietro in Montorio, Rom, 1502, Donato Bramante.

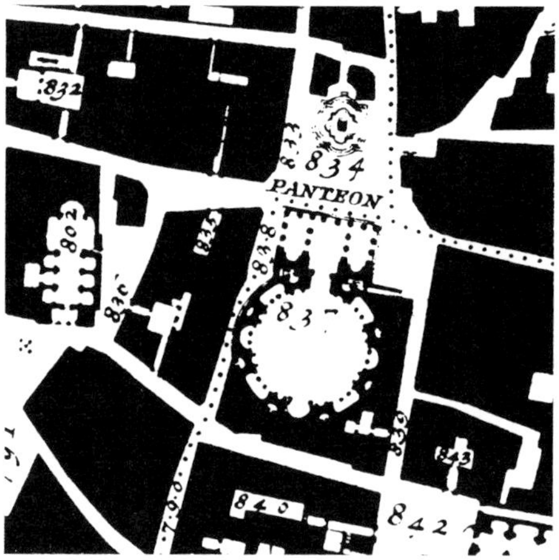

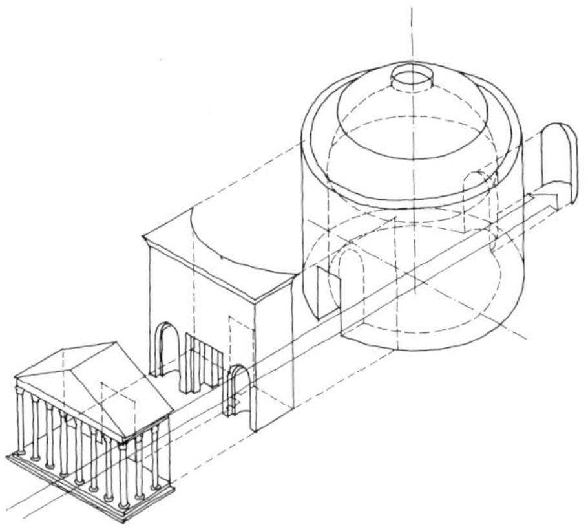

Von der radialen zur frontalen Strahlung: Das im 2. Jahrhundert unter Hadrian errichtete Pantheon in Rom ist ein typischer Rund- und Kuppelbau. Dieser verkleinerte Kosmos bedarf eines kolossalen Portikus, um seiner allgöttlichen Strenge entrissen zu werden und sich an die Stadt, den Platz und die Menschen rückzubinden.

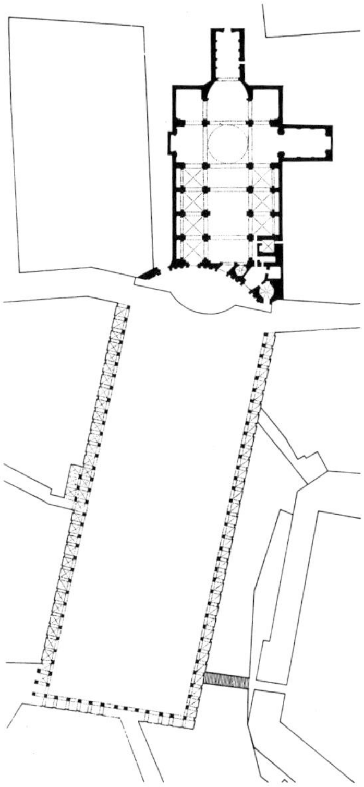

Als die Sforza das Schloß von Vigevano zur Sommerresidenz erkoren, schnitt man ihnen ins mittelalterliche Stadtgewebe ein Vorzimmer, das auf drei Seiten von Kolonnaden umschlossen wurde, während die vierte für die Auffahrt von Ehrengästen des Schlosses freiblieb (1492–1494). Fast zwei Jahrhunderte später (1676–1684) beschloß man, die Sankt-Ambrosius-Kathedrale an dieser vierten Seite zu errichten. Da die Parzelle sich geometrisch ungünstig zum Platz verhielt, gestalteten die Architekten die Fassade autonom und zugunsten des Stadtbilds. Ihre frontale Strahlung reicht über die Weite des gesamten Platzes. Um dies zu erreichen, ließ man die Fassade sogar auf ein Nachbargebäude übergreifen.

gungen und Veränderungen hierarchisierend auf die Grundform einzuwirken. Wir können dies am Beispiel des mit Zylinder und Halbkugel arbeitenden Pantheon in Rom beobachten (Abb. S. 104).

In unseren Städten sind die Grundstücke zumeist rechteckig, und wir lassen der schmalen, nach vorne zeigenden Seite eine besondere Rolle zukommen, um durch ihre Strahlung den öffentlichen Raum zu gestalten. Sie hat eine unterschwellige anthropomorphe Bedeutung: Stirnseite, Antlitz, menschliches Gesicht – das Gesicht des Gebäudes, die Frontalität. Einige Architekten der Renaissance und des italienischen Barock haben besonders deutlich erkannt, daß diese als „Gesicht“ des Gebäudes betrachtete Fassade eine intensive und gerichtete Strahlung zu erzeugen vermag, und haben dies zu nutzen verstanden. In Vigevano zum Beispiel haben barocke Architekten die letzte offene Seite der Piazza Ducale durch eine Kathedrale vervollständigt, deren Fassade den Bezug zum Innenraum vernachlässigt, um den städtischen Raum besser zu gestalten. Sie scheuten sich nicht, die Fassade zu diesem Zweck über den eigentlichen Baukörper der Kirche hinauswachsen zu lassen (Abb.).

Die „Strahlung“ eines Monuments, eines Gebäudes oder eines Fassaden-Objekts ist nur undeutlich definiert. Zuweilen *suggeriert der Architekt daher die Ausbreitung* der Strahlung, indem er ihr eine Form und konkrete Grenzen verleiht. So *materialisiert* die Pflasterzeichnung des Kapitolsplatzes in Rom die Strahlung der im Mittelpunkt stehenden Statue (Abb. S. 106). In gleicher Weise markieren die Mäuerchen und Balustraden des Parks eines Renaissancepalastes die Grenzen des von der Fassade beherrschten Geländes (Abb. S. 106). Allein das Vorhandensein einer solch künstlichen, vom Architekten festgelegten Begrenzung verstärkt den Zusammenhalt der Komposition. Die Strahlung der Fassade staffelt sich in Etappen, ohne sich im Unendlichen zu verlieren; sie ist in einem begrenzten Raum aufgefangen und konzentriert. Das Objekt ist also nicht nur ein „Sender“ von Strahlung,

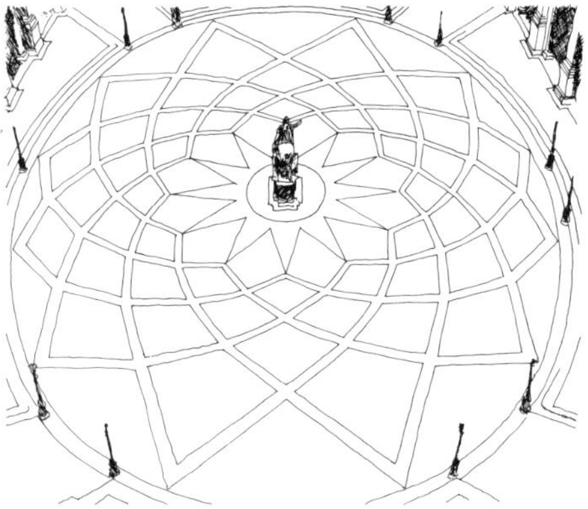

Die sichtbar gemachte räumliche Strahlung: Textur des Pflasters um die Reiterstatue des Mark Aurel auf dem Kapitolsplatz in Rom.

Mäuerchen und Statuen fangen die räumliche Strahlung auf und staffeln sie in Etappen.

Das vom Raum durchdrungene Objekt. Henry Moore, Sheep Piece.

sondern ebenso ein *Mittler* zwischen dem Betrachter und dem umgebenden Raum.

Ein Objekt erreicht ein Höchstmaß an Räumlichkeit, wenn es durchbrochen ist, einen Durchlaß freigibt und so den Betrachter mit weiteren, dahinterliegenden Elementen der Umgebung verbindet. Die Skulptur von Henry Moore illustriert dies (Abb. S. 106).

Beziehungen zwischen Objekten

Objekte sind selten isoliert; sie treten in Begleitung von weiteren Körpern oder Grenzen auf. Der Raum entsteht aus den Bezügen zwischen diesen Elementen.

Greifen wir das Bild der „Strahlung" auf. Geometrie und Gefüge jedes Objekts geben dieser Strahlung eine *Richtung* und eine *Reichweite*. Die Richtung ist an der Geometrie des Baukörpers und der Gestaltung seiner Fassaden ablesbar. Die Reichweite läßt sich nicht genau fassen. Sind mehrere Objekte gruppiert, überlagern sich die Strahlungsfelder. Durch diese Überlagerung entsteht ein neues Feld, das ungeordnet und konfliktreich sein oder aber wiederum eine erkennbare Figur ergeben kann. Die Reihe von Skizzen (Abb. unten) veranschaulicht, wie man verschiedene Körper so anordnen kann, daß ihre Summe mehr als eine einfache Addition ist, und wie man ihnen zu einer Einheit verhelfen kann, wenn sie verstreut liegen.

Die räumliche Wechselbeziehung von Objekten, die ich mit dieser Reihe einfacher Skizzen aufzuzeigen versucht habe, findet sich überall in der Wirklichkeit. Die Stadtarchitektur liefert uns hierfür vorbildliche Beispiele, von denen manche subtil und ausgeklügelt sind, andere großartig und erhaben wie der Markusplatz in Venedig und wieder andere eher schlicht.

Untersuchen wir das Beispiel des Markusplatzes (Abb. S. 108). Historisch betrachtet geht er nicht auf eine geschlossene Konzeption zurück. Das hat allerdings wenig Bedeutung, von Interesse ist hier nur seine heutige Gestalt. Die Anlage des Platzes ist eine besonders schwierige, die nur in seltenen Fällen gelingt. Seine L-Form hat nämlich den Nachteil, daß dem Betrachter, auf welchem Schenkel er sich auch befindet, immer ein Teil versteckt bleibt. Darüber hinaus öffnet sich ein Schenkel zur Lagune hin, was auf den ersten Blick seine Definition schwächt. Zwei Gebäude-Objekte sind die Grundlage für die Form des Platzes: die Markuskirche und der Dogenpalast. Die anderen Seiten sind durch den „Saum" eines Gewebes festgelegt, das den Platz als besonderes Ereignis anerkennt. Seine gelungene Lösung findet der L-förmige Platz dadurch, daß drei zusätzliche Objekte eingefügt sind – der Kampanile und die zwei freistehenden Säulen – und die Kirche vorspringt. Der Kampanile ist im inneren Knick des L errichtet. Er *artikuliert* die beiden Richtungen, da er jedem Schenkel eine relative Autonomie verleiht und gleichzeitig den Übergang zum anderen ankündigt. Von Westen her gesehen, verdeckt er den Dogenpalast und läßt Kontinuität vermuten. Er verdeutlicht

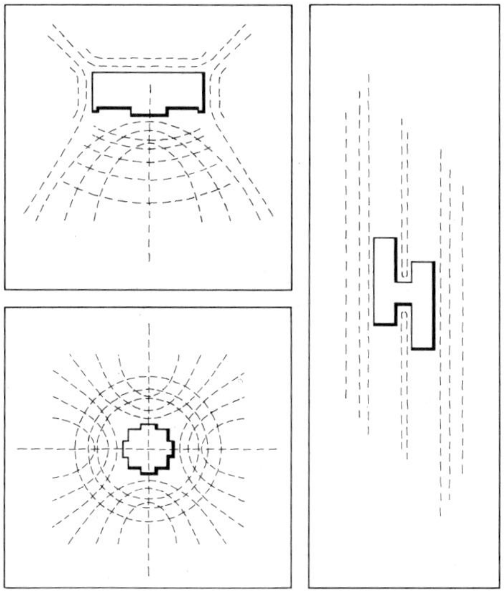

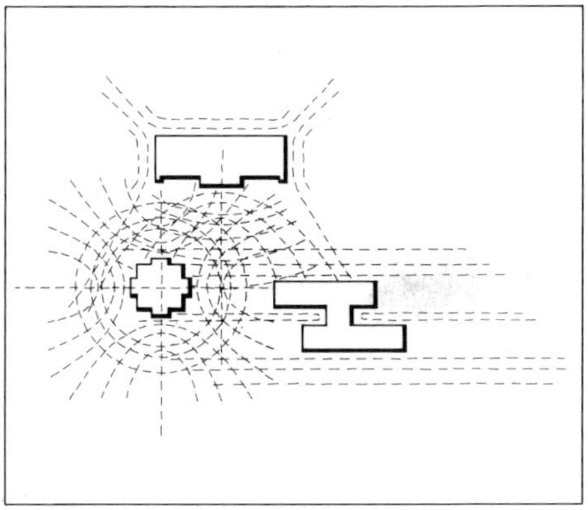

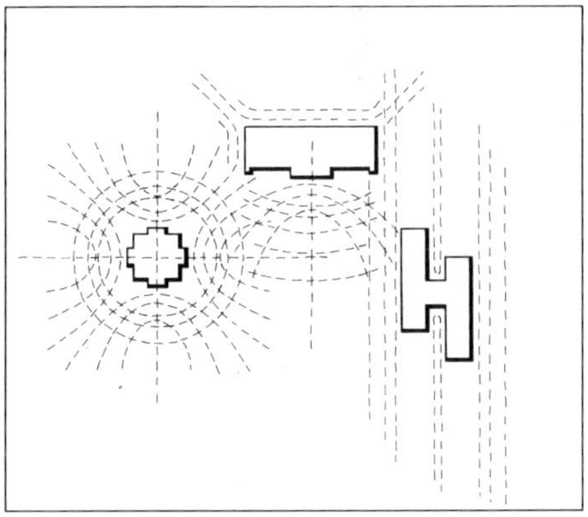

Räumliche Strahlung von drei Gebäuden, abhängig von ihren geometrischen Merkmalen. Bei der ersten Anordnung, die die drei Körper kombiniert, kommt es zu Konflikten der Felder. Bei der zweiten sind die Felder koordiniert und tragen zur Bildung eines genau definierten und kohärenten Raums bei.

Markusplatz in Venedig.

Artikulation des Platzes, Blick von der Lagune.

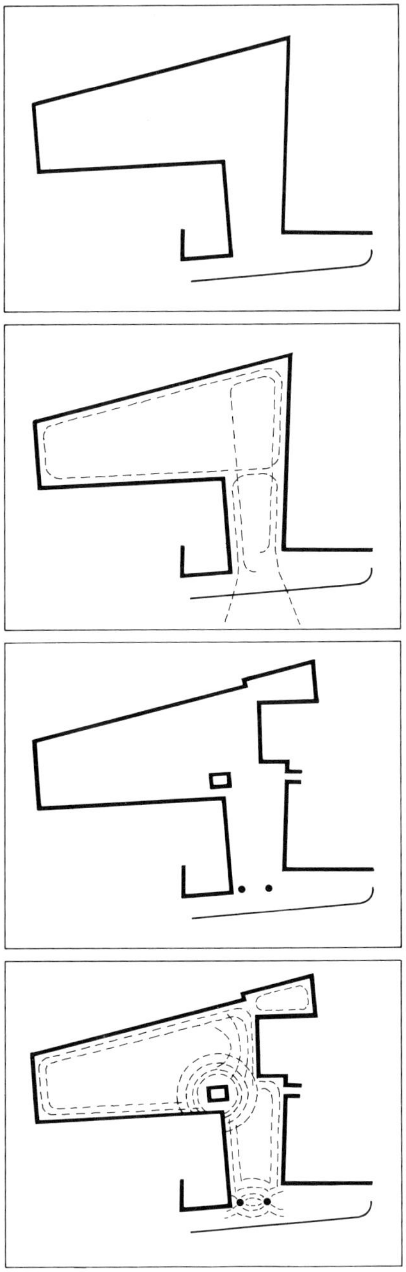

Der Raum dieses unregelmäßigen Platzes wird durch den Kampanile, die Markuskirche mit ihrem kleinen Nebenplatz und die zwei freistehenden Säulen auf der Lagunenseite meisterhaft gegliedert.

die Schnittfläche zwischen den beiden Schenkeln, indem er sie klarer dem Vorplatz der Kirche zuordnet. Die Funktion der beiden Säulen als virtueller Abschluß und Portal des Platzes vor Öffnung des Kais zur Lagune hin ist wesentlich. Dank dieser drei Elemente findet der Platz seine Lösung oder jedenfalls fast. Es bleibt das Problem des äußeren Knicks des L, der zwangsläufig eine große Bedeutung erhält, die man auf die eine oder andere Weise berücksichtigen muß. Dadurch, daß die Markuskirche vorspringt und vom Hals des L losgelöst ist, was Raum für den kleinen Vorplatz im Norden freigibt, vollendet sich – mittels negativer Artikulation – diese Ecke.

Wenn wir nun auf die „Strahlung" zurückkommen, können wir sehen, daß jene der Kirche als Hauptgebäude einen langgestreckten Platz beherrscht. Der Dogenpalast, der auf den vergleichsweise schmalen Schenkel des Platzes zeigt, weist eine sehr glatte Fassade auf, die eine dichte aber kurze und eher parallel als senkrecht zum Gebäude gerichtete Strahlung erzeugt. Es ist entscheidend, daß die freistehenden Säulen ein Paar bilden. Gäbe es nur eine, würde sie konzentrische Kreise ausstrahlen, so aber verbinden sich die Effekte beider und lassen im Zwischenraum ein starkes Kraftfeld entstehen. Der Kampanile, vertikal und isoliert, erzeugt eher eine Strahlung konzentrischer Kreise, was seiner Funktion als *Angelpunkt* entspricht. Eine zweite Lesart der Untergliederung dieses Platzes ergäbe sich aus einer Betrachtung der Teilräume, die durch Kanten, Vorsprünge und Aussparungen angedeutet werden. Es gibt nur wenige Plätze, die so komplex und dabei so ausgewogen sind und wo jedes Objekt und jede Begrenzung so sicher den angemessenen Ort findet.

Der Architekt kann die Empfindung steuern, die ein Rundgang hervorrufen wird, indem er die Strahlung erzeugenden Objekte und die Strahlung auffangenden Begrenzungen korrekt anordnet. Wenn er die „Wege durch die Leere" und die signifikanten Objekte miteinander in Bezug setzt, kann er die Strahlung bündeln und eine Folge von Schwerpunkten setzen, die sowohl die Langeweile als auch die Verwirrung ausschließen. Anhand einer Analyse des Pavillons von Mies van der Rohe in Barcelona (Abb.) legt Arnheim dar, wie ein Objekt die Erfahrung eines komplexen und dynamischen Raums beeinflußt: *„Dieser Akt in Lebensgröße, als einzige organische Form in einem Raum aus lauter rechtwinkligen Platten besonders auffallend, stand in einer Ecke, die andernfalls der Aufmerksamkeit der Besucher entgangen wäre. Die Statue stand auf einer Terrasse in einem kleinen Bassin, das durch eine gläserne Trennwand vom großen Innenraum aus zu sehen war, und hinter der Statue verliefen niedere Mauern. Das Bassin mit der Skulptur war durch einen schmalen Gang zu erreichen, der sinnlos in eine leere Ecke geführt hätte, wenn dort nicht die Statue die Blicke auf sich gelenkt hätte. Mit diesem besonderen Akzent für die entlegene Ecke des Gebäudes betonte der Architekt den streng rechtwinkligen Charakter des Raumes …*

Wie dieses Beispiel zeigt, bestimmt nicht nur die Umgebung den Platz, den das Objekt einnimmt, sondern umgekehrt beeinflußt das Objekt auch die Struktur der Umgebung." [86]

Die geometrische Grundform des Pavillons ist ein Rechteck, also eine ureigentlich symmetrische Figur. Mies gelingt es, die Grundfigur durch mehrere verschobene und sich überlagernde Rechtecke zu hintertreiben, die eine Dynamik räumlicher Spannungen und Verdichtungen entstehen lassen. Die faszinierende Mehrdeutigkeit wird durch die Asymmetrie und Exzentrizität des am stärksten strahlenden Objekts gesteigert.

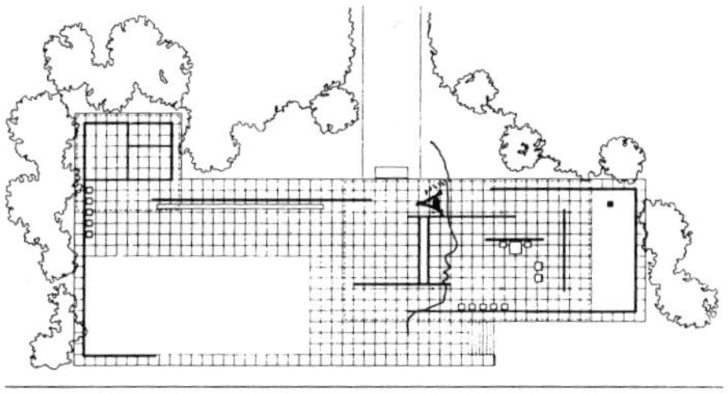

Ein einzelnes Objekt artikuliert die Gesamtheit eines fließenden Raums. Mies van der Rohe, Pavillon für die Weltausstellung in Barcelona (1929) mit der Aktstatue von Georg Kolbe.

6 Der Raum

Erfindung eines neuartigen Fensterraums
Giuseppe Terragni, Asilo Sant' Elia, Como

Aristoteles definierte den Raum als Gefäß von Dingen, als eine Art Schachtelung von immer größeren Hüllen – man stelle sich die russischen Puppen vor –, die vom Kleinsten bis hin zu „des Himmels innerer Grenze" reicht. Der Raum ist also notwendig ein Hohlraum, der von außen begrenzt und innen angefüllt ist. Es gibt keinen leeren Raum; alles hat seinen Platz, seinen Ort, seine Stelle.[87]

Tatsächlich ist für den Architekten der Raum oder Zwischenraum zwischen Boden, Wänden und Decke keinesfalls das Nichts. Im Gegenteil liegt der eigentliche Zweck seiner Tätigkeit darin, das Hohle zu schaffen, damit es enthalte. Er verleiht ihm eine konkrete Form, um dem Menschen Behausung und relative Bewegungsfreiheit zu geben, derer er bedarf.

Die Malerei, die Skulptur und die Musik haben auch ihre Räumlichkeit, aber sie läßt sich nur äußerlich festmachen und kann nur geistig durchdrungen werden. Die Architektur ist die Kunst des Hohlraums. Sie definiert sich über ein Innen und ein Außen zugleich; *die Mauern haben zwei Seiten. Wir dringen körperlich in die Architektur ein*, nicht nur geistig. Jede Theorie oder Geschichte der Architektur muß diesem Doppelaspekt der Gebäude als Hohlraum und Festkörper Rechnung tragen. Ein architektonisches Werk, das nur von außen gedacht oder betrachtet wird, hört auf, Architektur zu sein, und wird zum Bühnenbild. Umgekehrt löscht eine Reduktion allein auf die räumlichen Eigenschaften die konkreten Zeichen und Symbole aus, die seine Materialität in sich trägt.

Die alten Abhandlungen zur Architektur sprechen selten direkt vom Raum. Ihre Theorien beschäftigen sich mehr mit den körperhaften Elementen des Gebäudes und der Begründung ihrer Formen als mit den Hohlräumen, die sie eingrenzen. Der Diskurs über den Raum entwickelt sich erst zu Anfang des 19. Jahrhunderts, ausgehend von Friedrich Wilhelm Schellings „Philosophie der Kunst" (1809).[88] Gegen Ende des 19. Jahrhunderts gewinnt er mit Historikern wie Riegl, Wölfflin und Schmarsow an Breite. August Schmarsow betont in der Einleitung seines Werks „Barock und Rokoko" die Priorität des Raums in der Architektur: *„Das Raumvolumen also, das den Menschen als Spielraum umgibt, ist das zunächst Gewollte, nicht die Aufrichtung körperlicher Dinge, die wir zu dessen Versinnlichung brauchen. Alle statischen und mechanischen Vorkehrungen, wie alle materielle Durchführung des Wandschlusses sind nur Mittel zum Zweck, zur Verwirklichung der dunkel geahnten oder klar vorschwebenden Idee des architektonischen Schaffens … Hier besonders kommt es nur darauf an, für die Architektur als Kunst an dem Prinzipe festzuhalten, dass die Raumgestaltung allem Eingehen auf Körperbildung voran liegt. Der Raumwille ist die lebendige Seele der architektonischen Schöpfung."*[89]

Es ist das 20. Jahrhundert, das die Architektur als nicht figurative Kunst am weitesten entwickelt hat. Hiermit verbunden ist eine neue Raumkonzeption. Durch neue Bautechniken ist ein architektonischer Raum realisierbar geworden, der durch seine fließenden Bezüge zu anderen Räumen charakterisiert ist.[90] Moholy-Nagy geht sogar so weit zu sagen: *„Raumgestaltung ist nicht in erster Linie eine Frage des Baumaterials."*[91]

6.1 Elemente der Raumdefinition

Der architektonische Raum erwächst aus dem Bezug zwischen Objekten oder zwischen Markierungen und Flächen, die selbst keinen Objektcharakter haben, jedoch als *Begrenzungen* wirken. Diese Grenzen können mehr oder weniger explizit sein. Sie können durchgängige Flächen bilden, die eine ununterbrochene Begrenzung darstellen, oder aber nur aus einigen Anhaltspunkten bestehen (zum Beispiel vier Säulen), die der Betrachter miteinander zu einer gedachten Grenzlinie verbindet.

Der Architekt weiß, daß nicht alle Punkte einer Begrenzungsfläche die gleiche Rolle spielen. Die Ränder einer einzelnen Fläche und die Schnittstellen zweier oder mehrerer Begrenzungsflächen (Kanten und Ecken) sind die wichtigsten Anhaltspunkte für Orientierung und Verständnis.

Ein kubischer Raum zum Beispiel wird von sechs Flächen begrenzt. Das Auge nutzt Kanten und Ecken als Anhaltspunkte, um den Raum ohne Mühe genauer zu definieren. Die Materialisierung der Flächen ist nicht unerläßlich, um einen wahrnehmbaren Raum zu schaffen. Werden die Flächen „abgetragen" und nur die wesentlichen Anhaltspunkte übriggelassen (Kanten und Ecken) oder selbst diese Anhaltspunkte nochmals auf die reinen Senkrechtkanten oder die Ecksteine reduziert, können wir noch immer ein „Innen" und ein „Außen" unterscheiden.

Die Elemente, welche den um uns befindlichen Raum begrenzen, ergeben kein „Bild", sondern erzeugen ein Feld ungleicher, aber mehr oder weniger ausgewogener Kräfte. Die Stärke dieses Kraftfeldes wächst, wenn die begrenzenden Formen sich gegenseitig ergänzen oder auf ein gemeinsames Ziel konvergieren anstatt autonom zu sein.[92]

Der Mensch muß nicht *alle* vorhandenen Bruchstücke bewußt und nacheinander aufnehmen, um einen Gesamteindruck von dem Raum zu gewinnen, den er bewohnt oder besucht.

Im Kapitel 2 wurde gezeigt, daß wir außer der Sehkraft auch andere Sinne einsetzen wie das Gehör oder den Tastsinn. Die daraus resultierende Gesamtvorstellung ist keine objektive Tatsache, sie entspricht nicht dem tatsächlichen, sondern dem erlebten, durch die subjektive Wahrnehmung gefilterten Raum. Dieser Filter ist durch die Erfahrungen des Menschen, seine Sprache und seine Kultur konditioniert.

Wir schematisieren hier die Entstehung eines Raumes, der durch Anhaltspunkte definiert ist, welche ihn zunächst andeuten und allmählich immer expliziter werden lassen. Dies verdeutlicht die Möglichkeiten der Arbeit mit ganz oder teilweise ausgesparten Flächen, die der Betrachter zwischen den konkreten Anhaltspunkten gedanklich wiederherstellt (Abb. oben).

Die Säulenreihe bestimmt explizite Räume, obwohl hier die Leere die Materie überwiegt. Eine Säulenreihe erscheint uns als trennende Grenze, obgleich sie durchlässig ist. Alberti sagt, daß *„die Säulenreihen nichts anderes sind als eine Mauer, die an mehreren Stellen durchbrochen und offen ist."*[93] (Abb.)

Erproben wir einige einfache Anordnungen von vertikalen Elementen auf einem quadratischen Grundriß – vier Säulen, zwei parallele Wände, Wände in U-Form, geschlossene Zelle –, so erhalten wir unterschiedliche räumliche Felder (Abb. S. 114 links).

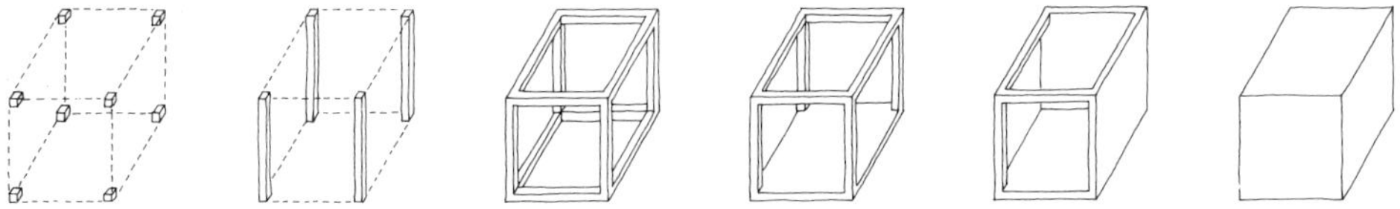

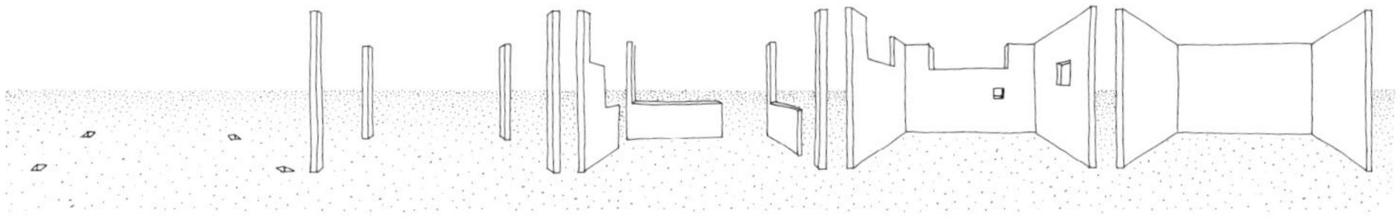

„... da ja die Säulenreihen nichts anderes sind als eine Mauer, die an mehreren Stellen durchbrochen und offen ist." (Leon Battista Alberti)
Tempel des Apollon Epikurios bei Bassai, 420 v.Chr.

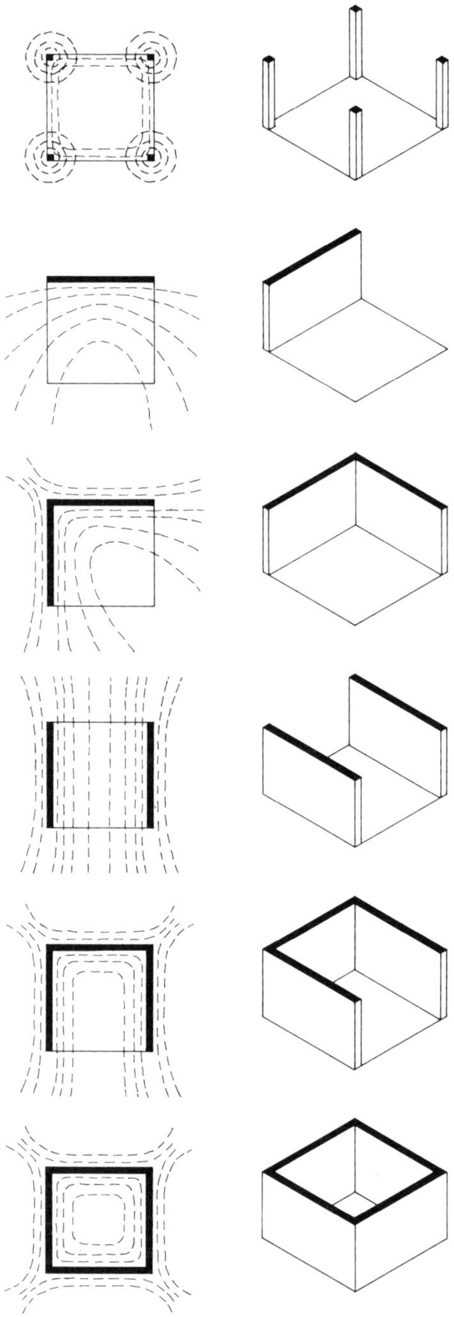

Durch Veränderung der vertikalen Elemente entstehen veschiedene räumliche Felder auf ein und demselben quadratischen Grundriß.

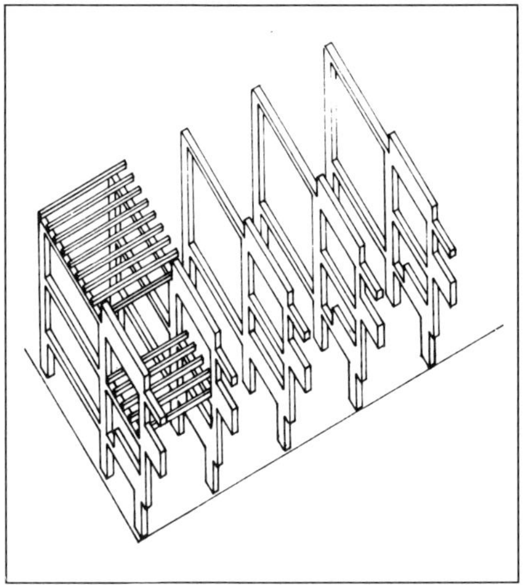

Die Kurve, die durch die unterbrochenen und gegeneinander versetzten parallelen Linien gebildet wird, hat eine stärkere Wirkung als die Linien selbst.

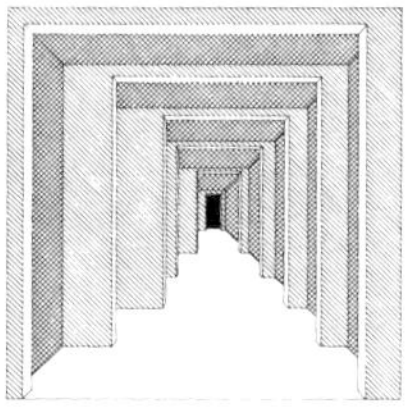

Der Hauptraum durchquert eine Reihe von Wänden und von regelmäßigen, parallel zueinander liegenden Raumschichten.

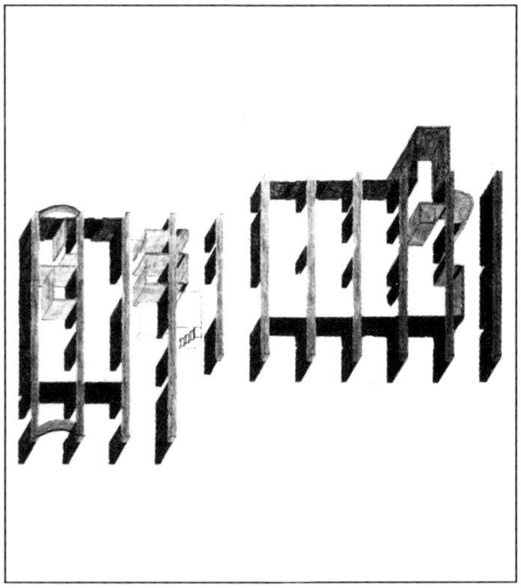

Seit dem romanischen Kirchenbau, vor allem aber in der modernen Architektur, wird das Prinzip des regelmäßigen Durchbrechens paralleler Wände benutzt, um einen senkrecht zu ihnen stehenden Hauptraum zu schaffen: Lovell Beach House von Rudolf Schindler (1925), Haus Sarabhai von Le Corbusier (1955), Innenhof der Schule Saleggio von Livio Vacchini (1975).

In Francis Chings „Architecture: Form, Space and Order" werden solche Effekte im Detail erläutert.[94]

Anstatt den Raum durch eine Umgrenzungsmauer zu definieren, können wir auch parallele, durchbrochene Wände reihen. Die Grenzen des Hauptraums werden dann durch die Ränder der Öffnungen bestimmt, die im Bezug zueinander gedachte Flächen ergeben (Abb. S. 114).

Genfer See, Alpen und Mündung der Rhone: Im Vordergrund erlaubt die abgestufte Textur eine eindeutige Lesart der relativen Tiefe, während im Hintergrund die Tiefe weniger nuanciert ist. Sichtbares und Verdecktes scheinen einander sehr nahe und nur durch dünne Zwischenschichten voneinander getrennt zu sein.

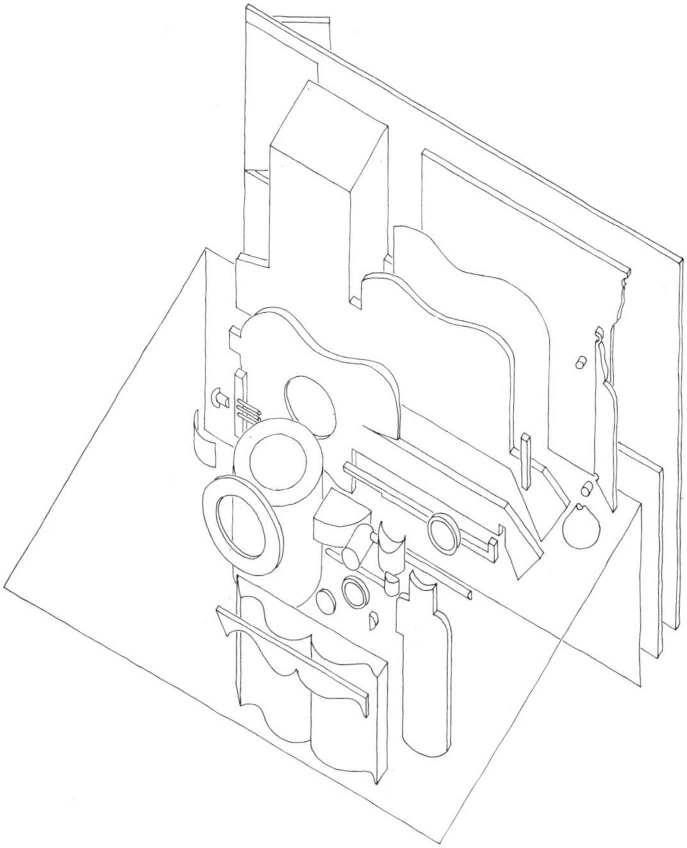

Versuch der räumlichen Entfaltung eines Bilds von Le Corbusier.

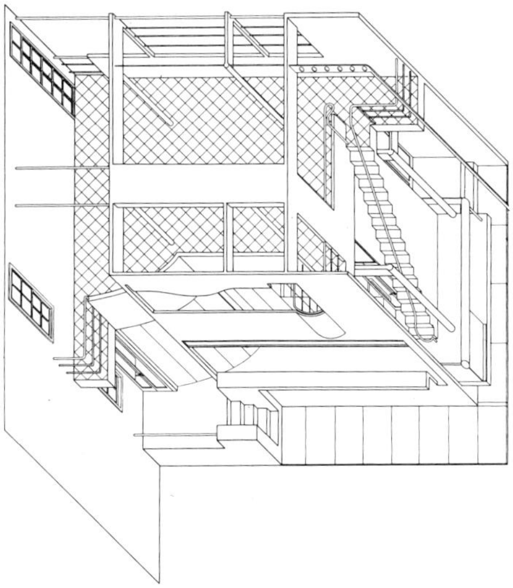

Zwei Fassaden aus mehreren dichtgedrängten Ebenen – eine Erfindung der Moderne. Michael Graves, Haus Benacerraf, Princeton, 1969.

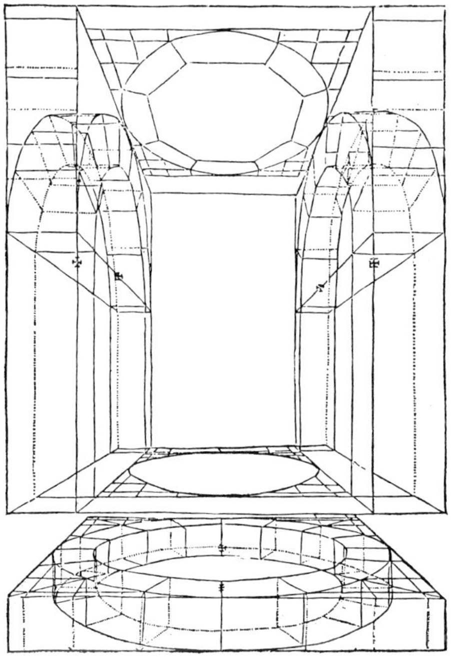

Sebastiano Serlio, Libro Secondo della prospettiva (1545).

Perspektive und Textur als Tiefenabstufung. Claude Nicolas Ledoux, Salinenstadt Chaux in Arc-et-Senans, Haus des Vorstehers, 1773–1779.

6.2 Raumtiefe

Die bekanntesten und wirkungsvollsten Auslöser von Tiefenwahrnehmung sind zum einen die *Perspektiverscheinung*, die stark an die Abstufung der Textur gebunden ist, zum anderen die *Überschneidung*, da wir ein Objekt, welches ein anderes teilweise verdeckt, als vor diesem befindlich erkennen.[95]

Das Bild vom Genfer See (S. 115 links) weist beide Phänomene auf, wie durch die Zweiteilung verdeutlicht wird. Die Tiefenwirkung des unteren Teils entsteht durch die Abstufung der Textur, den ein Sturm über dem See erzeugt, während der obere Teil keine Perspektive aufweist, sondern einfach verschiedene Ebenen voreinanderlagert: die Wolken, den rechten Gebirgszug, den linken und schließlich den im Hintergrund. Es gibt keine wirkliche Tiefe.

Die klassische Architektur akzentuiert die perspektivische Tiefe von repräsentativen Innenräumen, städtischen Plätzen und Prachtstraßen nicht nur durch fliehende Linien, sondern ebenso durch die Profilierung und Gliederung, die eine Abstufung ergibt.

In der Malerei werden beide Phänomene methodisch genutzt, um die Illusion eines *tiefen* oder auch *wenig tiefen Raums* hervorzurufen. Von der Renaissance bis ins 19. Jahrhundert verbergen die Maler nicht ihre Vorliebe für die Perspektive und den tiefen Raum. Die Maler des Mittelalters und auf andere Weise Malende wie Gris, Braque, Le Corbusier und später Slutzky sind Meister des wenig tiefen Raums, in dem sich überlagernde Ebenen zusammengedrängt und dicht beieinander erscheinen. Auch die Architekten haben versucht, ihre Objekte und Räume mit Hilfe dieser Mittel zu gestalten. Manche nutzen bei der Arbeit mit parallelen Flächen, deren Zwischenabstände klein und uneindeutig sind, nicht nur den wenig tiefen Raum, sondern ebenso das Phänomen der Transparenz[96], das durch fragmentarisches Verschwinden und Wiederauftauchen einer Ebene hinter der anderen entsteht (Abb. links).

Diesem Prinzip mehrerer wenig tiefer Raumschichten, die einander insbesondere im Bereich der Fassade überlagern, huldigen Terragni mit dem Haus Frigerio in Como, Le Corbusier mit der Villa Stein in Garches oder auch Carlo Scarpa bei der Artikulation von Wänden und Fenstern des Museo di Castelvecchio in Verona.

6.3 Raumdichte

Für den Architekten kennt der Raum nicht nur eine Tiefe, er besitzt auch eine *Dichte*. Wenn eine größere Dichte zweckmäßig erscheint, versucht der Architekt, die Entfernungen durch gedrängte „Zwischenabschnitte" zu staffeln. Meist ist dies der Fall, wenn er mit einem wenig tiefen Raum arbeitet, aber auch ein tiefer Raum läßt sich verdichten: Die Moschee von Córdoba mit ihrem „Säulenwald" ist ein tiefer Raum von außerordentlicher Dichte. Im Gegensatz hierzu zeigt der Entwurf für die Erweiterung der Nationalbibliothek in Paris von Boullée eine fehlende Dichte, einen universalen, tiefen und lichten Raum (Abb.). Ebenso hätten wir in Berlin die Dichte der Philharmonie Scharouns dem lichten Raum der Nationalgalerie Mies van der Rohes gegenüberstellen können. Die räumliche Dichte beruht nicht allein auf konkreter Tiefenstaffelung wie in Córdoba. Es kann genügen, eine Unterteilung durch die Gliederung von Böden, Wänden oder Decken *zu implizieren*, um einen einheitlichen Raum eher „angefüllt" als „hohl und leer" erscheinen zu lassen. Vergleichen wir die Capella Pazzi von Brunelleschi in ihrer vollen und modulierten Tiefe mit der Terrasse des Hauses Kalmann von Luigi Snozzi, die sich in einer einzigen Bewegung zwischen zwei Extremen spannt (dem Innenraum und dem Ende der Terrasse). Die optische Umkehrung dieser Gegebenheiten macht die Argumentation anschaulicher (Abb. S. 118).

Der dichte Raum weist gegenüber dem lichten und einheitlichen keine inhärenten Vorteile auf. Wichtig ist, daß der Architekt die Wahl seiner Mittel selbstverständlich von Ort und Funktion des Baus, aber auch von philosophischen Erwägungen abhängig macht. Den historischen Beispielen kann er entnehmen, daß lichte und einheitliche Räume eine ungeheure Spannung aufzubauen vermögen zwischen dem Betrachter und den Grenzen des Raums, die mit den Grenzen zum Unendlichen verfließen können – eine Brücke zwischen Realem und Irrealem. Auf der anderen Seite erscheint der dichte, stark rhythmisierte und modulierte Raum schützender und erdnaher.

Der dichte Raum: Innenraum der Moschee von Córdoba, 8. Jahrhundert.

Der lichte und einheitliche Raum: Entwurf für den Lesesaal der Nationalbibliothek in Paris, Etienne Louis Boullée, 1785.

6.4 Öffnung des Raums

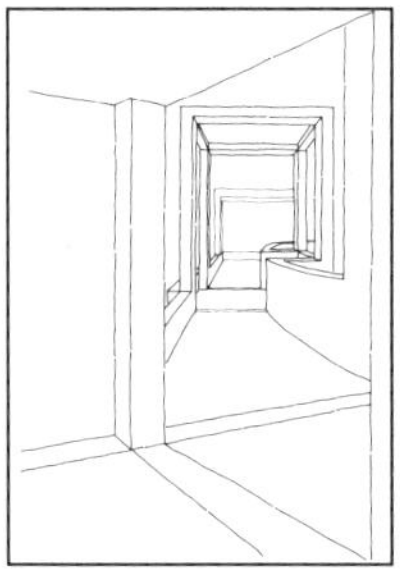

Die Gliederung von Boden und Wänden verdichtet den Raum, indem sie seine Tiefe staffelt. Filippo Brunelleschi, Capella Pazzi, Florenz, 15. Jahrhundert.

Bei Verzicht auf Wand- und Bodengliederung entsteht die Tendenz zum homogenen, einheitlichen und lichten Raum.

Die Kontinuität von Boden und Wänden erzeugt eine Spannung zwischen dem Blickpunkt des Betrachters, dem Ende der Terrasse und der gerahmten Landschaft in der Ferne. Luigi Snozzi, Villa Kalmann, Locarno, 1979.

Durch Hinzufügen einer Gliederung entsteht die Tendenz zum angefüllten, unterteilten und dichten Raum.

Architektonische Räume können geschlossen, nach innen gewandt und auf sich selbst bezogen oder aber offen, nach außen gewandt und zentrifugal sein. Dies ist einer der grundlegenden Gegensätze für ihre Unterscheidung in Typen. Während eine Masse mehr oder weniger verdichtet ist, ist ein Raum mehr oder weniger geschlossen. Der Geschlossenheitsgrad eines Raums hängt nicht allein von Anzahl und Ausmaß der Öffnungen ab. Will man einen Raum schaffen, der sich nach außen hin öffnet, darf er wenig explizit sein. Es gibt einen direkten Bezug zwischen dem Konzept expliziter oder angedeuteter Raum und dem Grad von Geschlossenheit oder Öffnung. Wir können die Prinzipien des einen verwenden, um das andere zu erzielen (Abb. 119 unten). Die Öffnung eines Raums wird durch die Abschwächung seines Definitionsgrads (zum Beispiel die Aussparung einer Ecke) und die Einführung von Elementen erreicht, die sowohl dem Innen als auch dem Außen angehören (zum Beispiel die Verlängerung einer Mauer ins Freie) (Abb. 119 oben).

Bei einer klassischen Konstruktion mit tragenden Wänden schaffen Türen und Fenster Öffnungen: Durchlaß, gerahmtes „Bild" einer Landschaft, Quelle von Licht und Luft.

Anordnung, relative Größe und Form dieser Durchbrüche strukturieren den Raum, *verleihen ihm Richtung und geben Auskunft* über die Beschaffenheit der Außenhülle, zum Beispiel ihre Dicke.

Je größer diese Öffnungen werden, desto mehr werden sie als ein „Fehlen der Wand" wahrgenommen, insbesondere, wenn es sich um Ecköffnungen handelt. Der Eindruck eines

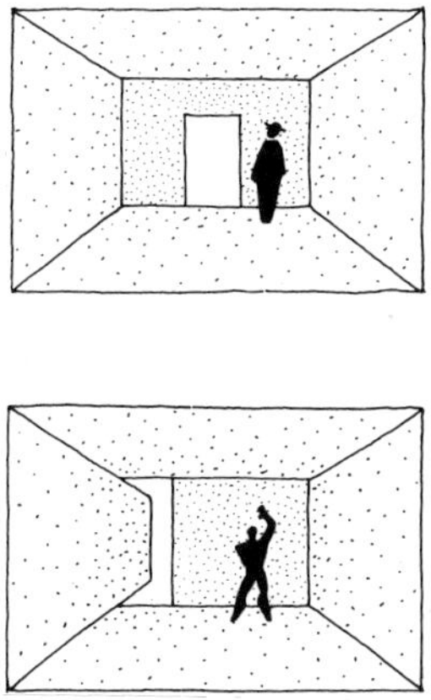

Die intakte Ecke weist nach innen zurück, die fehlende Ecke drängt nach außen; das Element, das beiden Räumen angehört – Wand, Decke oder Boden – bewirkt die Verschmelzung.

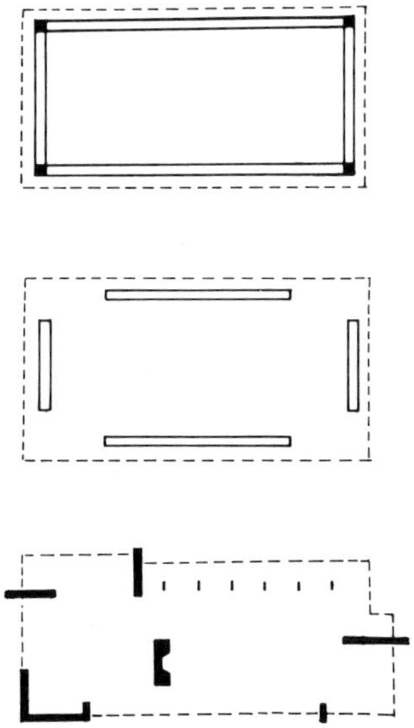

Frank Lloyd Wrights Beitrag zu einer neuen räumlichen Konzeption: Er spart zunächst die Ecken aus und lenkt dann das ursprüngliche räumliche Feld um, indem er Segmente der geometrischen Außenhülle versetzt oder dreht, wodurch sich der Raum nach Belieben öffnet.[97]

Carlo Scarpa gestaltet bei diesem Gebäude die modernen Öffnungen auf vielfältige Weise und hebt sie vom alten Mauerwerk ab. Er paßt jede Lösung – Schacht, Fenster, Glaswand, freie Fassade, räumliche Trennung oder Kontinuität – der besonderen Situation des Museumsrundgangs an.

Durchbruchs verliert sich, der Raum öffnet sich. Stahlbeton, Stahl und Glas haben die architektonischen Ausdrucksmöglichkeiten erweitert, da sie die Abhängigkeit zwischen Tragwerk und Öffnung aufgehoben haben. Die räumliche Grenze fällt nicht mehr notwendig mit der tragenden Konstruktion zusammen. Raum und Fassade sind „befreit" und erlauben eine neue Dynamik. Die Mittel dieser Architektur sind Panoramafenster, Fensterband, Eckfenster und Glaswand, die eine neue räumliche Dimension einführen, welche von der Bewegung der Moderne bewußt erforscht wird.

Die differenzierte und genau durchdachte Gestaltung der Öffnungen des Museo di Castelvecchio von Carlo Scarpa in Verona zeigt, wie diese „Entdeckung" des 20. Jahrhunderts wiederum für die Neugestaltung eines historischen Gebäudes genutzt wird (Abb.). Scarpa macht großzügig von den breitgefächerten Möglichkeiten Gebrauch und paßt Typ und Gestaltung der einzelnen Öffnungen ihrer jeweiligen Situation an, ohne dabei die Kohärenz des Ganzen aus den Augen zu verlieren.

Unsere Begriffe von Innen und Außen sind nicht notwendig daran geknüpft, ob eine Bedachung vorhanden ist oder nicht. Der Mensch neigt dazu, seine Umwelt egozentrisch zu betrachten. Das „hic et nunc" von Henri Bergson suggeriert ein Innen. Befinden wir uns *in* einer Stadt oder einem Garten, betrachten wir sie als Innenräume. Umgekehrt erhält ein Innenraum seine Intensität durch das Vorhandensein von Grenzen zu einem Außenraum.

Der Architekt nutzt die Mittel des Nebeneinanderstellens oder gegenseitigen Durchdringens, um die Bezüge zwischen Innen und Außen zu regeln und klare Verhältnisse wie drinnen/draußen, Mensch/Natur, privat/öffentlich, Element/Kontext vorzulegen. Er schafft Übergangszonen, die zu beiden gehören (Kap. 7).

6.5 Nebeneinander und Ineinander von Räumen

Die Elemente der räumlichen Definition und die Öffnungen bestimmen die *räumlichen Bezüge*, sprich den Grad der Autonomie bzw. Verschmelzung von Räumen. Wir unterscheiden zwei Grundarten: das Nebeneinander von Räumen oder Juxtaposition und die Durchdringung (Abb.).

Die *Juxtaposition* betont die Autonomie. Unsere Sprache enthält viele Begriffe, die eigentlich nur auf relativ fest definierte, geschlossene Räume zutreffen: Zimmer, Stube, Kammer, Zelle, Saal, Halle, Flur etc. Alle sind an eine Vorstellung von „Privatheit" unter Ausschluß anderer Räume gebunden. Die Verbindung zu den benachbarten Räumen wird durch Türen oder Fenster hergestellt, enge und kontrollierte Durchlässe in einer Wand. Die Ecken sind intakt. Solch ein Raum läßt, wenn seine Grenzen nicht mit der Außenhülle des Gebäudes zusammenfallen, das Vorhandensein weiterer gleichgearteter Räume vermuten (eine durch Addition oder Unterteilung entstandene Serie). Die Art der Anordnung und Erschließung dieser Räume wird nunmehr ein wesentlicher Faktor für die Strukturierung des Ganzen: Zimmerflucht, Mittel- oder Seitenflur, Mittelhalle (siehe auch Kapitel 6.6).

Die konstruktiven Verfahren früherer Jahrhunderte, die meist auf einem System tragender Wände beruhten oder die Materialien auf andere Weise belasteten, führten im allgemeinen zu zellulären Anordnungen mit explizit definierten, nebeneinanderstehenden Räumen (Abb. S. 121).

Die räumliche Durchdringung ist die Verschmelzung von Räumen, die entsteht, wenn ein wichtiges Definitionselement – eine Mauer, eine Decke, ein

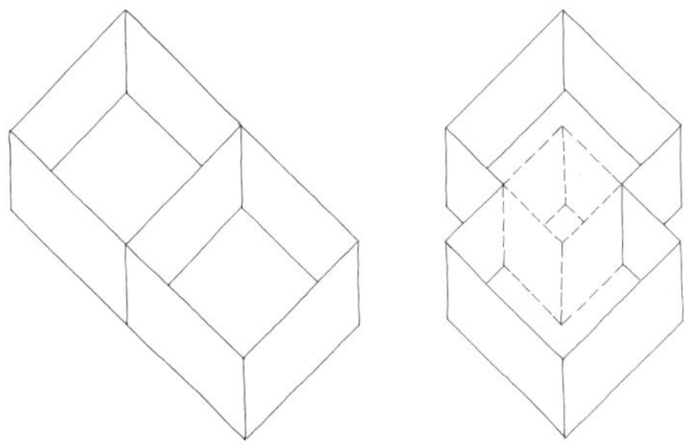

Juxtaposition und Durchdringung.

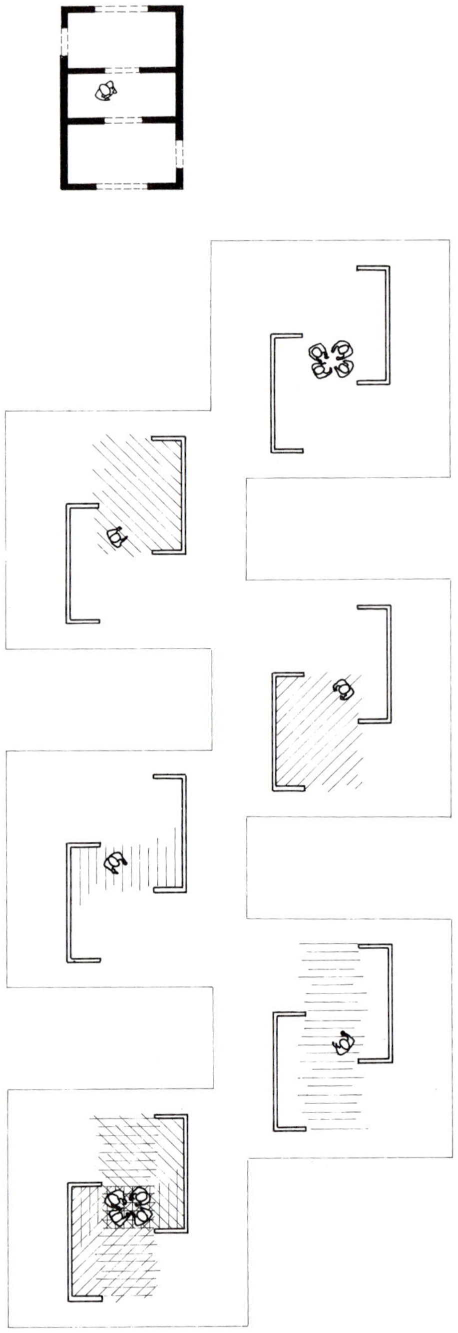

Räumliche Juxtaposition und Durchdringung.

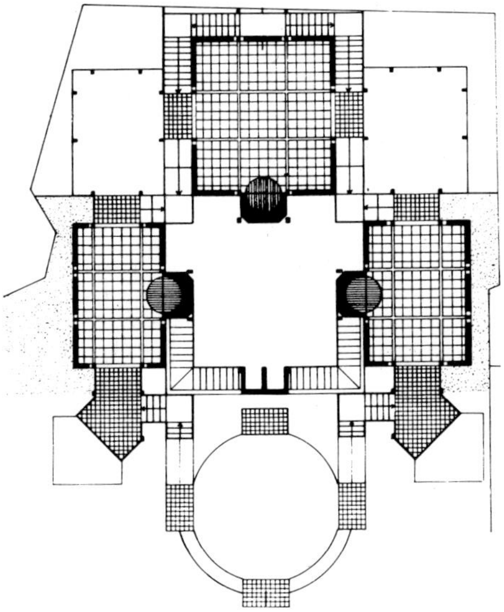

Räumliche Juxtaposition (Übung eines Studenten).

Räumliche Durchdringung (Übung eines Studenten).

Boden – deutlich zwei oder mehreren Räumen angehört. Die Fläche, die einen Raum vom nächsten trennt, ist dann eher virtuell und stellt eine implizite Unterteilung dar. Die Mittel, über die solch eine implizite Trennung erreicht wird, deuten eine Geschlossenheit an, ohne sie zu realisieren: ein Balken, eine Säule, der Rahmen einer großen Glasfläche, ein Unterschied in der Textur der Fläche oder ein Objekt. Sie haben die Funktion von *Anhaltspunkten*, die verschiedene Deutungen des Raums erwecken.

Die räumliche Kontinuität macht ein dynamisches Prinzip von Durchlässen und Haltepunkten gelten. Es gibt Flächen, die das Kommende erahnen lassen und dennoch durch das Spiel von Verstecktem und Sichtbarem, Gegenwart und Vergangenheit Überraschungen bereiten.

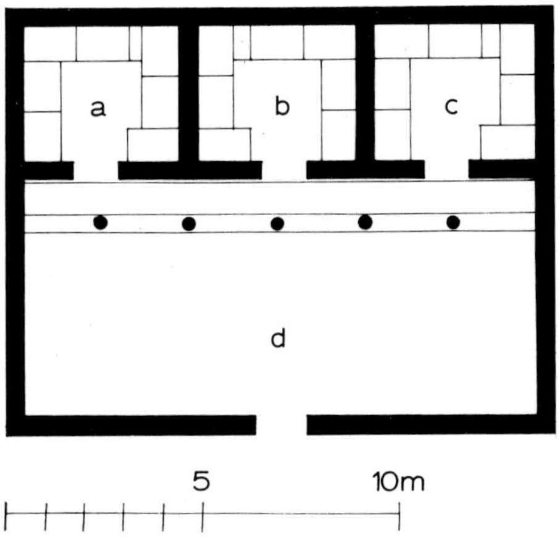

Räumliche Juxtaposition: konstruktive Zwänge durch die tragenden Wände. Megara Hyblaea, Haus im antiken Agoraviertel.

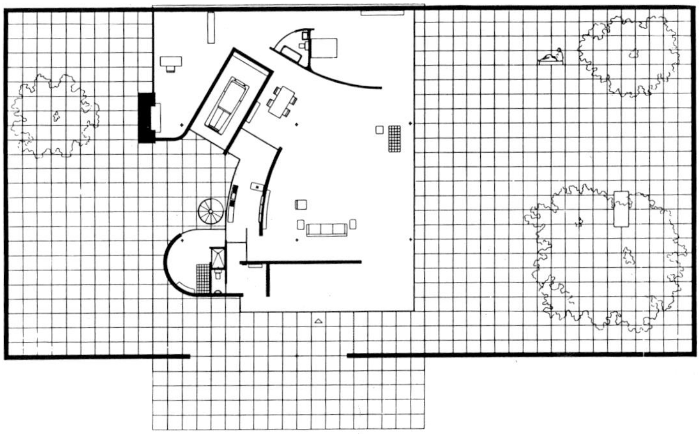

Räumliche Durchdringung: Befreiung der Konstruktion. Entwurf eines Hauses mit Hof und Garage, Mies van der Rohe, 1934.

Die vorgenommene Gegenüberstellung könnte glauben machen, daß die Architekten der Vergangenheit niemals die konstruktiven Grenzen traditioneller tragender Systeme zu überschreiten suchten und nie mit virtuellen Grenzen und räumlicher Durchdringung arbeiteten. Die Komposition ihrer repräsentativen Bauten, insbesondere der Kultstätten, basiert jedoch zuweilen auf der räumlichen Durchdringung. Aber im Gegensatz zur Bewegung der Moderne, die mit ihren sukzessiven Entriegelungen eine räumliche Dynamik einführt („offener Grundriß"), wählen sie eher statische Lösungen, die sich auf Hierarchien gründen. Palladio zum Beispiel umgrenzt den Hauptsaal eines Hauses durch eine Zwischenzone, die von den Wänden, vier Säulen und deren Kämpfern definiert wird, aber der Raum bleibt *ein* Saal und wird nicht zum Feld von Überlagerungen.

In der Geschichte der Architektur hat sich der Barock am weitesten über die konstruktiven Gegebenheiten „hinweggesetzt", um seine ästhetischen und geistigen Ziele zu verwirklichen. Er bringt eine erste „räumliche Befreiung" mit sich. Man befreit sich von Regeln und Konventionen, vom statischen Veständnis des Raums, von der elementaren Geometrie und selbst von der Opposition zwischen Innen und Außen. Es entsteht ein fortwährendes und komplexes Spiel zwischen konvex und konkav, Verschmelzungen und Brüchen, das den Raum über seine eigentlichen Grenzen hinaus trägt (Abb.). Um dies zu erreichen, haben die Vertreter des Barock Wände und Dächer zergliedert. Diese Elemente werden nicht mehr als „Festkörper" mit zwei Seiten betrachtet. Konzeptionell und manchmal sogar bautechnisch gibt es zwei Schalen – eine inne-

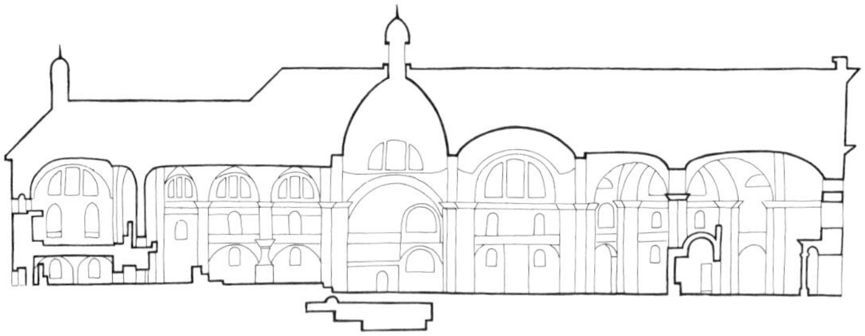

Befreiung von konstruktiven Zwängen im Barock: Tragwerk und Außenhülle werden von der Schale eines fantastischen Raums getrennt, der an szenisches Dekor erinnert. Abtei, Einsiedeln, 18. Jahrhundert.

re und eine äußere – die jeweils besonderen Erfordernissen zu entsprechen vermögen. Nur bei den Öffnungen wachsen beide Schalen durch die Bearbeitung der Gewände wieder zusammen, ohne daß eine Inkohärenz sichtbar bleibt.

Der barocke Raum zeichnet sich dadurch aus, daß er *„mit allen Mitteln die Abhängigkeit der einzelnen Zellen vom Nebenan, vom Davor und Dahinter anzudeuten wußte und doch dem einzelnen Raum nicht das Aussehen eines Fragments gab, sondern ihn eine vollendete Einheit werden ließ.“* [98]

Die gegen Ende des 19. Jahrhunderts entwickelten neuen technischen Mittel haben zur zweiten „räumlichen Befreiung“ beigetragen. Stahl und Stahlbeton haben den Wandel hin zu einem Raum ermöglicht, der sich der Bewegung und dem Wohnen des Menschen gut anpassen läßt.

In den großen räumlichen und architektonischen Schöpfungen unseres Jahrhunderts zeigt sich die Beherrschung jener neuen Freiheit. Die fast unbegrenzten Möglichkeiten haben eine neue Poesie erblühen lassen. Frank Lloyd Wright, der die „Box“ durch Auflösung ihrer Ecken zerstört, um seine Gebäude in der nahen und fernen Landschaft zu verankern, der junge Mies van der Rohe und die holländische De Stijl-Bewegung mit ihrem obsessiven Gebrauch voneinander unabhängiger Flächen, die einen Raumteil als eine Art besonderes Ereignis im unendlichen Raum definieren, Le Corbusier, der, von der Malerei kommend, nach Verdichtung, Überlagerung und phänomenologischer Transparenz des Raums sucht[99] – sie alle gehören zu den Erfindern und Pionieren des dynamischen und asymmetrischen Raums des 20. Jahrhunderts.

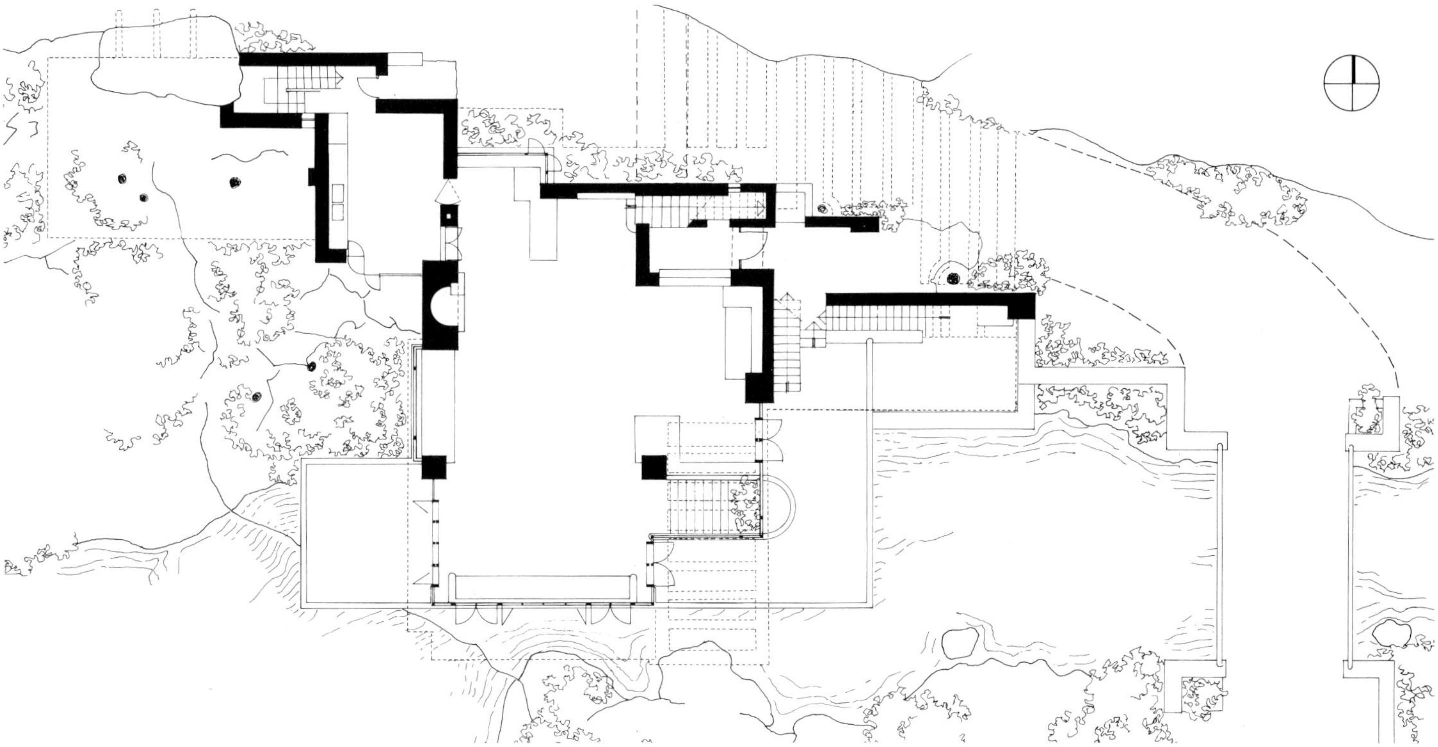

Die „Zerstörung der Box“, Haus Kaufmann, Falling Water, Bear Run in Pennsylvania, Frank Lloyd Wright, 1936.

6.6 Geometrie von Grundriß, Aufriß und Raum

Da ein ökonomisches Gebäude Regelmäßigkeit erfordert und die Räume rationell und kompakt angeordnet werden müssen, ist die Kenntnis der Geometrie eine der ersten Voraussetzungen für das Gelingen des architektonischen Entwurfs. Zwei Gesichtspunkte sollen uns hier vorrangig interessieren:

– *die räumlichen Eigenschaften bestimmter geometrischer Grundfiguren*: Quadrat, Kubus, Kreis, Achteck, Zylinder, Kugel, Dreieck, Prisma, Pyramide;

– *die Gruppierung von Räumen*: die wichtigsten Arten der Grundrißorganisation, um Räume anzuordnen, ihre Zugänglichkeit zu garantieren und sie mit der tragenden Konstruktion in Einklang zu bringen.

Sind die Kraftlinien einer geometrischen Figur erst einmal erkannt, wird der Architekt sofort nach Möglichkeiten suchen, wie er diese wesensgemäßen geometrischen Eigenschaften modifizieren kann, um sie den Besonderheiten einer Situation oder einer baulichen Aufgabe besser anzupassen. Die „Umlenkung" der Kraftfelder eines Quadrats oder Kreises setzt ein Verständnis für den Charakter der Figur voraus.

Räumliche Eigenschaften der geometrischen Grundfiguren

Das Quadrat enthält versteckte Kraftfelder: seine Ecken, seinen Umriß, seine Diagonalen, seine Seitenhalbierenden, sein Zentrum. Erkennen wir diese wesensgemäßen Eigenschaften, können wir sie bewußt verstärken oder aber durch Eingriff verändern (Abb.).

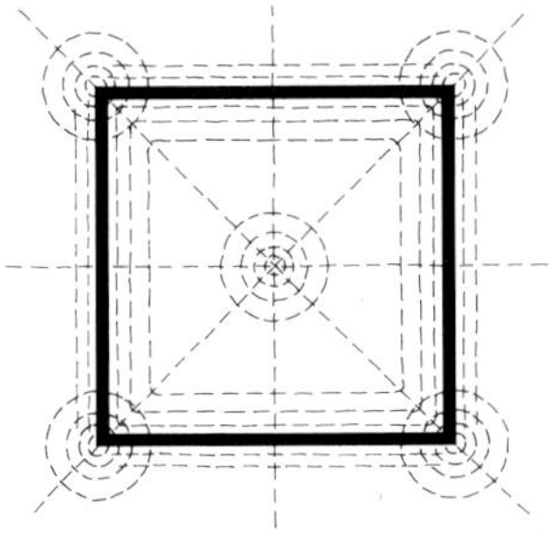

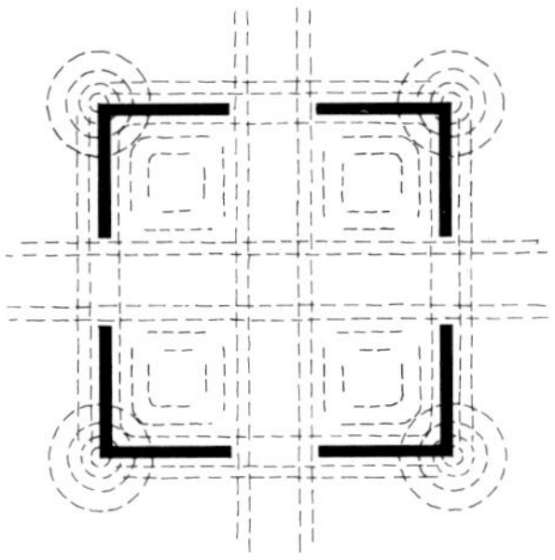

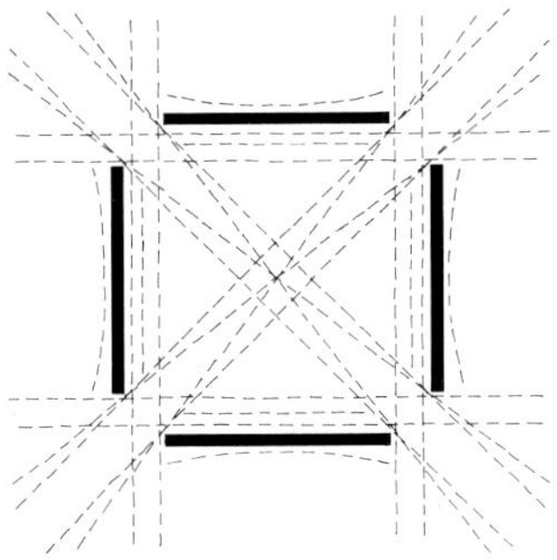

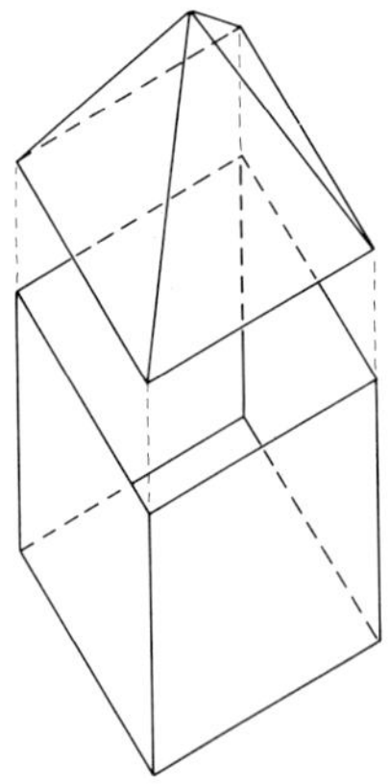

Bei den zwei Beispielen für ein durchbrochenes Quadrat wird die Grundfigur durch die entstehenden Kraftfelder sehr unterschiedlich interpretiert (Abb. Mitte). Dort, wo die Ecken explizit sind, implodiert der Raum. Die impliziten Teilräume sind ihrerseits Quadrate, welche die Mutterform durch ihre Ähnlichkeit verstärken. Dort, wo die Ecken implizit sind, entsteht eine Dehnung nach außen. Die Grundfigur ist weniger maßgebend. Diese beiden komplementären Beispiele unterstreichen den Zentrumsbezug durch ihren zentrifugalen bzw. zentripetalen Charakter. Man kann feststellen, daß das Beispiel mit den in der Mitte durchbrochenen Seiten den Zentrumsbezug im Vergleich zum einfachen geschlossenen Quadrat akzentuiert.

Das Quadrat kann räumlich zum Kubus, Tetraeder oder Prisma ausgedehnt werden. Die für die zweidimensionale Figur vorgestellten Prinzipien sind ebenso auf die dritte Dimension anwendbar (Abb. unten). Aber die Wahrnehmung ist nicht objektiv, und der perfekte Kubus hat die Tendenz, höher als breit zu erscheinen. Dennoch ist es meist ratsamer, die einmal

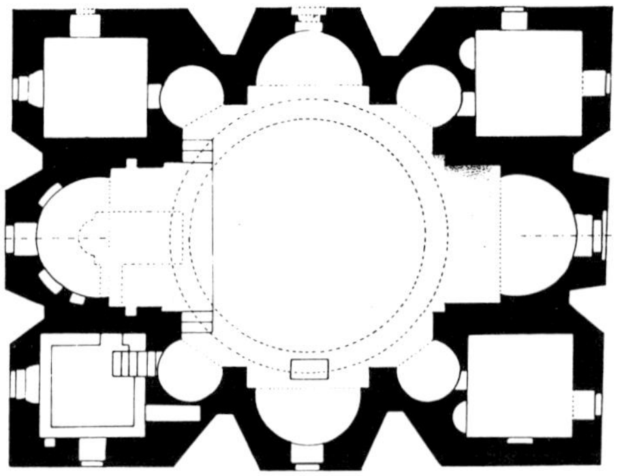

Quadratischer oder fast quadratischer Grundriß: Armenische Ripsime-Kirche, Wagarschapat (Etschmiadsin), 618–630.

gesetzten geometrischen Regeln zu respektieren, als zweifelhafte optische Korrekturen vorzunehmen.

Das Gebäude mit quadratischem Grundriß hat die Architekten häufig durch seine große Kompaktheit fasziniert; mit seinem Kreuz von vier Richtungen hat es eine fast universale Dimension (Abb. S. 124). Ein Gebäude ist niemals *wegen* seiner Funktion, sondern *trotz* ihr quadratisch, obgleich es sie dennoch gekonnt erfüllen kann. Dies ist ein *rationalistischer* Gedanke, der im Gegensatz zu einer eher pragmatischen Haltung in der Architektur steht.

Umlenkung des Quadrats: Die reale Situation rechtfertigt nur selten eine Interpretation und Verstärkung des Quadrats im Sinne seiner wesensgemäßen Beschaffenheit. Uns bleibt dann die Möglichkeit, es durch die Einfügung von Elementen umzubilden, die ihm eine Ausrichtung geben: zum Beispiel durch eine Reihe paralleler Wände, die die Richtungen hierarchisieren oder – wie im Fall des Hauses am Seeufer – durch die traubenartige Formation der Räume und das Wechselspiel von Öffnungen und Begrenzungen, das die ursprüngliche Form „erodiert“. In beiden Fällen – im

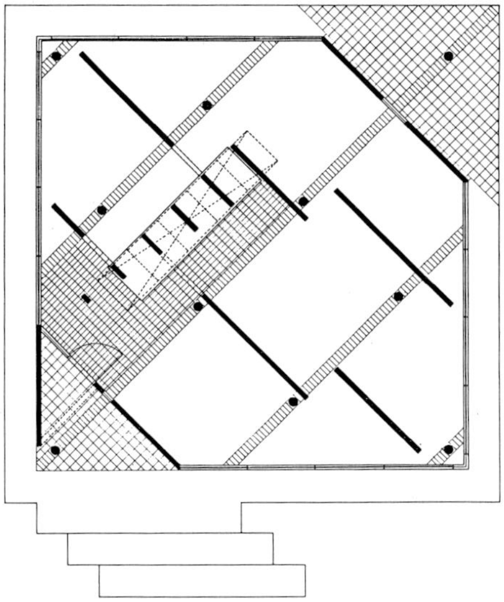

Umbildung des Quadrats durch eine Reihe paralleler Wände (Übung eines Studenten).

Die Grundstruktur des Quadrats, die durch Äquivalenzen gekennzeichnet ist, wird umgelenkt und in Anpassung an Ort und Funktion hierarchisiert: auf der einen Seite die Sonne und der See mit seiner weiten Fläche, auf der gegenüberliegenden Seite nach Norden die Straße und die Weinberge, die auf den See blicken. Pierre von Meiss, Haus am Genfer See, Grundriß 1. OG, 1977–1979.

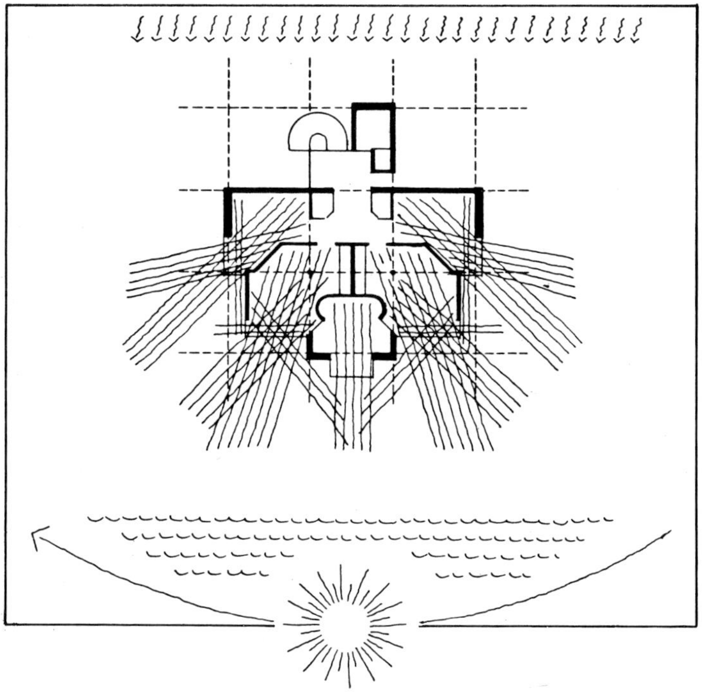

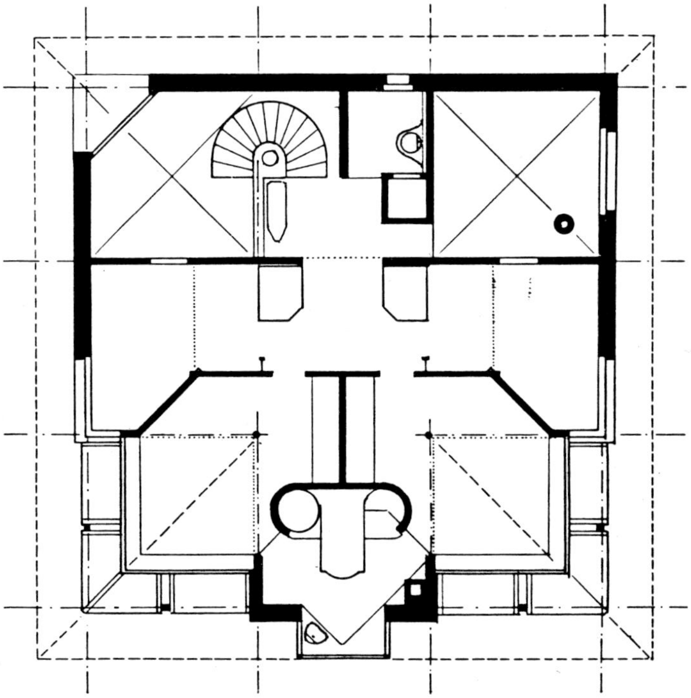

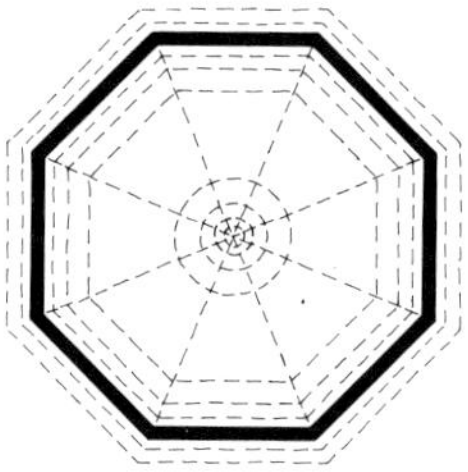

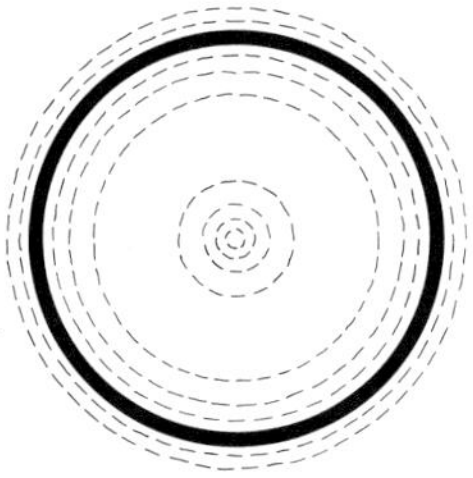

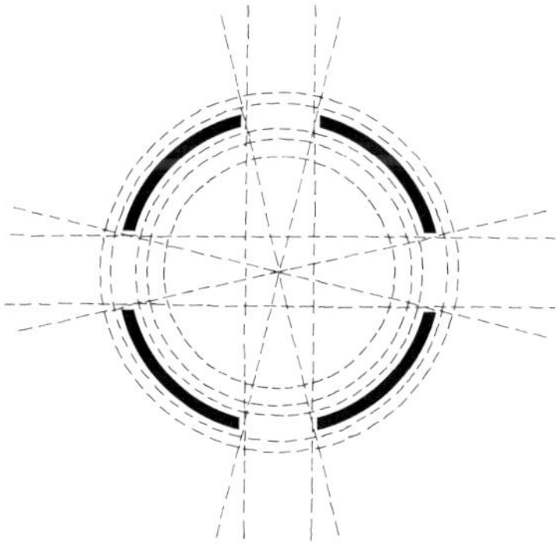

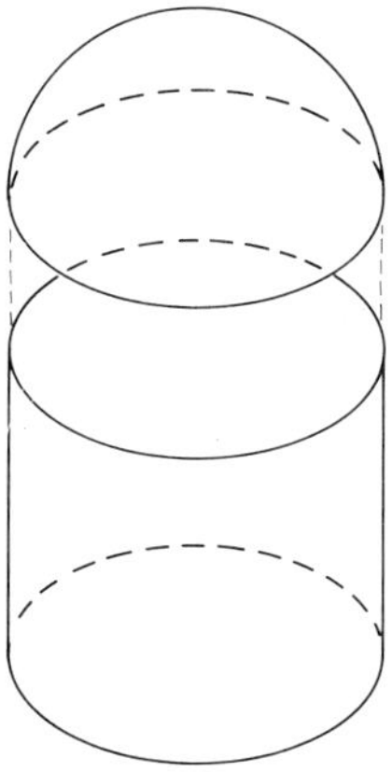

Die gebaute Kugel, Abbild des Universums: Entwurf für den Kenotaph Newtons von Etienne Louis Boullée, 1784.

ersten noch mehr als im zweiten – verliert das Zentrum an Bedeutung (Abb. S. 125).

Das *Achteck* und mehr noch der *Kreis* setzen dem Mittelpunkt keine vier ausgeprägten Ecken mehr als Gewicht entgegen. Es bleiben nur noch Zentrum und Peripherie; die komplementären Gegensätze heißen hier zentral und peripherisch (Abb.).

Durchbricht man den Kreis symmetrisch, wie wir es mit dem Quadrat getan haben, kommt nicht wie dort eine Implosion zustande. Die Teilräume bilden keine der Mutterform entsprechenden neuen Figuren. Es sind Sektoren, deren geometrische Identität und Lesbarkeit verloren gehen (Abb.).

Die dreidimensionalen Ausdehnungen des Kreises sind der Zylinder und die Kugel oder häufiger die Halbkugel, die Kuppel, die den Zentrumsbezug des Innenraums akzentuiert und, von außen betrachtet, den Objektcharakter. Der universale Charakter dieser Formen muß kaum unterstrichen werden, und man kann sich fragen, ob solche Raumgefüge nicht außergewöhnlichen Gebäuden von großer öffentlicher Bedeutung vorbehalten sein sollten. Der Entwurf für den Kenotaph Newtons von Boullée – ein Monument, das dem Ruhm und der Universalität der Wissenschaft gewidmet ist – veranschaulicht sehr gut solch Übereinstimmung der Eigenschaften der Form mit dem Sinn, der ihr verliehen wird (Abb.).

Umlenkung des Kreises: Der Kreis verlangt nach „Banalisierung“, wenn er seine Prädestination zum Monument verlieren und zum alltäglichen Raum werden soll, der sich zum Wohnen eignet. Die Mittel, über die wir dazu verfügen, sind dieselben wie für das Quadrat: parallele Wände, Verlagerung des Schwergewichts auf andere Punkte als das Zentrum, Fragmentierung usw. (Abb.).

Kreis und Quadrat sind beide in sich ruhend und mittelpunktsbezogen, was ihre Kombination nahelegt. Zwischen beiden siedelt sich das Achteck an, das daher wirkungsvoll als Übergang dienen kann. Bei vielen sakralen Bauten wurde es als Bindeglied verwendet (Abb. rechts).

Das gleichseitige Dreieck hat nur einen sehr versteckten Mittelpunkt, da es

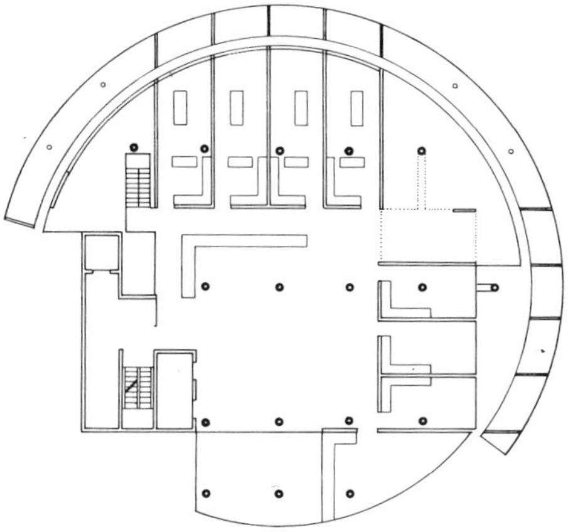

Umbildung des Kreises durch eine Reihe paralleler oder senkrecht zueinander stehender Wände sowie Aufhebung der Zentrumshierarchie durch Verlagerung des Schwerpunkts: Le Corbusier, Entwurf für die französische Botschaft in Brasilia, 1964–1965.

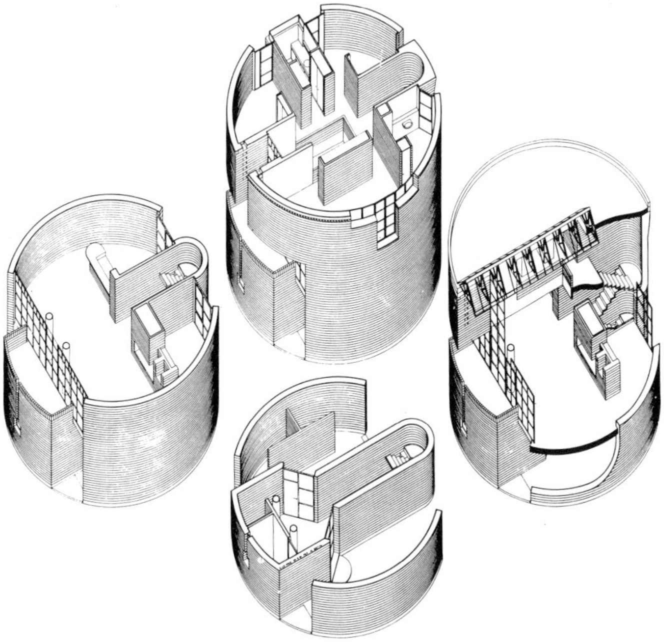

Umbildung des Kreises durch Unterscheidung von Vorder-, Rück-, rechten und linken Seiten: „Casa Rotonda", Stabio in der Schweiz, Mario Botta, 1980.

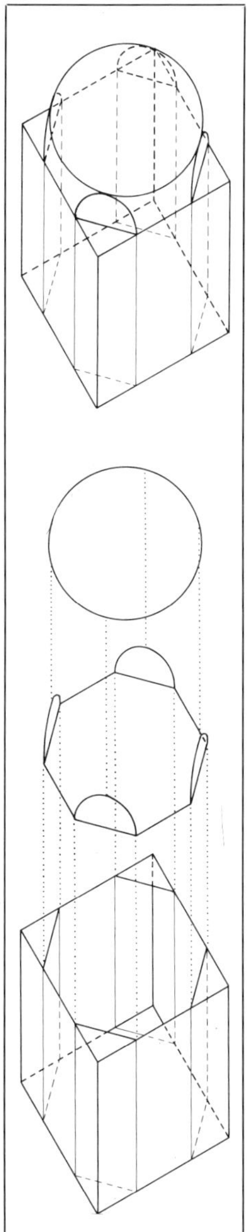

Das Achteck als Mittler zwischen Quadrat und Kreis: Hosios Lukas, Griechenland, 11. Jahrhundert.

keine Diagonalen besitzt und die Medianen nur in den Ecken, nicht aber auf den Seiten einen präzisen Anhaltspunkt finden. In diesem Sinn ist das Dreieck weniger zentralisiert als das Achteck oder Quadrat, obgleich es wegen seiner spitzen Ecken einen extrem geschlossenen, ja fast klaustrophobisch wirkenden Raum definiert (Abb.).

Weicht die Seitenmitte einer Öffnung und bleiben nur die Ecken übrig, findet das Zentrum durch die Überschneidung der gegensätzlichen Kräfte seinen festen Platz (Abb.).

Fehlen die Ecken und werden nur die Mittelstücke der Seiten erhalten, verschwindet das ursprüngliche Dreieck fast; ein implizites Sechseck entsteht. Durch die Modellierung der seitlichen Abschlüsse, der Schnittflächen der Mauern zum Beispiel, kann man nun den Eindruck eines Sechsecks oder eines Dreiecks verstärken (Abb. Mitte).

Räumliche Entsprechungen zum gleichseitigen Dreieck sind Prisma und Pyramide (Abb. unten). Ihre Verwendung in der Architektur ist selten, da die Innenaufteilung eines Grundrisses mit spitzen Ecken keine leichte Angelegenheit ist. Die Untergliederung des gleichseitigen Dreiecks durch Abtrennung seiner Ecken im 60° Winkel läßt einen sechseckigen Grundriß erscheinen, der den Vorteil von stumpfen Winkeln bietet, die leichter zu nutzen sind, aber den Nachteil hat, keine eindeutige Begrenzungsgerade an seinen Rändern aufzuweisen.

Die Erörterung der elementaren Körperformen hat die Wichtigkeit der Bezüge von *Zentrum und Peripherie* und, im Falle einer Umlenkung der Kraftfelder, von Vorder-, Rück- und rechter und linker Seite zum Vorschein gebracht. Diese grundlegenden Themen der Architektur finden sich auch bei komplexeren Geometrien wieder.

In Kirchen mit zentriertem Grundriß ist die Mitte ein fiktiver Punkt des Hohlraums: Alles wendet sich ihm zu, Wände, Nischen, Teilräume und Dekke. Im Gegensatz hierzu belegt Frank Lloyd Wright die Mitte seiner Häuser oft durch das Massiv der Feuerstätte – Kamin und Küche; die Mitte wird zum festen Kern. Der Raum erwächst von dort aus und dehnt sich nach außen, läßt sich aber nur schwer in einer Grundfigur fassen.

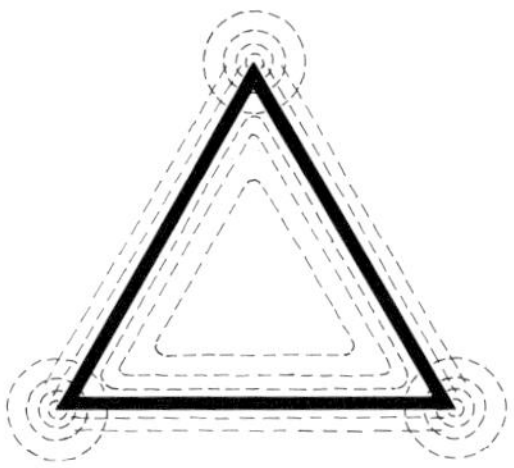

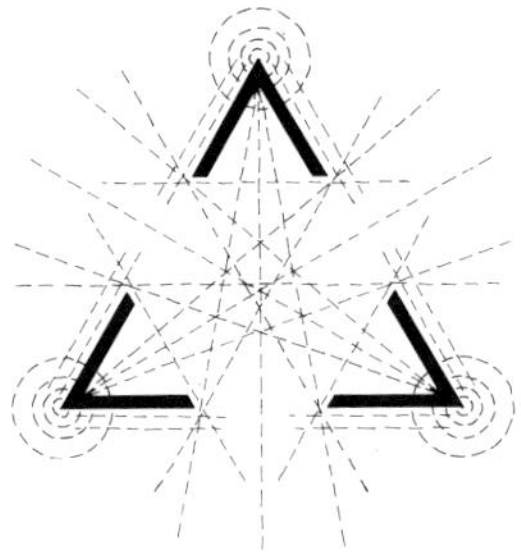

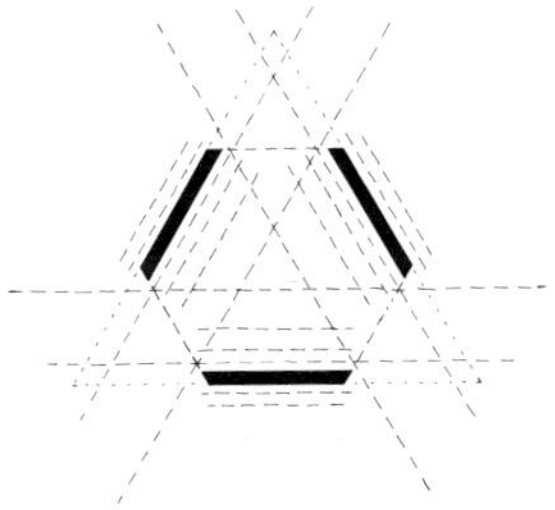

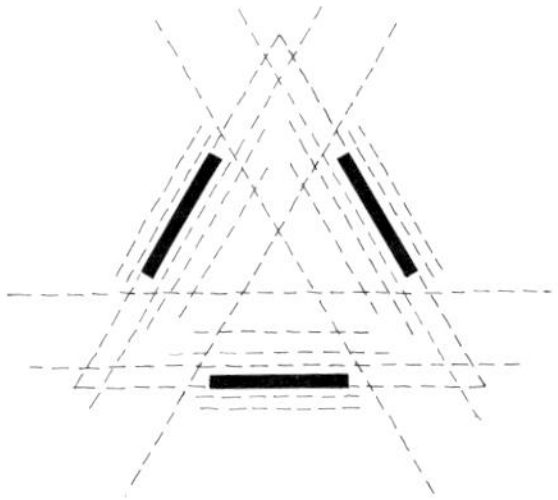

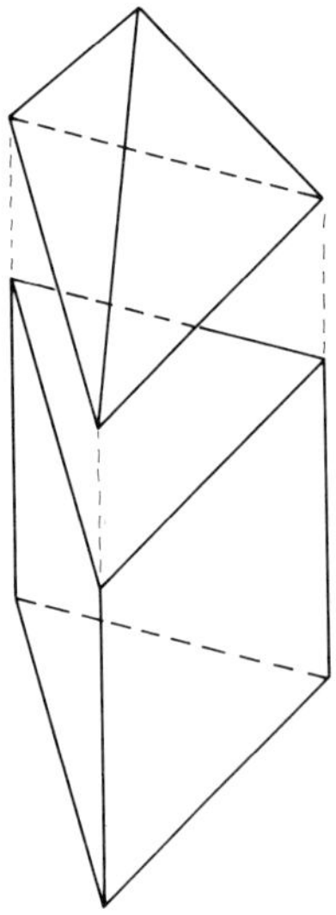

Anordnung von Räumen

Gebäude versammeln im allgemeinen mehrere Räume und fügen sich gleichzeitig zu einer relativ einfachen und kompakten Gesamtform. Eine rationelle architektonische Anordnung ist um Regelmäßigkeit der Struktur und des Erschließungssystems bemüht, das die einzelnen Räume zugänglich macht. Ich werde mich auf die Erwähnung einiger Grundprinzipien hierfür beschränken.

Die lineare Organisation ist vielleicht die häufigste und elementarste Art der Raumanordnung. Sie impliziert ein lineares Verteilersystem: die Straße, den Flur (Abb.).

Aus Gründen der Ökonomie stehen die tragenden Wände in der Regel senkrecht zur linearen Ausdehnung, was sich wiederum auf die Raumaufteilung, die Art der Öffnungen und die Möglichkeiten zu Umwandlung und Erweiterung auswirkt. Die tragenden Wände fallen zuweilen mit den Trennwänden der Zimmer zusammen, was eine disziplinierte Regelmäßigkeit der Räume verlangt und gleichzeitig eine größere Freiheit bei der Fassadengestaltung gestattet. Sind umgekehrt Fassade und Flurwände tragend, sind die Räume freier zu gestalten und gegebenenfalls leichter umzuwandeln.

Jede lineare Organisation hat einen Anfang und ein Ende, und man muß diesen markanten Punkten im Gefüge eine besondere Form und Ausrichtung verleihen, so wie auch der Mittelpunkt einer zentralisierten Organisation niemals wie irgendein anderer Punkt des Raums betrachtet oder behandelt werden darf.

Die *zentralisierte Organisation* führt ein Maximum an Kompaktheit ein und impliziert eine Hierarchie. Der zentrale Raum ist beherrschend und verteilt die zweitrangigen Räumen, die ihn umgeben (Abb.).

Bemerkenswerte Ensembles sind dadurch entstanden, daß man einen *Hauptraum* mit kleineren Räumen umschloß. Eine Hierarchie entsteht: Der Innenraum verfügt über „Leibwächter" wie bei der Unitarierkirche von Louis Kahn in Rochester.

Die in zwei orthogonale Richtungen verlaufende Konstruktion paßt sich am besten den wesensgemäßen Eigenschaften einer Zentralorganisation an.

Die *radiale* oder fächerartige Organisation kombiniert Zentralbezug und Linearität, da mehrere Reihen hintereinander liegender Räume von einem Zentrum bzw. Rückgrat ausstrahlen. Dieses erhält so eine besondere hierarchische Stellung. Es wird in gewisser Weise zum „Ursprung" des Ganzen (Abb. S. 130).

Dies ist eine selten gebrauchte und schwierige Art der Organisation, insbesondere weil sie Probleme der Orientierung stellt und zwischen den

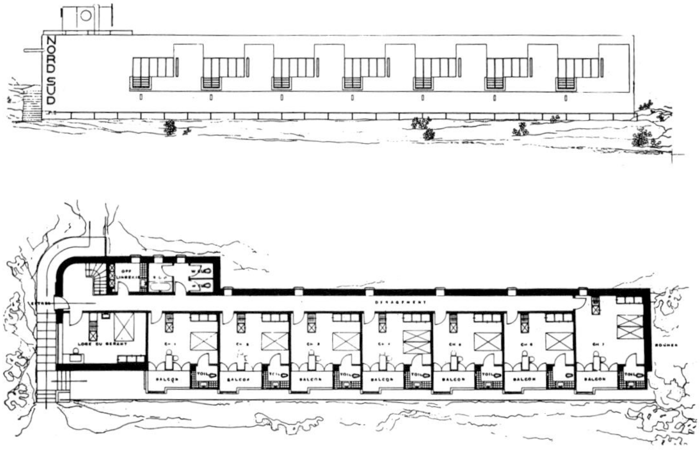

Links:
Lineare Organisation: Spezifizierung von Anfang und Ende statt einfacher Wiederholung.
André Lurçat, Hôtel Nord-Sud in Calvi, Korsika, 1931.

Rechts:
Zentralisierte Organisation: maximale Kompaktheit, bei der alles zur Herausbildung eines Zentrums beiträgt.
Resafa-Sergiupolis, Syrien (Mesopotamien), 6. Jahrhundert.

einzelnen Flügeln Räume läßt, die leicht „überschüssig“ wirken. Man kann sich gut in bezug auf das Zentrum orientieren, aber es ist nicht leicht zu erkennen, in welchem Flügel man sich befindet. Die linearen Elemente verlängern sich virtuell vielstrahlig nach außen, was die Einbettung in andere Gewebe problematisch macht. Nur wenige Gebäude vertragen eine so eindeutige Sonderstellung; es sind meist große zelluläre und autarke Organismen, die nach diesem Prinzip angeordnet sind: Gefängnisse, Krankenhäuser, Hotels, Administrationsgebäude, Studentenwohnheime usw. Ist die radiale Organisation kompakt, d.h. fallen die strahlenförmigen Korridore, die die Zellen erschließen, fort und bleibt nur noch eine Anordnung aneinandergrenzender Räume, gelangt man zu einer Sonderform der zentralisierten Organisation, dem Kranz. Handelt es sich um Kreissektoren, sind die entstehenden Räume wenig zufriedenstellend. Alvar Aalto allerdings bindet sie mit Genie der baulichen Funktion und dem Ort ein; eine Schwäche im Schema wird zum Vorzug in der Wirklichkeit.

Der *kranzartigen Organisation*, als deren Prototyp das Peristyl gelten kann, liegt ein lineares Prinzip ohne Anfang oder Ende zugrunde. Ihre Ökonomie liegt darin, daß man mit geringem Aufwand einen zusätzlichen Raum erhält, ein „Geschenk“ dieser Geometrie: der Mittelhof (Abb.). Sind die Korridore bei einer solchen Organisation nur einseitig, um als Säulengänge den Hof zu umschließen, wird die Orientierung erleichtert. Weiterhin sollte der Eingang zum Kranz differenziert gestaltet werden, wenn man das Unendliche dieser Linearität vermei-

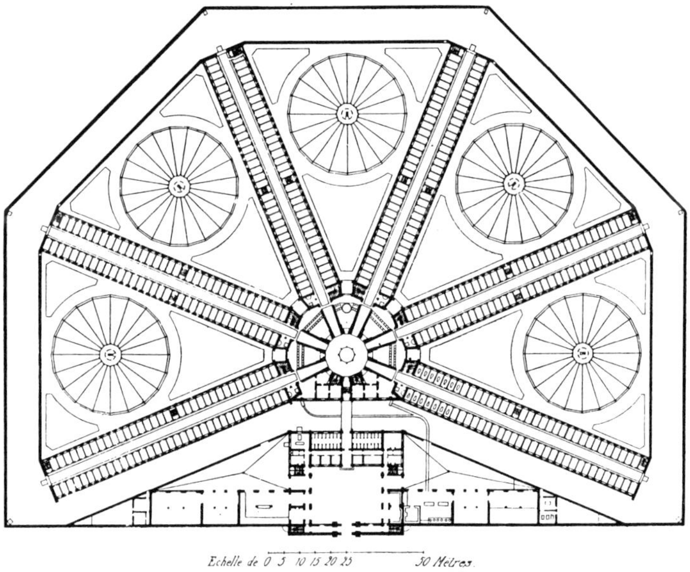

Radiale Organisation: sehr stark hierarchisiert und schwierig zu handhaben, da alles aus einem Zentrum hervorgeht. Ehemaliges Gefängnis von Mazas, Paris, 19. Jahrhundert.

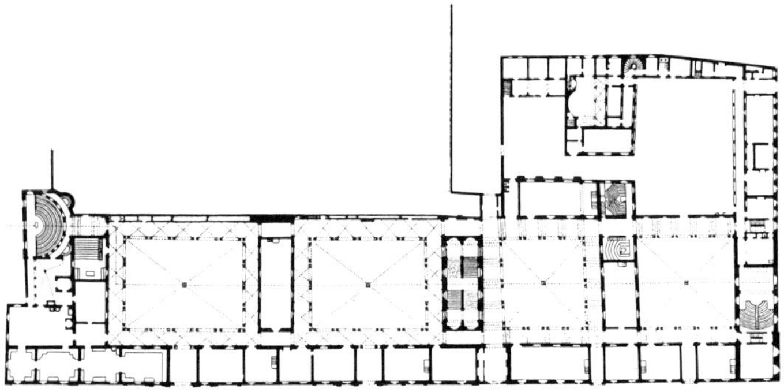

Kranzförmige Organisation: Ihr Prototyp ist seit der Antike das Haus mit Innenhof. Universität von Pavia, Grundriß Erdgeschoß (im Zustand von 1825).

Schachbrettartige Organisation, Prototyp der Kolonialgründungen: Ein rechtwinkliges, hierarchieloses Gitter gestattet es, eine Vielzahl von Räumen zu einem geordneten und verständlichen System zu versammeln. Georg Candilis, Alexis Josic, Shadrach Woods, Freie Universität Berlin, 1963.

Haufenartige Organisation: „organische" Fügung durch Nähe ähnlicher Elemente. Prähistorische indianische Siedlung Pueblo Arroyo, Südwesten der USA.

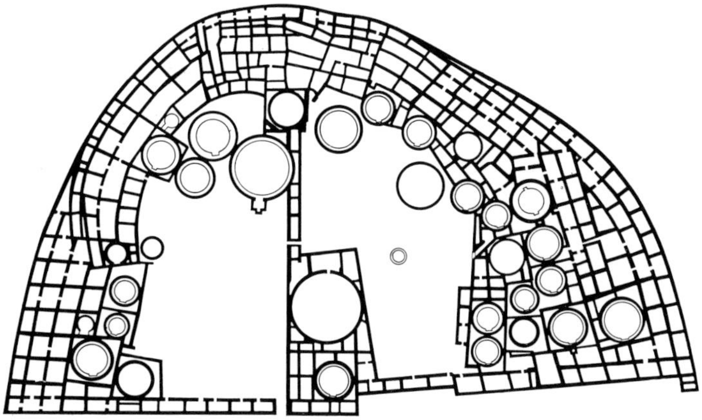

den will. Ein rechteckiger Hof ist ein besserer Wegweiser als ein quadratischer.

Die *schachbrettartige Organisation* versammelt Räume oder Raumgefüge in einem Gitter von Erschließungen (Abb. S. 130). Dieses Prinzip bietet sich vor allem für Großbauten an. Das Gitter ist nicht geeignet, um einzelne Räume zu versammeln. Es bietet begrenzte Felder, deren innere Organisation und jeweilige Bestimmung für andere der schon genannten räumlichen Gefüge offen bleibt. Es ist nicht überraschend, daß bei der Gründung von Kolonialstädten – von Milet bis zu Turin und Manhattan – dieses Verfahren gewählt wurde, da schnell eine klare Ordnung geschaffen werden mußte, deren Ausfüllung im einzelnen noch hypothetisch war. In das an sich homogene Gitter kann eine Hierarchie eingeführt werden: entweder durch eine Größenausnahme (die antike Agora von Priene oder manch verbreiterte Straße in Turin) oder durch eine Schräge (der Broadway von Manhattan) oder durch einen Wechsel in der Ausrichtung des Gitters (Athen). Sind die Rasterfelder eher rechteckig als quadratisch, werden die Richtungen unterschieden, was unserem Orientierungssinn zu Hilfe kommt.

Die *haufenartige Organisation* (Abb.) versammelt Räume durch Nähe. Sie ist topologisch, das heißt unabhängig von Form und Dimension. Sie gibt sich eher den Anschein eines im Laufe der Geschichte durch „zufällige" Addition Gewachsenem, als eines vom Menschen bewußt Konzipiertem. Daher tut Durand zum Beispiel sie als zufallsbedingt ab und gesteht ihr keinen Raum zu. In den sechziger und siebziger Jahren wurden zahlreiche große Wohnsiedlungen auf diese Weise organisiert. Die Architekten versuchten, mit der „Wohnmaschine", der „Monotonie", der „technikbedingten Wiederholung" und „dem großen Maßstab" zu brechen, um „lebendige" Räume und Körper zu schaffen. Lebendig? Sie glaubten, das Pittoreske der Geschichte künstlich und in Negation der Geschichte reproduzieren zu können. Doch diese läßt sich auch nicht annähernd simulieren, es sei denn man greift auf die Mittel romantischer Illusion zurück. Manche Gesellschaften jedoch adaptieren diese Art vertraulicher Organisation einer Gemeinschaft. Bei den Puebloindianern entspricht diese Wohnform einer Weltanschauung.

Der *offene Grundriß* ist keine Anarchie oder Negation von Ordnung. Diese räumliche Kompositionstechnik des 20. Jahrhunderts zieht das Ineinanderfließen von Räumen ihrem Nebeneinander oder der Reihung und Stapelung von Zellen vor. Dieses Konzept lag zu Anfang des 19. Jahrhunderts, als konstruktive Zwänge und Organisation des Grundrisses noch kaum voneinander zu trennen waren, noch jenseits des Vorstellbaren. Während Hennebique dem Stahlbeton für konventionelle Räume den Durchbruch verschafft, erforscht Le Corbusier kühn seine neuen Möglichkeiten. Revolutionärer Urheber einer neuen Konzeption von Grund- und Aufriß,

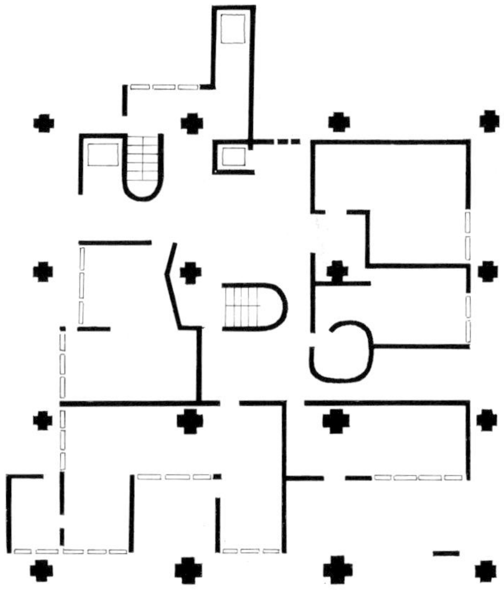

Der „offene Grundriß": Von den konstruktiven Zwängen befreit, fügen sich die Räume nach den funktionalen Erfordernissen und dem plastischen Traum dessen, der diese Gesamtheit von Orten entwirft.
Le Corbusier, Entwurf für den Gouverneurspalast, Grundriß 2. OG, Chandigarh, 1953.

dissoziiert er Tragwerk und Hülle von der räumlichen Organisation (Abb. S. 131). Die gesteigerte Komplexität dieses Raumgefüges und der Bezüge zwischen den Räumen wäre desorientierend, wenn sie nicht durch die gekonnte Einführung einer Hierarchie in das räumliche Kontinuum kompensiert würde. Ein wenig früher als Le Corbusier und ohne Stahlbeton versuchte schon Frank Lloyd Wright den Raum aus der Sklaverei und den Zwängen der tragenden Konstruktion zu befreien.

6.7 Licht und Schatten

> *„Das Licht der Sonne wußte nicht, was es war, bevor es auf eine Mauer traf."*
>
> Louis I. Kahn

Das Licht kommt uns von den Dingen

Der architektonische Raum existiert durch die Helligkeit der Objekte und begrenzenden Flächen; unterstützend wirken seine klangliche Resonanz und, zuweilen, seine Ertastbarkeit und sein Geruch. Arnheim mißt den erhellten Objekten den Wert von *Lichtquellen* bei: *„Diese Dinge sind dann zwar weniger hell als die Sonne oder der Himmel, unterscheiden sich aber grundsätzlich nicht von ihnen. Sie sind nur schwächere Leuchtkörper.*

Entsprechend wird die Dunkelheit entweder als Auslöschen der eigenen Helligkeit eines Objekts oder als die Wirkung dunklerer Gegenstände, die die helleren abdecken, gesehen ... Die vorherrschende Meinung in aller Welt scheint ... heute und immer gewesen zu sein, daß das Licht zwar ursprünglich aus der ersten Dunkelheit geboren wurde, nun aber eine innere Eigenschaft des Himmels, der Erde und der Dinge, die sie bevölkern, sei und daß ihre Helligkeit regelmäßig von der Dunkelheit verborgen oder ausgelöscht werde.

Wollte man sich darauf versteifen, daß dies irrtümliche Vorstellungen von Kindern und Wilden seien, die von der modernen Wissenschaft ausgerottet worden sind, so würde man damit unsere Augen für universale Seherfahrungen blind machen, die in künstlerischen Darstellungen ihren Niederschlag gefunden haben."[100]

Ausgehend von dieser Beobachtung, kann die architektonische Komposition als die Kunst verstanden werden, *Lichtquellen im Raum zu verteilen und zu dosieren*. Unsere gewohnten Hilfsmittel – Grundriß, Schnitt und Aufriß – tragen dieser Realität nur lückenhaft Rechnung; selbst das Modell in verkleinertem Maßstab ist täuschend. Beim Erarbeiten eines Entwurfs ist das Phänomen des Lichts daher meist am schwersten zu kontrollieren und wird infolgedessen auch am wenigsten gelehrt. Nur durch eine lange und aufmerksame Beobachtung der realen Gegebenheiten können wir uns einen „Musterkatalog" erstellen und Analogieschlüsse ziehen.

Quantität und Qualität

Die Lichtstärke kann für bestimmte Tätigkeiten wie Herumlaufen, Lesen, Zeichnen usw. ausreichend sein. Die Grenzen des Annehmbaren sind relativ gut bekannt, aber die Anpassungsfähigkeit des Auges ist beträchtlich und der Kontext spielt eine wichtige Rolle, weshalb sie nicht starr zu verstehen sind. Die Helligkeit ist letztendlich sehr relativ; sie hängt von der Verteilung des Lichts, dem Prozeß der Auganpassung und der von den Objekten und Flächen reflektierten Lichtmenge ab.

Die Wahrnehmung eines Raums bleibt relativ konstant, selbst wenn die Lichtintensität objektiv betrachtet auf ein Zehnfaches oder mehr steigt. Dies gilt auch, wenn man von der Adaptionsfähigkeit des Auges absieht. Innerhalb bestimmter Grenzen erhält sich eine Konstante; der Raum wird heller oder dunkler sein, aber nicht grundlegend anders.

Man nimmt ein und denselben Raum unterschiedlich wahr, wenn sich die Leuchtkraft bzw. Beleuchtung *einiger* der ihn bestimmenden Objekte und Elemente ändert, die übrigen jedoch gleich bleiben. In der Umgangssprache spricht man von einem „atmosphärischen Wandel", was sehr treffend eine qualitative Veränderung zum Ausdruck bringt, für welche die *Menge* des Lichts nur eine untergeordnete Rolle spielt. So ist ein Zimmer, wenn tagsüber durch die Fenster Licht einfällt, nicht derselbe Raum, wie wenn es nachts künstlich beleuchtet wird; ein und derselbe geometrische Raum wird bei Licht von oben, das die Kontraste aufhebt, ganz anders wahrgenommen als bei seitlichem Licht, das sie betont; eine dunkle Decke wird ihn zum Beispiel etwas höher erscheinen lassen als eine helle.

Bewegen wir uns von einem Raum zum nächsten fort, entsteht durch die Sukzession ein Kontrast verschiedener Lichtverhältnisse; die Wahrnehmung relativiert sich. Alberti sagt: *„Elfenbein und Silber sind weiß, erscheinen aber neben einem Schwanengefieder blaß ... von allen Dingen wissen wir nur durch den Vergleich."*[101] Der Architekt konzipiert einen Rundgang nicht nur als Abfolge räumlicher Ereignisse, sondern auch als ein Zusammenspiel von Lichtverhältnissen. Gegenlichteffekte sind schmerzhaft und starke Kontraste häufig unangenehm. Aus der gleißenden

Sonne ins Halbdunkel einer romanischen Kirche zu treten, ist ein schmerzhafter Schock, der vielleicht seinen Sinn aus dem Gegensatz von Weltlichem und Sakralem schöpft. Gibt es einen Portalvorbau und einen Narthex, bilden sie eine Schwelle, die den Übergang freundlicher macht. Sind wir erst einmal eingetreten, fühlen wir uns durch das stärker akzentuierte Licht des Mittelraums oder der dem Eingang gegenüberliegenden Wände angezogen und beruhigt. *„Architektur ist das kunstvolle, korrekte und großartige Spiel der unter dem Licht versammelten Baukörper; unsere Augen sind geschaffen, die Formen unter dem Licht zu sehen: Lichter und Schatten enthüllen die Formen …“*, sagt Le Corbusier.[102] Dank des wechselnden Lichts belebt sich plötzlich die versteinerte Unbeweglichkeit des Bauwerks. Die Zimmer gen Sonnenaufgang, gen Mittag, gen Norden und gen Sonnenuntergang bieten, auch wenn sie geometrisch gleich sind, unterschiedliche Schauspiele und wandeln sich im Rhythmus von Stunden und Jahreszeiten.

Licht und Raum

Die Begriffe, die Öffnungen bezeichnen, wie „Aussparung“, „Durchbruch“, „Spalt“, „Eckfenster“ usw. sind uns von wenig Nutzen für das Studium räumlicher Atmosphären unter dem Gesichtspunkt des Lichts. Ich möchte stattdessen vier Arten von Lichtverhältnissen unterscheiden, die als typisch gelten können – den Licht-Raum, das Licht als Objekt, das Licht von Objektreihen und das Licht von Oberflächen –, wobei ich mir durchaus bewußt bin, daß verschiedenste Kombinationen möglich sind. Da uns das Licht von den Dingen kommt,

Der Licht-Raum.

werde ich nicht die übliche und sehr technische Trennung zwischen der eigentlichen Lichtquelle (eine Lampe, ein Fenster) und dem von den Objekten und Flächen reflektierten Licht vollziehen. Erhellte Objekte und Flächen werden selbst als, wenn auch schwächere, Lichtquellen betrachtet. Diese Zusammenfassung der Phänomene von Quelle und Reflektor zu einem einzigen Konzept ist wesentlich für die räumliche Komposition mittels Licht.

Der Licht-Raum ist ein fiktiver Raum, der entsteht, wenn ein Abschnitt des Raums hell belichtet wird, während der Rest im Halbdunkel oder Dunkel bleibt. Die Grenzen sind fiktiv, aber deutlich wahrnehmbar. Befindet sich der Beobachter außerhalb der erhellten Zone, sieht er sie wie eine „transparente Box innerhalb der großen“. Die kleine Lichtbox zieht seine Aufmerksamkeit auf sich. Befindet er sich innerhalb der kleinen erhellten Box, bekommt der im Halbdunkel liegende Raum unbestimmte Dimensionen und kann sogar völlig aufhören zu existieren.

Le Corbusier, Kapelle des Klosters La Tourette, 1957.

Das Licht-Objekt.

Der Licht-Raum ist von großem Nutzen für die architektonische Konzeption. Er gestattet, *Bühnen darzustellen*, etwa im Theater, im Zirkus, im Museum, in nächtlichen Schaufenstern usw. … sogar unter freiem Himmel. Auch erlaubt er dem innerhalb der erhellten Zone Weilenden, *sich zurückzuziehen und besser zu konzentrieren*. Wir können dies an uns beobachten, wenn wir im Schein einer Tischlampe in einem großen Büro oder zu Hause arbeiten oder lesen und der übrige Raum um uns mehr und mehr verschwindet.

Seit es das elektrische Licht gibt, können solche Räume in kürzester Zeit und mit geringen Kosten geschaffen und verändert werden, verglichen etwa mit dem Aufwand der mechanischen Umgestaltung von Raumgefügen.

Tagsüber können die Sonnenstrahlen, die durch eine Öffnung gebündelt in ein relativ dunkles Zimmer eindringen, einen ähnlichen Effekt erzeugen; die „kleine Box" bewegt sich dann mit dem Lauf der Sonne. Ihre Wirkung entspringt häufiger einem wunderbaren Zufall als der bewußten Berechnung.

Das Licht mit Objektcharakter – das einzelne Fenster, die isolierte Rosette, ein punktuell angestrahltes Objekt in einem dunklen Raum, eine Kerze im Zimmer usw. – stellt ein Abhängigkeitsverhältnis zwischen Lichtquelle und Raum her, das dem zwischen Figur und Grund analog ist. Schaut man direkt in die Lichtquelle, fasziniert und blendet sie zugleich, unter der Voraussetzung allerdings, daß ihre Ausdehnung im Vergleich zur Raumhülle relativ klein ist (Abb.). Kehrt man ihr den Rücken zu, verändert sich die räumliche Wahrnehmung völlig, denn Wände, Fußboden und Decke werden ihrerseits zu schwachen Lichtquellen, deren Fläche ohne Begrenzung und umhüllend ist.

Bei einem Entwurf kann es vorkommen, daß wir aus praktischen oder symbolischen Gründen mit einer einzigen, konzentrierten Lichtquelle arbeiten und dennoch, aus diesem

Das Licht – Reihe von Objekten.

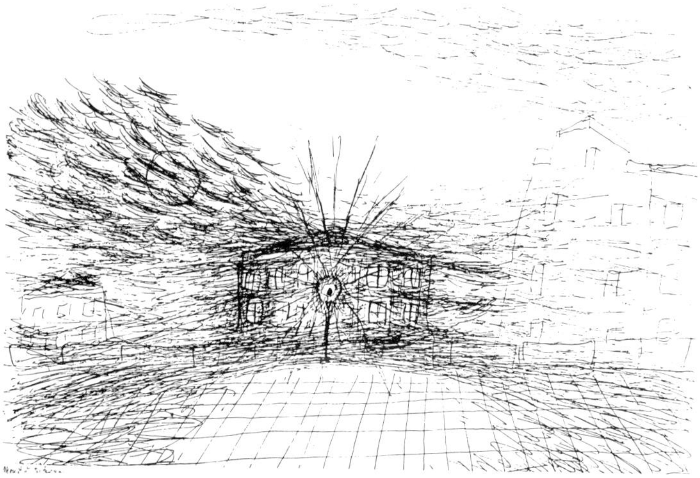

Paul Klee, Mond und Laterne, 1911.

Le Corbusier, Kapelle des Klosters La Tourette, 1957.

Lichtspendende Flächen.

oder jenem Grund, diesen Wechsel von Blendung und homogener Belichtung vermeiden wollen. In solch einem Fall muß die Lichtquelle weit über Augenhöhe angebracht (Pantheon) oder aber versteckt werden (indirekte seitliche Belichtung). Blendung wird nicht umsonst zu Einschüchterung und Folter verwendet. Unter diesem Blickwinkel muß jeder architektonische Entwurf vor seiner Umsetzung überprüft werden, damit derartige Aggression vermieden wird. Zu häufig gehen durch Blendung die wichtigsten und kostbarsten Dinge verloren.

Das Licht von Objektreihen – eine Reihe von Fenstern, von Strahlern, von Kerzen – neigt dazu, das Figur-Grund-Verhältnis der leuchtenden Objekte zu der von ihnen erhellten räumlichen Hülle zu entschärfen und eventuell umzukehren.

Eine regelmäßige Serie von Fenstern oder elektrischen Lampen oder auch ein Fensterband tragen aktiv dazu bei, *räumliche Grenzen zu ziehen*. Reihen von je nach Achsrichtung verschieden großen Fenstern oder eine Serie von Leuchtkörpern auf Mittellinie einer Wand machen die räumliche Geometrie expliziter. Eine freiere Anordnung der Lichtquellen erfordert die Beherrschung der Prinzipien des Gleichgewichts (Abb. S. 134).

Das Licht von Oberflächen: Unsichtbare Spalten können Wände, Decken und Böden belichten. Diese Begrenzungen des Raums werden dann zu *riesigen Leuchtkörpern*, deren Helligkeit sich vom starken Licht nahe der Quelle bis hin zum Dunkel der abgelegenen Ecken merklich abstuft (Abb.).

Die Leuchtdecke, wie man sie zum Beispiel in großen Geschäften oder Büros finden kann, ist ein anderes Phänomen, da hier die Helligkeitsstufung und somit die Tendenz zur Plastizität fehlt. Die übermäßige Präsenz der Decke durch ihr helles Licht und das Fehlen von Kontrasten ermüdet. Die Beleuchtungstechniker behelfen sich mit zusätzlichen Lichtquellen, um einige unverzichtbare Kontraste wie-

Le Corbusier, Kapelle des Klosters La Tourette, 1957.

Le Corbusier, Flur im Kloster La Tourette.

Die Wände werden Licht! Vorhangwand aus Alabaster, die in aller Schlichtheit einen sakralen Ort definiert. Meggen, Schweiz, Franz Fueg, 1964–1966.

derherzustellen. Erst im Laufe der letzten Jahre ist es der Technik gelungen, diese Decken durch Spiegelleuchten „auf ihren Platz zu verweisen".

Die Entsprechung zur Leuchtdecke ist bei Tage das Glasdach, welches, genau besehen, so gut wie nie an Orten Verwendung findet, die dem längerfristigen Verweilen oder Arbeiten dienen. Eine Ausnahme sind Fabriken, bei denen funktionale Erfordernisse andere Lösungen schwierig machen.

Die großflächige Verglasung und damit das Fehlen einer Mauer, verwischt ebenfalls die Kontraste, unterdrückt sie jedoch nicht völlig. Meist hat allerdings ihre Funktion der räumlichen Verlängerung nach außen oder des Panoramablicks den Vorrang vor Fragen der Belichtung. Es hängt von ihren Ausmaßen und ihrer Ausrichtung ab, ob sich Probleme zu starken Lichts und zu großer Hitze ergeben.

Diese kurzen Betrachtungen zu Licht und Raum sind wichtig, aber unvollständig. Manchmal gibt es Grund, diese elementaren Regeln zu überschreiten, um die der Bestimmung des Gebäudes angemessenste Atmosphäre zu schaffen. Bei einer Kultstätte kann ein gewisses Gegenlicht zur Andacht laden (Abb. S. 135). Wichtig ist, daß das Studium des Lichts als wesentlicher Bestandteil der verschiedenen Phasen des Entwurfs und der Ausführung verstanden wird. Modelle in großem Maßstab sind hierbei sehr nützlich. Fotografien sind täuschend, da die Lichtempfindlichkeit eines Films nicht mit unserer subjektiven Wahrnehmung gleichzusetzen ist.

Schatten

Der Schatten ist der Komplize des Lichts. Es ist die Abstufung zwischen erhellten und beschatteten Flächen, die über die Plastizität von Körpern Auskunft gibt. Ist der Kontrast hart, weil Licht aus einer einzigen Richtung einfällt, ist die Information über das Objekt reduziert (Abb.). Erscheint dies auch im Falle der hier gezeigten Skulptur von Henry Moore wenig erstrebenswert, so ist dennoch zu unterstreichen, daß es besondere Situationen gibt, wo genau dies bezweckt wird, z.B. bei der Ausstellung eines Reliefs; so wie auch eine Fassade außergewöhnliche Intensität erhält, wenn sie kurz von der Sonne gestreift wird.

Wird der Kontrast durch Belichtung aus verschiedenen Quellen gemildert, sprich ausgeglichen, so erhöht sich die Plastizität (Abb.).

Ist die Belichtung gleichförmig, da sie von allen Richtungen herkommt, verflacht sich das Objekt (Abb.). Für jeden Kontext und jedes Objekt gibt es eine Belichtung größtmöglicher Plastizität, bei der Kontraste und Homogenität sich die Waage halten. Ist das ausgestellte Objekt der Daseinsgrund des Gebäudes, wie zum Beispiel bei einem Skulpturenmuseum, ist die Arbeit mit mehreren Lichtquellen unerläßlich. Eine seitliche Hauptquelle (-richtung) ist vorteilhaft. Sie wird durch Nebenbelichtungen ausgeglichen. Eines der besten Beispiele hierfür aus dem 20. Jahrhundert ist die Gipsotèca (Gipsabguß-Sammlung) Canovas in Possagno von Carlo Scarpa (1957).

Paralleles und gerichtetes Licht: reduzierte Information über die Plastizität des Objekts.

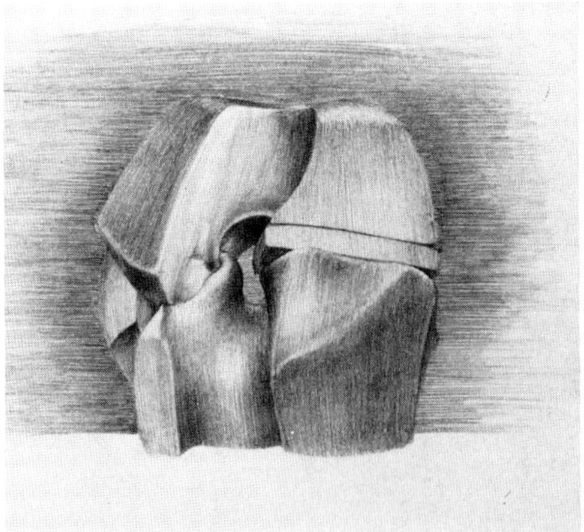

Licht aus mehrfachen Quellen und Reflexionen: Das Spiel der Schatten steigert die Plastizität des Objekts.

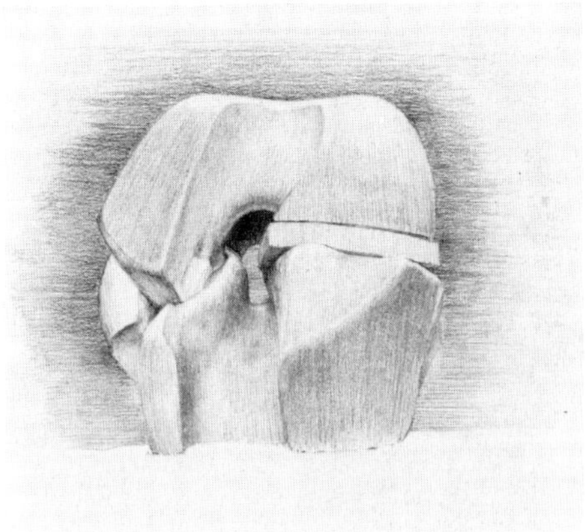

Gleichförmiges Licht: Das Fehlen von Schatten nimmt dem Objekt die Plastizität.

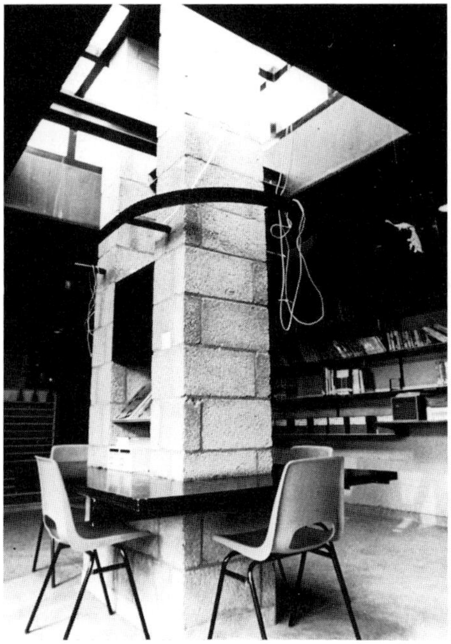

Das von oben einfallende Licht trifft auf einen vertikalen Rezeptor.
Herman Hertzberger, Montessori Schule, Delft, 1966.

Die Oberbelichtung ist eine besondere Art der natürlichen Lichtgewinnung, die die Architekten reichlich genutzt haben, seit die technischen Möglichkeiten es erlauben. Manche sprechen ihr an sich schon Qualitäten zu, die in gewisser Weise den architektonischen Wert „erhöhen". Aber man sollte eingestehen, daß das Oberlicht häufig schlecht ausgenutzt, schlecht plaziert und schlecht dimensioniert ist und dann lediglich die Kontraste verwischt und die Lichtmenge steigert.

Ein Oberlicht, das in der Mitte eines niedrigen Raums angebracht ist, kann entgegen dem Anschein keinesfalls mit der Sonnenscheibe assoziiert werden, da seine Nähe verhindert, daß man es als Parallelstrahlen sendende Lichtquelle betrachtet. Die Atmosphäre des Raums neigt dazu, „blaß", staubig und zuweilen sogar trist zu werden, ganz selten nur feierlich. Hat dieselbe Öffnung einen direkten Bezug zur Konstruktion oder zu einer Wand und *kann das Licht entlang eines vertikalen Rezeptors hinabsteigen*, stellt man die direkte Verbindung zum Raum wieder her und führt erneute Kontraste ein (Abb.).

Wird das Licht zu gleißend, bietet der Schatten einen Ort der Erholung (Foto: Marokko, 1960).

Wir haben bisher vom auf den Objekten liegenden Schatten gesprochen. Der *geworfene Schatten* ist vom subjektiven Gesichtspunkt der Wahrnehmung aus eher eine „Ausgeburt des Objekts" als des Lichts.[103] Das Objekt wirft Dunkelheit und projeziert seine Konturen je nach Lichteinfallswinkel genau oder verzerrt auf andere Flächen und Objekte.

Der Schatten kann, wenn er bewußt als Linie eingesetzt wird, ebenso wie das Licht dabei helfen, Formen und Grenzen von Körpern und Raum zu „zeichnen". Der Schattenwurf eines Traufgesimses betont den oberen Abschluß der Fassade. Der Rahmen eines Fensters erzeugt eine elegante Schattenlinie, wenn sein Profil bescheiden ist und das Fenster selbst flach mit der Fassade abschließt, während die Schattenbänder eines ausgeprägten Profils das scheinbare Gewicht und die Plastizität betonen. Eine Hohlfuge zwischen Rahmenholz und Mauer bezeichnet die Trennungslinie.

Bemerken wir abschließend auf einer mehr praktischen als ästhetischen Ebene, daß Licht und Schatten häufiger die Nutzung eines Raums bestimmen als seine Größe und Form. Das Vorhandensein oder Fehlen von Kontrasten sowie die Unterscheidbarkeit der Orte durch Menge und Qualität des Lichts beeinflussen merklich die Möglichkeiten eines Raums und das Wohlbefinden der in ihm befindlichen Menschen.

6.8 Boden, Wände, Decke

Auf den ersten Blick könnte man versucht sein, die räumlichen Begrenzungen einfach in geometrischen Begriffen zu beschreiben. Nimmt man ein leeres Zimmer an, das durch Flächen

Der praktisch genutzte Boden: Lager, Aufenthaltsplatz des Menschen, Ort des Austauschs. (Fotos: Marokko 1960 und Japan 1983)

Der Boden ist nicht immer rein praktisch genutzt! Eine sorgfältig gravierte Grabplatte mag an einen Unbekannten erinnern. Man betritt sie vorsichtig, vielleicht sogar respektvoll, man berührt die Ewigkeit. Der Boden ist nicht mehr eine simple horizontale Fläche für Füße und Hintern; er wird zum Ort.

homogener Farbe und Textur umgrenzt wird, stellt man jedoch leicht fest, daß nicht alle Flächen gleichwertig sind. In der Architektur gibt es grundlegende Unterschiede zwischen *Boden, Wänden und Decke*. Sie bilden besondere Orte im Inneren eines Ortes. Der Mensch orientiert sich zuallererst an der Schwerkraft. Vertikale und Horizontale haben also nicht die gleiche Wirkung. „Hinaufgehen", „oben sein", „nach unten schauen" oder beispielsweise „in eine Krypta hinabsteigen“ sind bedeutungsvollere Bewegungen als sich umdrehen und nach rechts und links schauen, vorwärts oder rückwärts gehen.

Der Boden hat zunächst einen praktischen Zweck, sehr viel mehr als die Wände und noch stärker als die Decke. Man muß auf ihm gehen und Objekte abstellen können. Durch die Schwerkraft verbinden wir ihn mit der Vorstellung eines Trägers von Leben und Dingen. Variationen in der Textur können ihn besonders hervorheben, aber im allgemeinen muß er horizontal bleiben, um die Mehrzweckmäßigkeit

Die Wände trennen und schützen. Sie geben dem Menschen eine Bleibe. Sie lenken unsere Wege und stellen, wo sie sich öffnen, Verbindungen her. Sind die Öffnungen groß und wiederholt, erweitern sie den Raum. Seefahrtsmuseum Barcelona in den Königlichen Drassanes, einer Schiffswerft des 14. Jahrhunderts.

Die Mauer dient als Ankündigung: Durch ihre Gliederung definiert sie den Raum. Hier spricht sie vom Raum der Tür. Monemvasia, byzantinisch-venezianische Kirche, 13. Jahrhundert.

und Bewegungsfreiheit zu garantieren, die wir von den meisten architektonischen Räumen erwarten. In diesem Zusammenhang erhalten Unterschiede der Ebenen und Treppen gleich ein starkes Gewicht. Der Boden ist also weniger frei veränderbar als Wände und Decke und hat infolgedessen einen stabilisierenden Charakter, der die verschiedenen Teile des Raums zusammenhält.

Unsere Schritte streifen ihn; der abendländische Mensch, der ihn kaum mehr nutzt, um sich dort niederzusetzen oder -zulegen, ihn mit den Händen oder dem übrigen Körper zu berühren, hat sich ein wenig von ihm entfernt. Es könnte sein, daß seine Vorliebe für Teppichböden vom Versuch einer „Versöhnung“ spricht, einer Wiederherstellung des essentiellen Bezugs zwischen Körper und dem Boden eines Gebäudes (Abb. S. 138). Erinnern wir daran, daß es zwei Arten von künstlichen Böden gibt: die abgedeckte Erde – Pflaster und Grabplatten – und den Geschoßboden, der leichter und artifizieller ist. Ihre Behandlung hängt von der jeweiligen Situation und dem Tragwerk ab.

Die Wände und die vertikalen Elemente dienen dazu, die Decke zu tragen, unsere Fortbewegung zu lenken, unsere Tätigkeiten, Objekte und Gebrauchsgegenstände zu umschließen, uns zu empfangen und von einem Ort zum nächsten zu leiten (Abb. S. 139).

Die Wände trennen und strukturieren den architektonischen Raum; sie begrenzen und schützen und gestatten uns daher zu bleiben. Das Bleiben gehört für Martin Heidegger zum Wesen des Wohnens: *„Das altsächsische ‚wuon‘, das gotische ‚wunian‘ bedeuten ebenso wie das alte Wort bauen das Bleiben, das Sich-Aufhalten. Aber das gotische ‚wunian‘ sagt deutlicher, wie dieses Bleiben erfahren*

Die Wand neigt sich leicht nach innen, um sich geschickt der Vorrechte der Decke zu bemächtigen: unberührbare Bilder. Alvar Aalto, Finnischer Pavillon für die New Yorker Weltausstellung 1939.

wird. Wunian heißt: zufrieden sein, zum Frieden gebracht, in ihm bleiben. Das Wort Friede meint das Freie, das Frye, und fry bedeutet: bewahrt vor Schaden und Bedrohung …"[104] Man berührt nur selten die Wände; wie bei einem Objekt, das man umkreist, bleibt ein Abstand. Die Wände sind „vor" unseren Augen. Ihre Gliederung, ihre Textur und ihre Fähigkeit, Informationsträger zu sein, spielen eine grundlegende Rolle für Charakter und Atmosphäre eines Ortes. Zwischen Wänden und Decke sind die geneigten „Hochwände" einzuordnen, die in ihrer Unberührbarkeit erhaben wirken (Abb. S. 140). Je nach ihrer Gestaltung, lassen sie sich eher der Wand oder eher der Decke zuordnen.

Die Decke ist zugleich Antithese und „Komplize" des Bodens. Sie ist pragmatisch in Hinblick auf ihre Schutzfunktion und die Erfordernisse der Konstruktion. Sie kann jedoch auch bedeutungstragend und symbolhaft sein. Da sie hoch oben und meist unberührbar ist, ist sie bevorzugter Ort für Stuck, Fresken und Mosaike – Ausdrucksmittel für Träume, Ideale und Heiliges. Unter den Architekten des 20. Jahrhunderts gibt es nur wenige, die der Decke die Erhabenheit zugestanden haben, die in ihrer Möglichkeit liegt. Mißt man ihr Sorgfalt bei, so meist um der ästhetischen Wirkung willen, die eine schöne Konstruktion hervorbringt: der bloßliegende Deckenaufbau. Dies ist bei den Schlachthöfen Garniers gerechtfertigt, wo es keine andere Bedeutung als die einer großen Fleischmaschine gibt. Andere Orte verlangen eine subtilere Rolle der Decke. Selten ist jedoch die Überzeugung – wie bei Aalto – von der Wichtigkeit eines *„Entwerfens der Decke"*: Aalto gibt dem Raum durch die Decke seinen Sinn.

Ästhetik der Deckenkonstruktion: Die großen Erbauer von Hallen und Bahnhöfen wie Garnier, Nervi, Wachsmann oder Piano haben für das filigrane „Dekor" des Tragwerks optiert.

Die Decke, Zuflucht für unsere Phantasien. Andrea Palladio, Villa Barbaro in Maser, Treviso, 1557–58. Bacchussaal, Fresken von Paolo Veronese.

Zweites Zwischenspiel
Vom Raum zum Ort

„Mach aus jeder Tür einen Empfang, und gib jedem Fenster ein Gesicht. Mach aus jedem einen Ort ...“ (Aldo van Eyck)
Haus Tombazi, Idra

„Die Leere existiert, solange du dich nicht hineinwirfst."
Odysseus Elytis[105]

„Der von der Einbildungskraft erfaßte Raum kann nicht der indifferente Raum bleiben, der den Messungen und Überlegungen des Geometers unterworfen ist. Er wird erlebt. Und er wird nicht nur in seinem realen Dasein erlebt, sondern mit allen Parteinahmen der Einbildungskraft."
Gaston Bachelard[106]

„Was auch immer ‚Raum' und ‚Zeit' für eine Bedeutung annehmen, Ort und Ereignis bedeuten mehr ... Der Raum bietet keinen Ort und die Zeit keinen Augenblick. Mach aus jeder Tür einen Empfang, und gib jedem Fenster ein Gesicht. Mach aus jedem einen Ort; eine Fülle von Orten aus jedem Haus und jeder Stadt ..."
Aldo van Eyck[107]

Über die vorwiegend visuelle Betrachtungsweise der Architektur hinaus möchten wir uns nun mit ihren wesentlichen Eigenschaften beschäftigen. Nah oder fern sein, eintreten oder hinausgehen, davor oder dahinter, drinnen oder draußen sein, sich geborgen fühlen oder nicht, zusammen oder alleine sein, am Wasser oder am Feuer, in der Bibliothek oder auf dem Markt usw., dies alles bezieht sich nicht mehr allein auf die Formen. Wir entfernen uns von Fragen der Proportion und des Gleichgewichts, der Skulptur und der abstrakten Malerei, denen wir bis hierher durchaus wertvolle Regeln entnehmen konnten. Diese Prinzipien reichen jedoch nicht zur Erfahrung der Architektur aus, die eine Spur von Lust und Fron der Menschheit ist. Die Architektur macht die Erlebniswelt sichtbar.

Mit dem Ort nehmen Raum und Zeit einen präzisen, spezifischen Wert an; sie hören auf, mathematische Abstraktion oder ästhetischer Gegenstand zu sein, sie erhalten eine Identität und werden zum Bezugspunkt für unsere Existenz: sakraler Raum, profaner Raum, persönlicher Raum, kollektiver Raum, Natur und Stadt, Straße und Haus, Ruine und Rekonstruktion.

Das durch seine Einfriedung, seine Wände, sein Dach geschützte Gebäude birgt in seinem Innern ein eigenes Universum von Nutzen und Leidenschaft, Arbeit und Muße, gezeichnet von Ereignisspuren der Vergangenheit und Gegenwart.

Der Raum wandelt sich mit dem Rhythmus der Sonne; der Ort wandelt sich mit dem Rhythmus des Menschen. Der Hafen, der öffentliche Platz und der Markt zum Beispiel sind Orte des Austauschs von Gedanken und Waren, Orte der Begegnung mit bekannten oder fremden Gesichtern, Orte, die im Rhythmus der Stunden und Wochentage schlafen und erwachen.

Nischen, Loggias, Alkoven und andere nach einem größeren Raum hin geöffnete Teilräume gestatten die zeitweilige räumliche Isolation und erhalten gleichzeitig das Gefühl der Zugehörigkeit zu einer größeren Gemeinschaft. Der Ort hat seine Wurzeln und seine Geschichte; er ist in der Zeit und an einer genauen Stelle der Erde ver-

„Ein Raum (ein menschlich bewohnter Raum) ist etwas Eingeräumtes, Freigegebenes, nämlich in eine Grenze ... Die Grenze ist nicht das, wobei etwas aufhört, sondern, wie die Griechen es erkannten, die Grenze ist jenes, von woher etwas sein Wesen beginnt ..." (Martin Heidegger)
Unsere Liebe Frau von Tinos, Griechenland

ankert. Der Ort hat seine „Kuppel", seinen Himmel, und vielleicht sogar seinen „Stern". Durch das Bauen werden ganz bestimmte Bezüge zwischen Erde, Himmel und Zeit festgelegt.

Als dienende Technik muß die Architektur unsere Bedürfnisse befriedigen; sie will nützlich und wirtschaftlich sein. Als Kunst maßt sie sich – geglückt oder überheblich – das Recht an, das Nützliche und Praktische im Namen von philosophischen Prinzipien zu vernachlässigen, die sich über das Alltägliche und Gewöhnliche erheben. Einen Ort zu schaffen bedeutet jedoch, das Gewöhnliche zu beachten und als Hauptquell der Poesie anzuerkennen.

Die Bilder und ihre Legenden, die einem Text Martin Heideggers[108] entnommen sind, binden den architektonischen Raum an Taten, Denken und Geschichte der Menschheit. In der ungeheuren Weite und Verworrenheit unserer Umgebung nehmen gewisse Abschnitte des Raums Ortswert an. Sie sind identifizierbar, bezeichenbar und legen Verhaltensweisen nahe. Manche Orte sind der Geschäftigkeit und dem Austausch bestimmt, andere laden zu Rückzug und Isolation ein. Der Ort beschwört immer eine Zeit des Innehaltens oder eine Tätigkeit herauf, sollte diese auch nur geistig sein. Seine Formen verbinden sich mit Ereignissen, die er birgt oder einstmals geborgen hat, und mit anderen Orten und ähnlichen Ereignissen.

Was Ordnung und Zwischenraum war, ist nun mit Werten belegt. Die in

„Das Eingeräumte wird jeweils gestattet und so gefügt, d.h. versammelt durch einen Ort … Demnach empfangen die Räume ihr Wesen aus Orten und nicht aus ‚dem' Raum." (Martin Heidegger)
Hafen von Idra, Griechenland

den vorherigen Kapiteln erörterten Prinzipien verlieren jedoch nichts von ihrer Stichhaltigkeit. Die Mittel, um einen architektonischen Ort zu bauen, sind immer körperhaft, aber allein reichen sie nicht aus. Wir schaffen Gewebe, Objekte und Räume, denen die Möglichkeit innewohnt, zu Orten zu werden, sofern wir nach ihrer Bestimmung fragen. Die architektonische Form muß also den „Geist des Orts" in sich aufnehmen und nicht allein ästhetische Prinzipien, den Nutzen oder geometrische und konstruktive Gesetze. Genauer gesagt, macht all dies zusammengenommen erst den Geist des Orts aus. So finden Ästhetik und Konstruktion in dem, was Alberti *„das Passende"* nennt, ihr volles Gewicht. Er versteht darunter eine Art der Gestaltung von Formen und Räumen, die der objektiven Bestimmung eines Orts nachkommt und berücksichtigt, daß er subjektiv mit demjenigen assoziiert wird, für den er geschaffen wurde. So soll für Alberti die Burg düster und stark sein, der Tempel solch Schönheit besitzen, daß man sich gar nichts Prächtigeres vorstellen kann, und der

„Der Raum als extensio läßt sich aber noch einmal abziehen, nämlich auf analytisch-algebraische Relationen. Was diese einräumen, ist die Möglichkeit der rein mathematischen Konstruktion von Mannigfaltigkeiten mit beliebig vielen Dimensionen. Man kann dieses mathematisch Eingeräumte ‚den' Raum nennen. Aber ‚der' Raum in diesem Sinne enthält keine Räume und Plätze ... Wohl dagegen liegt umgekehrt in den Räumen, die durch Orte eingeräumt sind, jederzeit der Raum als Zwischenraum und in diesem wieder der Raum als reine Ausdehnung ... In keinem Falle sind jedoch die Maß-Zahlen und ihre Dimensionen nur deshalb, weil sie auf alles Ausgedehnte allgemein anwendbar sind, auch schon der Grund für das Wesen der Räume und Orte, die mit Hilfe des Mathematischen durchmeßbar sind."
(Martin Heidegger)
Lesbos, Griechenland

Altar soll ehrwürdig sein.[109] Solche Werte können sich mit der Zeit ändern; im Moment des Bauens suchen wir nach denen, die unserer Zeit entsprechen.

Als Kahn am Entwurf eines Kongreßsaals für Venedig (1968–1974) arbeitete, erfaßte er sehr genau, daß es sich um einen Ort handelte, wo Menschen sich anblicken, und nicht um einen Kinosaal.[110] Beim Yale Center for British Art and Studies in New Haven entschied er sich für einen „Raum der Sammlung", um die enge Verbundenheit von Buch, Malerei und Zeichnung zu unterstreichen. Unsere Aufgabe ist es also, die Entstehung von Orten zu ermöglichen. Der Architekt entscheidet nicht über den Wert von Orten, aber er kann durch die Andeutung, die auf Beobachtung der Welt, Überlegung und Forschung beruht, einen Rahmen liefern, der gute Chancen hat, den jeweiligen menschlichen Gegebenheiten gerecht zu werden. Die Räume, die er schafft, werden mehr oder weniger vielfältige Möglichkeiten bieten, sich darin aufzuhalten, zu ergehen, sie zu durchlaufen, sich zu treffen, zu freuen, Gedanken zu entwickeln und auch zu träumen. Die Architektur unterstützt die Tätigkeiten des Menschen; dabei macht sie weder Vorschriften, noch ist sie neutral.

Manche Räume haben große Schwierigkeiten, zu Orten zu werden. Nehmen wir das Beispiel der „neutra-

„Der Ort läßt die Einfalt von Erde und Himmel, von Göttlichen und von Sterblichen in eine Stätte ein, indem er die Stätte in Räume einrichtet … Dinge von der Art solcher Orte behausen den Aufenthalt der Menschen … Das Hervorbringen solcher Dinge ist das Bauen … Deshalb ist das Bauen, weil es Orte errichtet, ein Stiften und Fügen von Räumen." (Martin Heidegger)
Le Corbusier, Kloster La Tourette, 1957.

len" Großraumbüros, wo die weite freie Fläche größtmögliche Freiheit bei der Einrichtung der einzelnen Arbeitsplätze und gleichzeitig Individualität gewähren will. Es hat sich jedoch als schwierig herausgestellt, bei Fehlen einer Ordnungsstruktur und fester architektonischer Anhaltspunkte etwas unverwechselbar „Eigenes" zu gestalten. Herman Hertzberger hat 1972 mit den Büros der Centraal Beheer in Apeldoorn einen überzeugenden Gegenentwurf realisiert. Er hat mittels zahlreicher angedeuteter Unterteilungen, die mögliche Orte vorzeichnen, den vagen Raum durch einen strukturierten ersetzt. Er hat eine räumliche Hierarchie geschaffen, Brennpunkte, hohe und niedrige Räume und Balkone, was die Unterscheidung von verschiedenen Orten erleichtert. Es genügt, sich mit den Nutzern zu unterhalten, um zu erkennen, wie sehr die Identität eines Ortes und die des Menschen sich miteinander verknüpfen können.

Das Nachdenken über die Bestimmung des Entwurfs und die Möglichkeiten, die er der Entstehung von Orten bietet, ist unerläßlich. Nie war die Bauproduktion so effizient, rapide und umfangreich wie in den letzten drei Jahrzehnten, aber zugleich scheint es sehr, als hätten wir die Kontrolle über unsere Mittel verloren. Obgleich es unsere Aufgabe ist, dem Ereignis einen Platz einzurichten, waren wir nie zuvor so wenig imstande, in Stadt und Haus Orte zu schaffen. Natürlich gibt es Ausnahmen: Alvar Aalto und nach ihm van Eyck, Siza, Botta, Galfetti und andere haben die Produktionsmittel in die richtige Richtung zu lenken vermocht. Aber generell zerstören wir mehr Orte als wir erschaffen, ob es sich um Innen oder Außen handelt.

Die heutige Gesellschaft reagiert in verschiedener Weise auf die kommerzielle und utilitaristische Dampfwalze, die unseren Städten zum Teil schwerere Zerstörungen als der Krieg zugefügt hat. Es gibt Nostalgiker, die versuchen, die Erscheinungsbilder einer vergangenen Architektur ohne jedes Vertrauen in die lebendige Kraft unserer Zeit zu erhalten, festzufrieren und manchmal sogar zu reproduzieren. Aber es gibt ebenso eine ganze Geistesbewegung, welche die Bedeutung des Baugebiets und seiner Geschichte für die Umwandlung und Schaffung von Orten wiederentdeckt hat.[111] Der Geist des Orts entspringt *gewohnheitsmäßigen* Tätigkeiten und Verhaltensweisen, die an Schemata von einprägsamen räumlichen Situationen, Lichtverhältnissen, Formen und Texturen gebunden sind. Hinter dem neuen Interesse für die Typologie, die die grundlegenden und strukturierenden Eigenschaften eines baulichen Gewebes verstehen will, steht die Suche nach dem Wesen dieser Gewohnheiten oder Konventionen.[112] Um zur Konvention zu werden, bedarf der Ort zeitlicher „Dauerhaftigkeit" und wiedererkennbarer körperhafter Merkmale, die auf bestimmte soziokulturelle Erfahrungen hindeuten.[113] Auf diese Weise erkennen wir die Bezüge zwischen Form, Ort und Geschichte. Der architektonische Raum erhält durch seinen Fortbestand eine Doppelrolle: als geschichtliches Zeugnis und zukünftige Möglichkeit. Wie Aldo van Eyck treffend ausdrückt: *„Die Orte, derer man sich erinnert, und die Orte, die man vorwegnimmt, verflechten sich im Zeitraum der Gegenwart. Erinnerung und Vorwegnahme sind tatsächlich die wahre Perspektive des Raums und geben ihm seine Tiefe."*

7 Der Ort

Licht-Raum
Kykladen

7.1 Der Standort

Man könnte den Diskurs über den Standort phänomenologisch[114] oder poetisch[115] fassen; ich habe jedoch einen konkreteren Ansatz gewählt, da im architektonischen Entwurf *ein Eingriff* in die Gegend angelegt ist.

Das Baugebiet als Ort ist immer an die menschliche Geschichte gebunden. Die Gegend, die wir auswählen oder die uns zugewiesen wird, um ein Gebäude zu errichten, ist vielleicht schon ein *Ort* auf dem Land oder in der Stadt. Dieser Ort kann durch unseren Eingriff zerstört, gestärkt oder umgewandelt werden. Befindet sich das Gebiet *zwischen* Orten, ohne selbst wirklich einer zu sein, kann es dazu werden, zumindest für seine zukünftigen Bewohner. Soll dort eine öffentliche Einrichtung entstehen, muß es als Ort eine gemeinschaftliche Rolle übernehmen. Es gilt, vor dem Entwurf den Standort genau zu betrachten und seine Geschichte zu studieren; dies ist zugleich Pflicht und Chance, da uns seine Genese, seine Form und sein Sinngehalt die wichtigsten Anregungen und die reichste Materie für den Entwurf liefern: geometrische Spuren, Überreste, Fragmente von Natur und menschlichem Wirken.

In allen Architekturschulen räumt die Lehre seit ungefähr dreißig Jahren der Betrachtung des Standorts und der Rechtfertigung des Entwurfs aus diesem einen bedeutenden Platz ein. Dies ist vielleicht der Bereich, in dem die Schulen am ehesten ihrer kritischen Aufgabe gegenüber der gängigen Praxis gerecht wurden, die vor allem den Gesetzen des Immobilienmarkts gehorcht, welche kaum Rücksicht auf die lokalen Besonderheiten einer Lage nehmen. Außer diesen Marktgesetzen haben verschiedene strukturelle Phänomene technologischen Ursprungs dazu beigetragen, Form und Sinn des Standorts in den Augen der Unternehmer und Investoren zu einer *quantité négligeable* werden zu lassen.

Geburt eines Ortes: niederländischer Polder.

Die Mittel zur Veränderung der Topographie sind gewaltig geworden. Früher stellten die riesigen Erdumwälzungen, die der Errichtung einer Stadtbefestigung vorausgehen mußten, einen Herrscher vor eine schwerwiegende Entscheidung und erforderten beträchtliche Opfer seitens der Bevölkerung. Heute kann jeder Unternehmer in wenigen Tagen und mit geringem Kostenaufwand die Unregelmäßigkeiten des Baugrunds ebnen. So erleben wir die Geburt der „Bulldozerlandschaft". Weshalb auch nicht, könnte man fragen. Es gibt einige – allerdings viel zu seltene – Beispiele, wo diese Hilfsmittel eingesetzt wurden, um einen *neuen, dem Menschen willkommenen Ort* der Erde aufzuprägen (Abb. oben; S. 151 rechts). Aber zumeist schlagen sie *Wunden*, die die Erosion nur schwer heilen kann (Abb. S. 151 links). Die Grundstücksgrenzen und die innere Logik des Konstruktionsprozesses sind recht schwache Rechtfertigungen für die Veränderung einer Topographie.

Techniken der künstlichen Kontrolle des Innenraumklimas durch Energiezufuhr wie Zentralheizung oder Klimaanlage haben den Zwang zu einer überlegten Wahl des Standorts und einer durchdachten Ausrichtung des Gebäudes in Hinblick auf Sonne, Wind und Feuchtigkeit aufgehoben. Zwei

Verletzungen durch Erd- und Baggerarbeiten: Vorbereitungen für ein Villenviertel in Kalifornien.

Kunstvoll von Menschenhand mit viel Mühe angelegte Terrassen auf dem Peloponnes.

kleinere Ölkrisen und ein nuklearer Unfall haben jedoch genügt, unser Bewußtsein wenn nicht zu erschüttern, so zumindest zu wecken.

Die Wasser-, Elektrizitäts-, Post-, Telefon-, Computer- und Verkehrsnetze haben abgelegene Gegenden leicht zugänglich und versorgbar gemacht. Die physische Nähe der Stadt, ihrer Einrichtungen und Arbeitsstätten, ist keine Voraussetzung mehr für ein Leben in Annehmlichkeit, geschweige denn fürs Überleben. Das Auseinanderbrechen unserer Städte zeugt davon. Die Verkehrsmittel, vor allem das Auto, dem aus Gründen des Komforts jedes Wohnhaus zugänglich sein soll, haben die Stadtlandschaft verändert. Die Schnellstraßen erfordern Trassen, die wenig Rücksicht auf lokale und geschichtliche Gegebenheiten nehmen.

Die Geschwindigkeit, mit der wir fähig sind, neue Urbanisierungen ‚schlüsselfertig' zu planen und vorzunehmen, läßt den Entwerfenden wenig Zeit und der werdenden Geschichte wenig Möglichkeit, Orte aufzuspüren und nach dem Bild der alltäglichen Wirklichkeit zu formen. Die jüngeren Stadterweiterungen entsprechen in ihren Ausmaßen und der Zahl ihrer Bewohner ganzen Städten der Vergangenheit, die ihrerseits Jahrhunderte gebraucht haben, um Ort zu werden. Die damaligen Erbauer hatten Gelegenheit, durch allmählich tastendes Vorgehen Orte kollektiver Bedeutung herauszuarbeiten. Vielleicht werden wir eines Tages die Möglichkeit haben, unseren Vororten durch ihre Umwandlung in eine „Gesellschaft von Orten", wie van Eyck sagen würde, städtisches Leben zu verleihen.

Aus all diesen Gründen ist der Standort seit dem 19. Jahrhundert zur vernachlässigten Größe geworden und nicht allein aufgrund der Immobilienspekulation, wie man meinen könnte. Letztere hat nur die durch Nachfrage und Produktionsmöglichkeiten gebotenen Gelegenheiten ergriffen.

Die Architektur der Vergangenheit – ob schlicht oder prunkvoll, namenloses Landhaus, das sich in eine windgeschützte Mulde duckt, oder Tempel auf einem Vorgebirgszug – lief kaum Gefahr, den Grund, auf dem sie sich erhob, zu vernachlässigen oder zu mißhandeln (Abb. S. 152). Wenn Vitruv davon spricht, „die Natur der Gegend durch die Kunst zu korrigieren", meint er damit keinesfalls ihre Auslöschung. Spricht er davon, die Straßen nach der „vorteilhaftesten Himmelsrichtung" anzulegen, versteht er darunter die Vermeidung von heftigem Winddurchzug. Welche heutige Straßenplanung würde auch nur einen Augenblick lang solchen Aspekt in Erwägung ziehen? Alberti und Palladio erörtern ausgiebig, wie entscheidend die Wasserqualität für die Wahl des Standorts einer Stadt oder eines Hauses ist. Unter solchen Gesichtspunkten kann ein Gebäude nicht mehr irgendwo errichtet werden; *es sucht die Eintracht mit der Erde*. Dieselben Autoren raten zur Wahl einer leicht zugänglichen Gegend, eines nicht zu feuchten Grundes, den man durch Untersuchung der dortigen Steine und Pflanzen erkennen könne, eines luftigen,

Der geschützte Stand-Ort: Berner Bauernhöfe.

Der gefeierte Stand-Ort: Akropolis von Athen, Skizze von Le Corbusier.

aber vor starken und schädlichen Winden geschützten Standorts, eines gleichmäßigen und auch im Winter sonnigen Klimas. Dies sind Qualitäten der Hygiene und des Komforts, für die die moderne Technologie wirksame aber nicht unschädliche Surrogate bietet. Die früheren Zwänge haben nennenswert zur Kohärenz der baulichen Umgebung und ihrer Eintracht mit der Natur beigetragen. Dies heißt natürlich nicht, daß man Komfortgewinn und Wirtschaftlichkeit der modernen Technologie einfach ablehnen sollte. Der Zwänge entbunden, müssen wir, wenn wir den Frieden zwischen Bauwerk und Baugrund wiederherstellen wollen, andere Mittel finden, um aus der Stadt eine „Gesellschaft von Orten“ zu machen. Der vielversprechendste Ansatz ist die Auseinandersetzung mit der Gegend als Form und Geschichte, welche den Weg weist hin zu einer Architektur, die anstatt nur sich selbst zu spiegeln oder sich zu „tarnen“, den Grundcharakter des Standorts betont. Kevin Lynch hat vor seinem Buch „The Image of the City“[116], durch das er bekannt wurde, ein Werk über Standortplanung geschrieben[117], das für den Gegenstand von unübertroffenem didaktischen Wert ist. Es gelingt ihm zum Beispiel, uns für die Topographie des natürlichen Terrains zu sensibilisieren und uns anzuhalten, ihre Umgestaltung genau zu begründen. Was die Methodenwahl anbelangt, bleibt er jedoch pragmatisch und wenig zukunftsweisend. Vittorio Gregotti hat diesen Ansatz durch weitergehende Fragestellungen und Methoden vervollständigt. Diese haben seitdem in den Architekturschulen Hörerschaft gefunden und zuweilen Anwendung; mittelfristig könnten sie in einer allgemeineren Entwicklung münden, einem Bewußtseinswandel im Umgang mit der Gegend in unserer der Kehrseiten der Technologie müde gewordenen Gesellschaft. Das in Europa neuerwachte Interesse für die Landschaftsarchitektur ist hierfür ein Vorzeichen.

Wenn die materiellen Zwänge nicht mehr ausreichen, um eine harmonische Nutzung des Baugrunds zu garantieren, müssen *ethische* Zwänge an ihre Stelle treten. Gregotti erkennt die Dringlichkeit, neue Methoden der Lektüre nicht allein für den Baugrund oder die Stadt zu entwickeln, sondern für die Gegend insgesamt mit all ihrer natürlichen und baulichen Substanz, um Maßstäbe für eine Umgestaltung zu erhalten. Einige der von ihm vorgeschlagenen Prinzipien, insbesondere seine Definition von kohärenten Gruppierungen oder „Feldern“, führen uns ins Kapitel 3 über Ordnung und Unordnung zurück. Diese Lektüre umfaßt die Identifikation formaler Eigenschaften, die Ensembles und Teilensembles strukturieren, bis hin zur Analyse des historischen Prozesses, der ihre Entstehung mitbedingt; die Inventarisierung der Materialien bis hin zu ihren formalen und farblichen Eigenschaften und ihrer Textur.

Um hierher zu gelangen, *„muß man die Hilfsmittel überprüfen; Karten, Luftaufnahmen, und topographische Höhenpläne können nur unterstützen, sie lassen weder Wertgehalte, noch das figürliche Gewicht der Teile ersehen“*[118], das heißt sie sprechen nicht wirklich vom Ort und seiner emotionalen Bedeutung für unser Alltagsleben.

Ein Verständnis der Gegend reicht jedoch nicht aus. Die Kunst des Entwurfs verlangt die Fähigkeit, die bauliche Aufgabe in Hinblick auf die Möglichkeiten des Standorts zu interpretieren. Zwei in den achtziger Jahren in der Nähe des Genfer Sees entstandene Projekte – eines vom Atelier Cube (Marc Collomb, Guy-Emanuel Collomb und Patrick Vogel), das andere von Vincent Mangeat – zeigen, wie ein – sehr unterschiedliches – Bauprogramm und eine spezifische formale Sprache relativ gesichtslose Lagen als Orte bestimmen und prägen können (Abb. S. 154, 155).

7.2 Schwellen, Grenzen

Bauen bedeutet zunächst, einen Teil der Landschaft in Unterscheidung zur Umgebung zu definieren und zu umgrenzen und diesem eine besondere Rolle zuzuweisen. Die *Grenze* bringt das Innen und Außen hervor (Abb.). Jeder beständige Ort ist durch Grenzen markiert: das Zimmer, das Rathaus, der Marktplatz und manchmal sogar die gesamte Stadt. Wir halten uns an die Grenzen, um uns zu versichern, daß wir im Innern sind, „zu Hause" auf dieser Erde. Der Mensch macht die Erde urbar und zögert nicht, den gewonnenen Besitz durch Schranken zu markieren. Die Grenze eines Orts impliziert die Herrschaft einer Person, einer Gruppe oder Gemeinschaft über das, was in seinem Innern, „bei ihnen", vorgeht.

Jedes Glied zwischen zwei Orten oder einem Innen und einem Außen stellt einen doppelten Bezug her. Es läßt sowohl Trennung als auch Verbindung entstehen oder, anders gesagt, Unterscheidung und Übergang, Bruch und Kontinuität, Grenze und Durchlaß. Die *Schwellen* und Übergangsräume werden ihrerseits zu „Orten": *zu Orten, an denen „die Welt sich ver-*

Bauen ist begrenzen, Schaffung eines Innen, das sich vom Außen unterscheidet. Sind die Grenzen erst gezogen – Parzellen, Schranken, Wände und Kuppeln –, verteidigt sie der Mensch; Umstürze sind nötig, um sie aufzuheben. So ist es denn wichtig, daß diejenigen, welche sie errichten, sie wohlüberlegt setzen, damit Konflikte und Leiden vermieden werden.

Die Schwelle, jener Ort, an dem die Welt sich verkehrt.
Bath, 18. Jahrhundert.

DER ORT

Wie kann man ein Archivgebäude in das ausgedehnte Terrain einbinden, das zur Verfügung steht? Die Antwort ergibt sich nicht aus abstrakt festgesetzten Regeln, sondern aus unermüdlicher Befragung des Standorts und der baulichen Aufgabe. Die dreieckige Außenbegrenzung des Gebäudes entsteht durch die anwachsende Reihe der Einheiten zur Lagerung der Dokumente. Sie ist eine Entsprechung zur Randbegrenzung des Terrains, die gleichfalls annähernd ein Dreieck bildet. Die Seiten differenzieren sich, die nach Norden gerichteten sind dem Tageslicht völlig verschlossen, damit die Schriften zur waadtländischen Geschichte bestmöglich erhalten werden, die südlichen sind für die Archivare und Besucher dem Licht weit geöffnet.

Durch seine dezentrierte Lage in einer Ecke des Grundstücks stellt das Gebäude Bezüge zwischen den Archiven, der bestehenden Industriezone, dem bewohnten Gebiet und dem Wald her, der sich am Wasserlauf im Süden entlangzieht. Ein Dialog mit den konstitutiven Elementen der Gegend entsteht. Das übrige Wiesenland bleibt bestehen und behält seinen identifizierbaren Charakter als einheitlicher und gesonderter Ort, eine wahrnehmbare Erinnerung an den Standort vor seiner Bebauung.

Atelier Cube

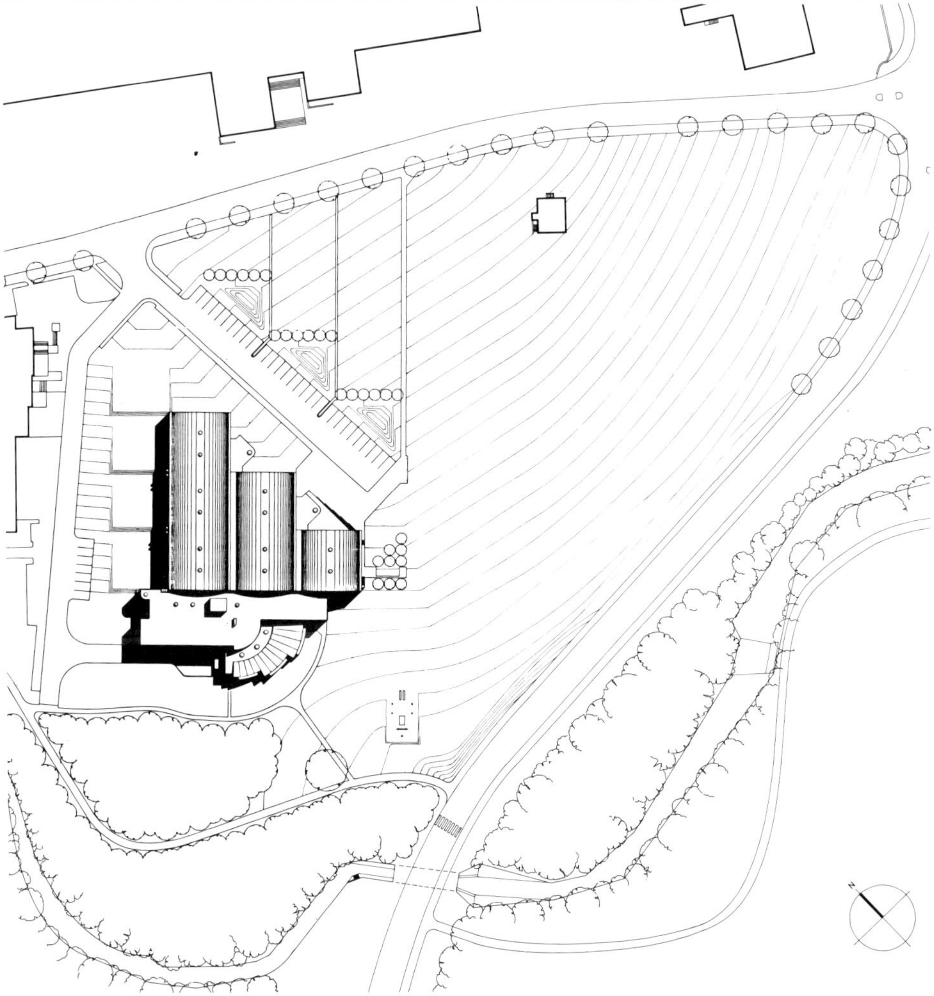

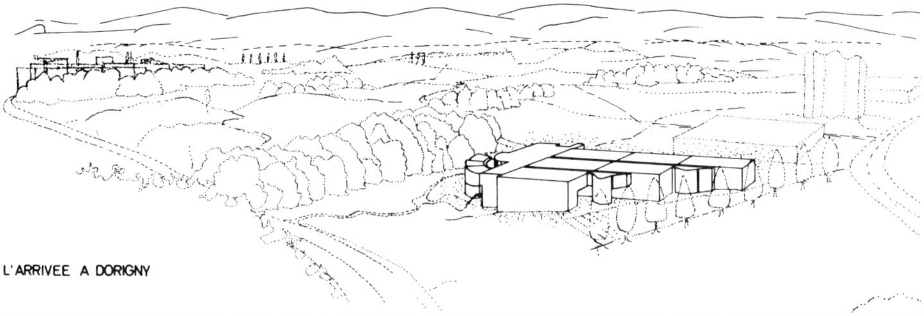

Atelier Cube (Marc Collomb, Guy-Emanuel Collomb, Patrick Vogel), Waadtländisches Kantonsarchiv, Lausanne, 1980–1984.

SYNTHESE VON ORT
UND BAUPROGRAMM

Dieser Entwurf möchte vor allem die signifikanten Konvergenzen aufzeigen oder festhalten, die sich zwischen Erdgestalt und Gestaltung des Themas einstellen.

Die Erdgestalt ist hier eine asymmetrische und ungleichmäßig weit geöffnete Talmulde. Während sie talabwärts unüberwindlich ist, kann sie talaufwärts überbrückt und bebaut werden. Die beiden üblichen Arten der Bebauung eines solchen Orts sind von der Geschichte ererbt und enthüllen den ungastlichen Charakter des Ortes. Wo das Tal überwunden werden kann, ist eine Brücke gespannt. Die an den Hängen errichteten Gebäude sind durch ein kräftiges Stützwerk gesichert.

Die Hänge, die Brücke und der Talgrund entnehmen dem Bauprogramm eindeutige Inhalte, die die erwartete Konvergenz von Erdgestalt und „Gestalt des Themas" explizit machen. Man findet demnach alle gemeinschaftlich genutzten Teile im Brückengebäude, die Klassenräume in den Hangbauten und den Hof im Talgrund. Das Einigende des Themas, die großen öffentlichen und gemeinschaftlichen Räume, stehen im Zentrum; das Vielfältige, die Klassenräume, nach Art von Häusern an den Hängen.

Vincent MANGEAT

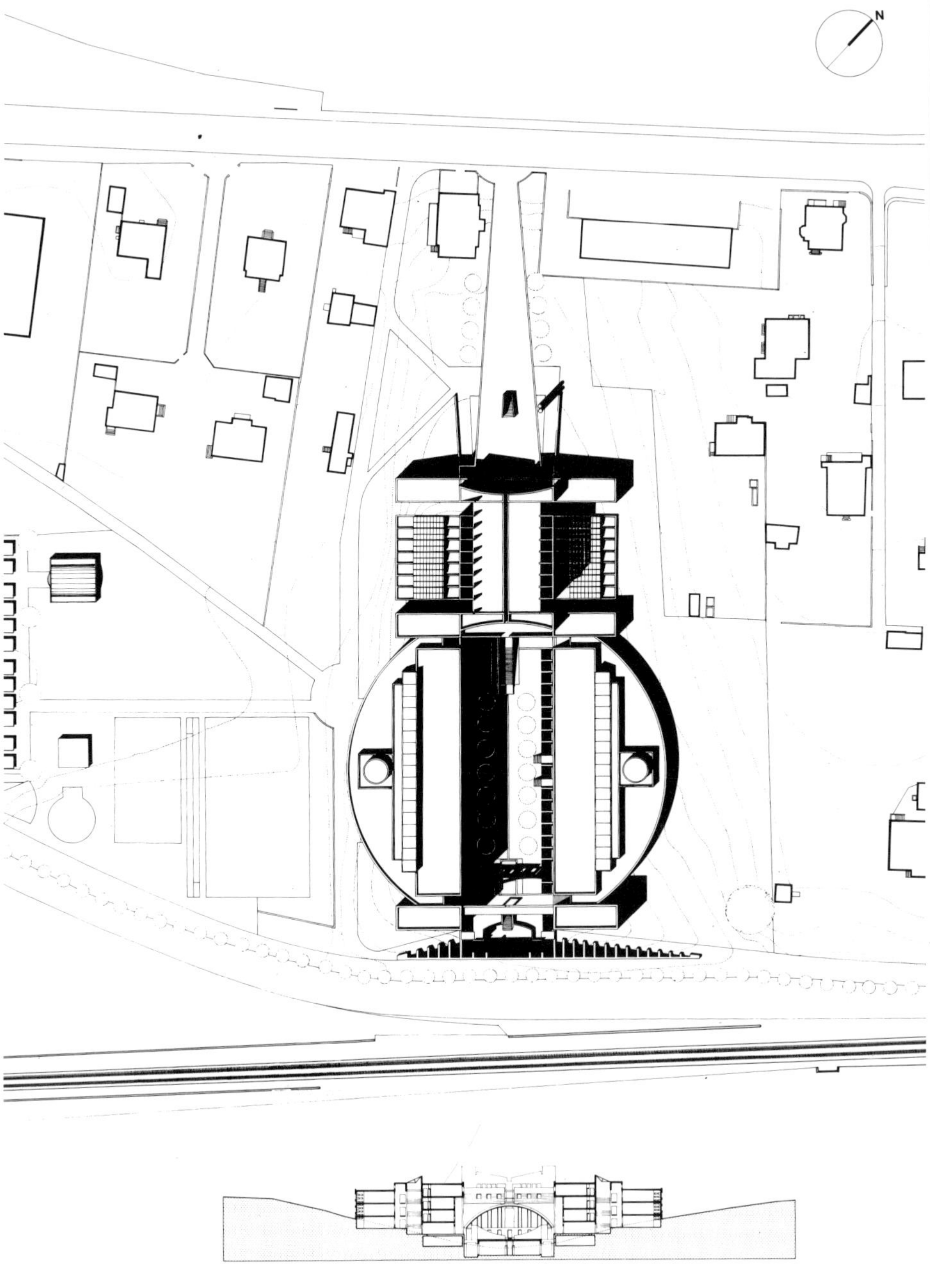

Vincent Mangeat, Gymnasium und Höhere Handelsschule, Nyon, 1984–1988.

kehrt".[119] Stufen, Freitreppen, Vordächer, Portale, Türen, Balkone, Fenster sind Regulatoren dieser Verkehrung (Abb. S. 155). Sie kontrollieren die Durchlässigkeit einer Grenze, indem sie die räumliche Trennung bekräftigen und gleichzeitig die Möglichkeit bieten, sie physisch oder durch Blicke zu überwinden. Es ist die Schwelle, welche die Natur der Grenze offenbart. Tür oder Fenster enthüllen uns die Mauer, ihr Vorhandensein und ihre Dicke. Aber mehr noch kündigen die Schwellen den Charakter der Orte an, zu denen sie Zugang gewähren oder die sie zu repräsentieren suchen.

So haben die Schwellen drei Funktionen, die sie in unterschiedlichem Maße ausüben:

Eine zweckgerichtete Funktion: Die Tür dient dem Durchgang, das Fenster der Belichtung und Belüftung. Diese Funktion ist immer vorhanden. Dennoch bedarf es mehr, um solch einen Ort, an dem die Welt sich verkehrt, zu charakterisieren: *„Was ist eine Tür? Eine ebene Fläche mit Angeln, ein Schloß, das einen fürchterlich harten Bruch ausmacht. Wenn Du eine solche Tür durchschreitest, wirst Du dann nicht gespalten? Entzweigerissen! Vielleicht fällt es Dir nicht mehr auf. Bedenke jedoch nur: ein Rechteck. Welch haarsträubende Armut. Ist das das Wesen einer Tür?"*[120]

Eine schützende Funktion: Die Tür kontrolliert den Einlaß, das Fenster selektiert die Aussicht und läßt einem die Wahl, sich den Blicken von außen darzubieten oder sich davor zu schützen. Die Schutzbedürftigkeit hängt in erster Linie davon ab, welche Kluft zwischen Außenwelt und Innenraum besteht. Dies betrifft sowohl den Aspekt des Körperhaften als auch des Sozialen. So werden wir, um unsere Privatsphäre zu wahren, ein gefährliches, aggressives, lärmendes, häßliches oder ganz einfach zu anonymes Außen am Eindringen hindern. Es gibt städtische Situationen, in denen die schützende Funktion Vorrang hat, wie die Türen mit fünf Schlössern der Appartements von New York City oder die dreifachverglasten Fenster eines Wohnhauses an lärmreicher Straße beweisen.

Auf der anderen Seite wird das Ausmaß an nötigem Schutz durch die sozialen Praktiken bestimmt. Hier schlagen sich die jeweilige Bestimmung des Gebäudes und die kulturellen Besonderheiten seiner Bewohner nieder. Fenster, Türen und ihre Sicherungsvorkehrungen sind in den arabischen Ländern nicht dieselben wie im Okzident. Manchmal verändern sich die traditionellen Vorrichtungen durch die Übernahme von Bildern aus anderen Ländern oder die Eigenlogik bestimmter Konstruktionsverfahren. Das „internationale Fenster", das die für Dschidda in Saudiarabien einst typischen Lamellenfenster ersetzt, ist hierfür ein trauriges Beispiel (Abb.).

Eine semantische Funktion: Der Gang durch die Tür und der Blick durch das Fenster tragen eine Bedeutung. Charakter und Wertgehalt des Universums, das sich dahinter befindet, werden durch Objekte oder architektonische Elemente angezeigt. Die Kennzeichen eines Orts legen, je nach geltenden sozialen Konventionen, bestimmte Verhaltensweisen diesseits und jenseits der Grenze nahe.

Auch in ärmeren Ländern können wir beobachten, daß die Schwelle nicht nur zweckmäßig oder schutzbietend ist. Besondere Sorgfalt und zusätzliche Arbeit werden für Eingangsraum und Tür aufgewendet. Historisch betrachtet ist der Übergangsraum wahrscheinlich an die Existenz eines Rituals gebunden. Die frühen Formen des Gottes- oder Herrscherkults verlangten eine Vorbereitungsphase. Als der Kult an einen Ort gebunden wurde, entstand die Schwelle als Raum für jene Vorbereitung. In seinem Werk „Das Heilige und das Profane" spricht Mircea Eliade vom an die Schwelle des Hauses gebundenen Ritual: *„Eine ähnliche rituelle Funktion fällt der Schwelle der menschlichen Behausung zu, und das ist der Grund, weshalb ihr so große Bedeutung beigemessen wird. Zahlreiche Riten begleiten das Überschreiten der Hausschwelle: Man verbeugt sich vor ihr oder wirft sich auf den Boden, man berührt sie fromm mit der Hand usw. Die Schwelle hat ihre „Wächter": Götter und Geister, die sowohl übelgesinnten Menschen als auch dämonischen und krankheitbringenden Mächten den Eingang verwehren. Auf der*

Vom an einen Ort gebundenen Fenster zum „internationalen Fenster". Dschidda, 1965.

Schwelle bringt man den wachenden Gottheiten Opfer dar. Auf die Schwelle verlegten einige altorientalische Kulturen (Babylon, Ägypten, Israel) das Urteil. Schwelle und Tür zeigen auf unmittelbare und konkrete Weise die Aufhebung der räumlichen Kontinuität; darin liegt ihre große religiöse Bedeutung, denn sie sind Symbole und Mittler des Übergangs in einem."[121]

Die Tür und ihre unmittelbare Umgebung waren nicht nur eine bevorzugte Stelle, um den Glauben der Bewohner kundzutun, sondern ebenso ihren Wohlstand und sozialen Status. Betrachten wir zum Beispiel Inschriften und Schmuck um die Türen von Bauernhöfen: Zuweilen weist ein Bibelzitat über der Tür auf den Glauben der Bewohner hin, während Wappen, Jahreszahlen sowie Form und Schmuck des Rahmens zum architektonischen Kode von Wohnsitzen einer gehobeneren sozialen Schicht gehören. Es sind soziale Zeichen, Träger von Hoffnungen und diskreten oder deutlichen Bildern, die derjenige setzt, der sich den Innenraum angeeignet hat, sein Bewohner oder Besitzer.

Ein Niemandsland zwischen drinnen und draußen, privat und öffentlich.

Ich werde nun einige Beispiele für die Gestaltung des Übergangs von Außen nach Innen untersuchen, die *Bequemlichkeit, Schutz* und *Semantik* jeweils unterschiedlich gewichten.

Das erste Beispiel ist einer Forschungsstudie aus den Jahren 1976–1982 entnommen, die an der Eidgenössischen Technischen Hochschule von Lausanne erarbeitet wurde.[122] Bei Mehrfamilienhäusern in der französischen Schweiz klebt bis etwa 1930 der Bürgersteig direkt an der Haupteingangstür. Man tritt abrupt in einen *kollektiven* Innenraum, in den zahlreiche Aktivitäten und Objekte aus dem inneren Wohnbereich verlagert sind. Dieser zumindest im Treppenhaus vom Tageslicht erhellte Raum schafft einen Übergang zwischen privatem und öffentlichem Bereich. Ab 1930 legt man häufig einen begrünten Privatweg zwischen Bürgersteig und Haupttür an, wodurch ein äußerer Übergangsraum zwischen Straße und Gebäudeeingang geschaffen wird. Später, insbesondere nach 1950, werden die Wohnhäuser mit Ziergärten umgeben und dadurch isoliert.

Eine Schwelle, die *ausschließlich* Schutz und Bequemlichkeit dient, existiert in Form des Treppenabsatzes vor der Wohnungstür der Bewohner von Hochhäusern. Betrachten wir den Weg zur Wohnung bei zahlreichen neueren Wohngebäuden: Man dringt in eine Tiefgarage ein, zwängt sich in einen kleinen Metallkasten – die Fahrstuhlkabine – und tritt in irgendeiner Etage wieder heraus, ohne den geringsten Bezug nach außen und – bei sehr hohen Wohntürmen – sogar ohne Blickkontakt zu einer Treppe gehabt zu haben. Die Beleuchtung ist künstlich und man muß zunächst den leuchtenden Knopf finden, der sie in Gang setzt. Nun finden wir uns umgeben von nackten Wänden und nüchternen Türen, deren Augen – die Spione – uns daran erinnern, daß wir vielleicht in unserem Käfig observiert werden (Abb.). Wir haben uns daran gewöhnt, aber Gewohnheit ist noch keine Sitte. Auf diesem Weg vom Öffentlichen zum Privaten haben wir eine Folge von Schleusenkammern, Brüchen und Einschnitten passiert, die einen Graben zwischen der Wohnung und der Straße, dem Viertel, der Stadt aufgerissen haben. In Wirklichkeit sogar Schlimmeres als einen Graben, da diese Zwischenräume weder vom öffentlichen Bereich noch vom privaten Raum her sichtbar sind. Gehören sie zur Stadt oder zur Wohnung? – Weder das eine noch das andere; sie verkommen zum „No-man's-land", sie gehören niemandem. Dieser Bruch verbietet dem Bewohner, sich der Öffentlichkeit einzubinden; er zieht unvermeidlich und mit manchmal dramatischen Folgen einen Verlust des Verantwortungsgefühls nach sich für das, was sich vor der eigenen Tür abspielt. Die Bessergestellten engagieren dann einen Portier, der die obskure und anonyme Strecke überwacht und instand hält.

Dehnen wir unsere Betrachtungen auf den *Innenraum* der Wohnung aus, stellen wir fest, daß in den alten Miethäusern eine wohlabgegrenzte Diele den neugierigen Blick in die Wohnräume verhindert. Auch in diesem Punkt hat ein Wandel stattgefunden; die Errungenschaften der modernen Architektur, insbesondere ihr Vermögen, auf wirtschaftliche Art großzügige, fließende und offene Räume zu schaffen, haben den Gedanken an eine „Rückgewinnung" dieser Fläche für einen ausgedehnteren und repräsentativeren Aufenthaltsbereich nahegelegt. Eine solche Aufteilung ist zugleich im Sinne einer wirtschaftlichen Rationalisierung, da sie die „zu nichts nützen" Korridorräume entfallen läßt. Die Wohnung mit offenem Grundriß hätte neue Lebensweisen fördern können, aber die Erfahrung zeigt, daß die Bewohner dem wohlabgeschirmten Privatbereich immer noch große Wichtigkeit beimessen. Um wieder einen Übergangsraum zu schaffen und über eine Diele zu verfügen, sind sie bereit, beträchtliche finanzielle Opfer zu erbringen.[123]

Manche Architekten der Nachkriegszeit haben die Nichtbeachtung der Schwelle als wichtigem Element im Wohnungsbau vehement angeprangert: Aldo van Eyck, Alison und Peter Smithson, Herman Hertzberger u.a. [124,125]. Der 1972 von Alison und Peter Smithson in London errichtete Komplex Robin Hood Gardens ist ein Beispiel, das sich der gängigen Politik dieser Zeit entgegenstellt. Es macht Hoffnung, da es die Möglichkeit der Humanisierung von Großbauten durch Berücksichtigung scheinbar zweitrangiger und individueller Umstände des alltäglichen Lebens aufzeigt (Abb.). Das Gebäude ist hoch (acht Etagen), der Standort nur schwach ans Stadtgewebe angebunden und bis aufs äußerste genutzt, aber im Rahmen dieser Optionen besteht ein deutlicher Unterschied zu den eben besprochenen Wohnhaustürmen. Vom Parkplatz aus gelangt man an die Erdoberfläche, *bevor* man über einen Fahrstuhl oder eine Treppe, die in Verbindung zum gemeinschaftlichen Raum stehen, zu überdachten Galerien kommt, die weiterhin den Blick auf die Stadt freigeben und breit genug sind, um zur Verlängerung des Wohnraums zu werden – eine Art Straße auf Stockwerkebene, die denen gehört, die sie bewohnen und pflegen.

Schwellen liegen nicht allein zwischen Stadt und Gebäude. Das Kloster

Hochhaus mit großer Wohndichte, aber Humanisierung des Übergangsraums. Golden Lane Study, Alison und Peter Smithson.

Der Eingang des Klosters, eines „autonomen Schiffs", das an die profane Welt angedockt hat. Kloster La Tourette, Le Corbusier, 1953–59.

La Tourette von Le Corbusier und ein Haus von Frank Lloyd Wright geben uns zwei Beispiele für sehr verschiedene Übergänge, die das dialektische Moment zwischen „Natur" und Bauwerk betonen. Beim Kloster La Tourette ist die Kombination *Graben/Brücke/Portikus* weder nötig, um den Eingang zu kennzeichnen (er wäre durch die Piloti-Konstruktion kenntlich genug), noch um Schutz vor Unwetter zu bieten (man bleibt dort nicht stehen). Tatsächlich artikuliert sie das Ende eines langen Zugangswegs, der durch eine kaum berührte Natur führt und auf diesen besonderen Ort des Eingangs zum Kloster mündet, welches wie ein „autonomes Schiff" erscheint, das an die Welt des Profanen und Materiellen angedockt hat (Abb. S. 158). Schützende und semantische Funktion der Schwelle sind hier sublimiert.

Frank Lloyd Wright legt eine andere Ethik zugrunde, die ihr Gedankengut zweifellos aus Rousseau und Thoreau schöpft. Die schützende Funktion der Schwelle wird unterdrückt und das Ideal einer Union der beiden Welten von Natur und Wohnraum angestrebt. Der Dichter Georges Perec spricht von dieser intimen Verbindung zwischen Mensch, Gebäude und Natur und beschreibt den Zugang zu einem Haus von Frank Lloyd Wright wie folgt: *„Es ist natürlich schwierig, sich ein Haus vorzustellen, das keine Tür hat. Ich habe eines Tages, vor mehreren Jahren, in Lansing, Michigan, in den Vereinigten Staaten von Amerika einmal eines gesehen. Es war von Frank Lloyd Wright erbaut worden: zunächst einmal folgte man einem leicht gewundenen Pfad, auf der linken Seite begann ganz allmählich und geradezu mit größter Lässigkeit eine leichte Anhöhe, die, anfänglich schräg, sich Schritt für Schritt der Senkrechten annäherte. Nach und nach, wie zufällig, ohne daran zu denken, ohne daß man zu irgendeinem Zeitpunkt hätte behaupten dürfen, so etwas wie einen Übergang, einen Bruch, eine Überleitung, ein Loslösen von der Kontinuität festgestellt zu haben, wurde der Pfad steinig, das heißt, es gab zuerst Gras, dann gab es allmählich Steine im Gras, dann gab es etwas mehr Steine und schließlich wurde es zu so etwas wie einer plattenbelegten und grasbewachsenen Allee, während der Abhang zur Linken irgendwie einem Mäuerchen in opus incertum zu gleichen begann. Dann tauchte so etwas wie ein Dach mit durchsichtigem Gitter auf, das praktisch unlösbar verbunden war mit der Vegetation, die es überwucherte. Aber in Wirklichkeit war es schon zu spät, um zu wissen, ob man draußen oder drinnen war: am Ende des Pfads waren die Platten fugendicht und man befand sich in dem, was man gewöhnlich eine Diele nennt, die unmittelbar auf einen ziemlich riesigen Raum ging ... Der Rest des Hauses war genauso bemerkenswert ... weil man den Eindruck hatte, es habe sich in den Hügel hineinverkrochen, wie sich eine Katze auf einem Kissen zu einer Kugel zusammenrollt."*[126]

Das letzte Beispiel bezieht sich auf die Schwelle, die keinen Übertritt gewährt: *Fenster und Balkon*. Einige vorhergehende Betrachtungen über die *Asymmetrie* von Schwellen sind angebracht. Die Schwelle, die die Möglichkeit bietet, eine Trennung zu überwinden, ist mit der Bewegung verbunden. Übertritte sind gerichtet in dem Sinn, daß sie an einem Ausgangsort beginnen und zu einem andersgearteten Zielort führen. Man könnte annehmen, daß sich diese Richtung im Falle eines *Hinausgehens* einfach umkehren würde. Der Portalvorbau einer Kirche würde dann zu einer Schwelle, die vom Heiligen zur profanen Stadt führte. Beide Richtungen sind jedoch nicht gleichwertig. Das gesamte Dekor des Vorbaus und des Portals orientiert sich nach außen, und die Kirche bleibt der *Zielort*, den man nunmehr *verläßt*, ohne daß die Straße notwendig zum neuen Zielort würde. Oft wird also mehr der Eingang als der Ausgang angezeigt. In der Architektur des Wohnungsbaus ist die Situation vielschichtiger, aber im Grunde vergleichbar. Das Haus kann auf seine Weise als ein „Zentrum der Welt" betrachtet werden und ist an erster Stelle ein Zielort.

Das Fenster kehrt diese Priorität des Zielorts um. Es ist Ausgangspunkt für den eher von innen nach außen gerichteten Blick. Man fühlt sich „bei sich zu Hause", weil man auf ein Woanders sieht. Der Fensterbereich selbst wird innerhalb des Zimmers privile-

Jedes Klassenzimmer ist ein Haus und hat Anrecht auf sein Portal.
Halle der Montessori-Schule in Delft, Herman Hertzberger, 1966.

giert zum Ort. Seine Transparenz, das Licht und der Sonnenschein, die dort eindringen, laden in seine Nähe ein und veranlassen zu besonderen Tätigkeiten: am Fenster sitzen und dem Kommen und Gehen draußen zusehen, ohne selbst gesehen zu werden, den Briefträger erwarten, Natur und Wetter beobachten, lesen oder Präzisionsarbeiten ausführen, Pflanzen kultivieren. Das Fenster ist also nicht einfach eine Einrichtung zur Belichtung, es ist, wenn wir darauf achten, ein wertvoller Ort der Verbindung zwischen drinnen und draußen. Manche zeitgenössische Architekten wie Louis Kahn, Aldo van Eyck oder Herman Hertzberger und später Diener & Diener haben daher über das Thema Fenster in Begriffen von Empfang und Ort nachgedacht. Bei der kleinen Montessori-Schule in Delft hat es Hertzberger verstanden, jeden Klassenraum zu „einem Haus" zu machen. In der Eingangshalle hat er vor den Klassenzimmertüren stärker erhellte Schwellenräume geschaffen. Das von oben einfallende Licht ruft dort das Bild eines Außen hervor. Neben jeder Tür gibt es ein Fenster, das die Inbesitznahme dieses Raums ermöglicht und jeder Klasse eine eigene Identität verleiht, da dort ihre Lieblingsobjekte – Pflanzen, Bilder, Nippes, kunsthandwerkliche Arbeiten usw. – ausgestellt werden können (Abb. S. 159). Das Hauptfenster, das nach draußen weist, ist so gestaltet, daß es mit den Blumenfenstern nach holländischer Tradition, die aus jedem großen Fenster einen kleinen Garten macht, assoziiert werden kann. Bezieht sich ein Ort auf unser Tun und unsere Rituale, kann er sich dem Gedächtnis besser einprägen.

Was für das Fenster gesagt wurde, läßt sich prinzipiell auch auf Loggias oder Verandas übertragen, die aller-

Der Balkon als Schwelle: „Sehen und gesehen werden".
Gemälde von Edouard Manet, Der Balkon, 1868/69.

dings schon weniger „privat" sind. Bei Balkonen verhält es sich anders. Hier geht es sehr viel mehr um das beiderseitige Sehen-und-Gesehen-werden (Abb. S. 160).

Fassen wir abschließend zusammen, daß Schwellen und Übergangsräume Orte des Wechselspiels zwischen entgegengesetzten und manchmal sogar widerstreitenden Phänomenen sind. Diese Polarität verleiht ihnen dualen Charakter, denn sie bestehen als autonome Orte und ordnen sich zugleich den Haupträumen unter, die sie artikulieren. Unsere Untersuchung dieser Erscheinungen und einiger Beispiele zeigt einen Aspekt der Architektur, der nur selten ausdrücklich in dem vom Bauherrn gewünschten Programm berücksichtigt wird. Der Architekt trägt umso mehr Verantwortung dafür. Die Problematik von Standort, Grenzen und Schwellen gehören mit zum Handlungsspielraum, den wir bei der Kunst des Entwurfs haben. Jeder Standort muß in Begriffen von bestehenden Orten, Grenzen und Schwellen erfaßt werden, damit ein sinnvoller Eingriff stattfinden kann. Jede bauliche Aufgabe verlangt danach, daß sie durch solche Betrachtungen vervollständigt und erweitert wird, um zum möglichen Ort zu werden. Standort und Bestimmung des Gebäudes sind hierfür die Keime.

7.3 Von Ort zu Ort: Orientierung und Weg

Orientierung in Kosmos, im Raum und in der Zeit

„Um seinem inneren Orientierungssinn zu genügen, muß sich der Mensch im Raum situieren".[127] Desorientierung erzeugt Angstzustände. Um einen Ort auszumachen oder uns von einem Ort zum nächsten zu bewegen, benötigen wir Anhaltspunkte. Dieser Gegenstand sprengt den Rahmen dieses Buches. Ich werde ihn hier nur anreißen. In Anlehnung an die Form eines literarischen Textes[128] werde ich mich des Kunstgriffs der *„Notizen für ein zu schreibendes Buch"* bedienen:

Zunächst werde ich über *Himmel und Erde* schreiben, deren Gegensatz uns das ursprüngliche Gefühl vermittelt, auf der Erde zu sein. Ich werde zeigen, wie oben und unten, vertikal und horizontal, Licht und Schatten sich in der Architektur hieraus entwickeln. Ich werde von unserer fortwährenden Übertragung dieser elementaren Erfahrung auf Orte sprechen. Ich werde Bachelard zitieren.

Weiterhin wird davon die Rede sein, wie wichtig der *Lauf der Sonne* für unseren Orientierungssinn ist, da er den Orten und ihrer Beziehung zueinander die *Himmelsrichtungen* verleiht. Das Wort „orientieren" kommt vom Begriff „Orient" – der Osten –, Ort des Sonnenaufgangs, der ein sicherer Anhaltspunkt in Raum und Zeit ist. Er dient nicht nur den Nomadenvölkern als Anhalt; Sonnenaufgang, Mittag, Sonnenuntergang und ihr „Nabel" – der Norden – ermöglichen auch uns die Orientierung. Sie erleichtern uns das Zurechtfinden; sie leiten uns bei der Gestaltung von Innenräumen bezüglich der Licht- und Temperaturunterschiede.

Anschließend werde ich, Cassirer zitierend[129], beide Phänomene zusammenführen, womit man zur mystischen Zahl sieben gelangt: die vier Himmelrichtungen, ihre Mitte oder ihr Schnittpunkt (an dem ich mich befinde) und die vertikale Achse mit oben und unten.

Danach werde ich von der Zeit sprechen. Ich werde mit den *Jahreszeiten* beginnen und zeigen, wie Frühling, Sommer, Herbst und Winter einen Rhythmus vorgeben für unsere Art, uns zu bekleiden. Die Körper enthüllen sich bei Hitze, im doppelten Sinne des Wortes. Der sinnliche Ort des „Selbst" ist im Winter vielleicht ferner als im Sommer. Bei den Jahreszeiten bleibend, werde ich herausstreichen, wie wertvoll der Pflanzenzyklus für unser Maß von Zeit und Universum ist. Vielleicht werde ich eine sehr einfache Regel der Stadtplanung vorschlagen: „Von jeder Wohnung und jeder Arbeitsstätte aus muß man des Rhythmus der Jahreszeiten und der Laune des Wetters gewahr werden können."

Ich werde nicht vergessen, den *Wechsel von Tag und Nacht* zu erwähnen, der die naheliegende Zeit rhythmisiert. Er bietet Gelegenheit zu zwei sehr unterschiedlichen Raumerfahrungen, was unsere Entwürfe sehr häufig außer acht lassen. Noch feiner kann in Morgen, Mittag, Abend und Nacht unterschieden werden.

Ich werde ebenfalls über die *Gegenwart der Vergangenheit* schreiben, über verwitterte Steine und Straßentrassen, die von der Auseinandersetzung unserer Vorfahren mit der Gegend zeugen, von ihren geistigen Werten, ihrem Verständnis von Komfort und ihrer Ökonomie der Mittel. Die sicht-

Orientierung im Kosmos

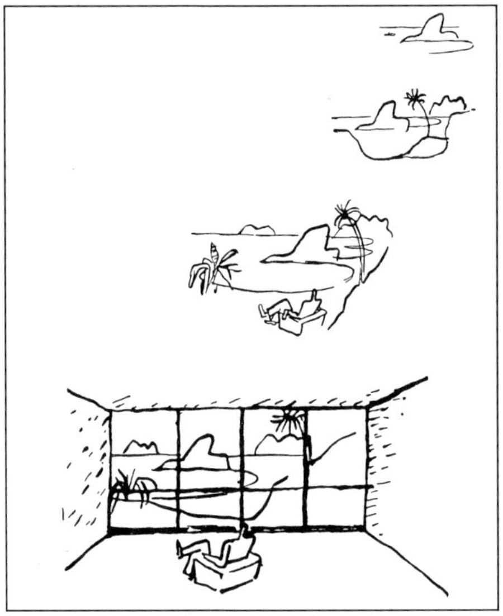

Orientierung im Raum

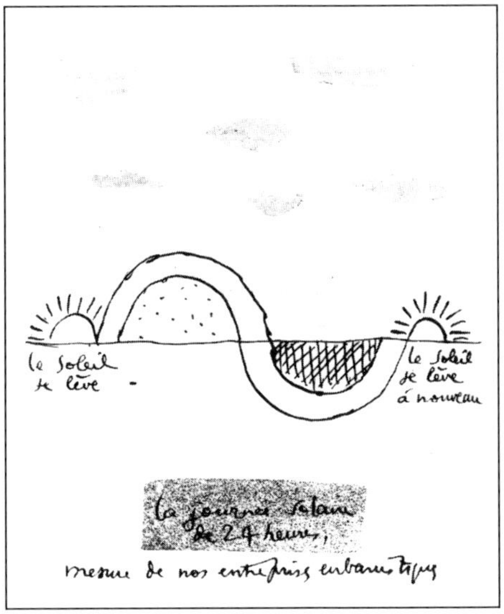

Orientierung in der Zeit

bar gemachte Schichtung der Zeit verleiht der Kultur und ihrem Wandel eine synchronische Dimension. Ich werde sicherlich von der Stadt Rom in ihrem heutigen Zustand sprechen, der diese Synchronisation und Aktualisierung der Geschichte bestens gelungen ist. Die Gegenwart der Vergangenheit verkörpert die Hoffnung einer Kontinuität der Stadt und hierdurch des Lebens selbst.

Ich werde von der Vergangenheit sprechen, die wir unaufhörlich an neuen Orten und in neuen Augenblicken unerwartet wiederentdecken. Die Erinnerung ist latent; sie wartet auf ihren schöpferischen Moment oder, wie Italo Calvino in den „Unsichtbaren Städten" schreibt: „… *daß das, was er suchte, immer etwas vor ihm Befindliches war, und auch, wenn es sich um die Vergangenheit handelte, es eine Vergangenheit war, die sich mit der Fortführung seiner Reise mählich änderte, da sich ja die Vergangenheit eines Reisenden gemäß der Reiseroute ändert, und damit meinen wir nicht die nächste Vergangenheit, der jeder vorübergehende Tag einen Tag hinzufügt, sondern die weiter zurückliegende Vergangenheit. Bei seinem Eintreffen in jeder neuen Stadt findet der Reisende etwas von seiner Vergangenheit, das zu besitzen er nicht mehr gewußt hat: Die Fremdheit dessen, was du nicht mehr bist oder nicht mehr besitzt, erwartet dich auf der Schwelle fremder Orte, die du nicht besitzt.*"[130]

In einem anderen Kapitel werde ich vom *Nahen und Fernen* sprechen, von Vorder- und Hintergrund. Das gleichzeitige Vorhandensein beider vereinfacht unsere Lokalisation und Fortbewegung in der größeren Umgebung. Beim Entwurf eines Grundrisses und der Öffnungen ist in Betracht zu ziehen, daß man bei sich sein und das Ferne sehen will, es aber nicht ständig sehen müssen will, damit es nicht zum allgegenwärtigen Eindringling wird. Der Bezug zur Ferne muß im übrigen nicht explizit sein; Viadukt, Bahnhof oder Flughafen erwecken den Gedanken an ferne Ziele. Wahrscheinlich werde ich auch den Friedhof erwähnen, der die zeitliche Ferne oder Bemessenheit *unserer* Zeit zum Ausdruck bringt. Ich werde auch nicht vergessen aufzuzeigen, daß man sich die Ferne, die sich beim Blick aus der Wohnung auftut, zu eigen machen kann, was unsere Betroffenheit erklärt, wenn sie uns durch städtische Umwandlungen genommen wird.

Es wird nun höchste Zeit sein, daß ich auf *Ebenen und Hügel, Täler und Höhen* zu sprechen komme, kurz auf die Topographie und die Rolle, die sie als Gradient, der eine Tiefenstaffelung einführt, für unseren Orientierungssinn spielt. Die Neigung und die Gestalt eines Abhangs müssen die Planung für dortige Straßen und Gebäude bestimmen. Ich werde ein weiteres, sehr einfaches Gesetz vorschlagen: „Es ist verboten, auf Anhöhen zu bauen, die potentielle territoriale Grenzen sind." Es ist wahr, daß sehr schöne Gebäude und sogar Städte auf Anhöhen errichtet wurden, aber die großen Agglomerationen von heute sind so schwierig zusammenzuhalten, daß Höhen und Wasserflächen die einzig ausreichend starken und kontinuierlichen Grenzen darstellen; Zürich, Athen und mehrere andere europäische Städte haben diese von der Natur gebotene Gelegenheit rechtzeitig zu ergreifen gewußt. Der Horizont ist eine Grenze, selbst wenn sie, wie Bollnow anmerkt, in Wirklichkeit unerreichbar ist, da der Horizont sich, je weiter wir fortschreiten, durch immer neue Horizonte ersetzt.[131]

Weiterhin werde ich über die Dualität von *Zentrum und Peripherie* der Gegend, der Stadt, des Viertels, des Hauses schreiben. Diese Dualität erhält nur ihren Sinn, wenn beide in Beziehung gesetzt werden. Ich werde über Mittel nachdenken, dies zu erreichen, und exemplarische Fälle vorstellen. Ich kenne mehrere, zu denen Manhattan und die Villa Karma von Adolf Loos gehören; London wird mich nicht zufriedenstellen, auch Athen und Lausanne nicht. Ich werde Kevin Lynch das Wort lassen zur Bedeutung von *Verkehrswegen, Grenzen, Vierteln, Knoten- und Anhaltspunkten* als territoriale Orientierungshilfen. Ich werde auch Louis Kahn zitieren. Ich werde Beispiele für klare und offene Strukturen anführen, etwa das Zentrum von Turin, sowie für verworrene Strukturen, etwa dessen Vororte. Zahlreiche Überlegungen dieses Buchs werden sich hier übrigens wiederfinden, vor allem die zu „Ordnung und Unordnung", „Gewebe und Objekt" usw.

Ich werde mich mit *Innen und Außen* beschäftigen als zwei entgegengesetzten Vorstellungen, die vielleicht das grundlegendste Unterscheidungskriterium für Orte liefern. Das Mittel zu ihrer Hervorbringung ist die räumliche Grenze. Ich werde sagen, daß es im Innern immer Platz für noch weiter innen gelegene Orte gibt; die letzte subjektive Grenze ist unser eigener Körper. Wir haben die Welt in ineinander verschachtelte Innenräume gegliedert, die uns, je kleiner sie werden, mehr und mehr Geborgenheit gewähren, angefangen bei der Himmelskuppel über die Nation bis hin zur Wiege, in der das Neugeborene schläft. Ich werde an dieser Stelle auf die Begriffe von Grenzen und Schwellen zurückkommen.

Die hier erwähnten Erscheinungen sind archetypisch; fast alle Völker nutzen sie zur Orientierung in Zeit und Raum. Es sind jedoch nicht die einzigen und auch nicht immer die wichtigsten Anhaltspunkte. Für den zweiten Teil des Buchs werde ich mich mit einem Anthropologen zusammentun, um von der Orientierung speziell in unserer abendländischen Kultur zu sprechen, davon, wie gewisse Wege, Orte, Objekte und Anordnungen, gewisse wiederholte Gesten und Rituale uns jene Vertrautheit und Stabilität bieten, die nötig sind, damit wir wissen, *wo* und *wann* wir sind.

Hiermit ist das Exposé über die Problematik der Orientierung im Kosmos, im Raum und der Zeit dargelegt. Für den Autor war dieses Spiel der „Vorüberlegungen zu einem Buch" vergnüglich und hoffentlich auch für einige Leser. Läßt man gelten, daß die *Desorientierung* im Kontext der rapiden und gigantischen Umwandlung und Urbanisierung des 20. Jahrhunderts ein sehr schwer zu ertragender Zustand ist, so ist ein Versuch der Abhilfe aus dem architektonischen Diskurs nicht mehr fortzudenken. In der Vergangenheit lösten sich diese Probleme dank der Allmählichkeit des Wandels sozusagen „natürlich". Heute ist es angebracht, einige Grundprinzipien der Orientierung zu erläutern, um dazu anzuregen, dieses neuartige Problem anzugehen und in die Fülle von Überlegungen mit einzubeziehen, die einen Entwurf begleiten. Die schon älteren Werke „The Image of the City" und „What Time Is This Place" von Kevin Lynch sowie einige kürzlich erschienene Forschungsarbeiten haben das Terrain vorbereitet.

Die Dynamik des Wegs

Die alltäglichen Wege, die einmaligen wie die gewohnheitsmäßigen, tragen dazu bei, das Bild zu festigen, das wir uns von unserer Umgebung machen. Sie offenbaren die umgebende Welt in ihrer geometrischen, räumlichen und formalen Beschaffenheit und laden sie mit auf der Wegstrecke beobachteten Ereignissen und dort wachgerufenen Bedeutungen auf. Der Weg erlaubt uns nicht nur, von einem Ort zum anderen zu gelangen, Orte zu streifen oder zu durchqueren, sondern hilft uns auch, uns an gesehene oder erlebte Dinge zu erinnern und uns in einem größeren Kontext zu verorten. Die Erfahrung des Wegs ist dynamisch, und die mit ihr assoziierten Begriffe sind Handlungsverben: spazieren, suchen und finden, durchqueren, eindringen, entdecken, hinein- und hinausgehen, stehenbleiben und weitergehen, ankommen und verlassen. Manchmal überschreitet der Weg Grenzen, sanft oder aber abrupt. Die Vorstellung vom Weg ist also mit der vom Wechsel verbunden. Bei jedem Wechsel empfindet der Mensch das Bedürfnis, sich in bezug auf seinen Ausgangspunkt, seine Vergangenheit und sein Ziel, seine Zukunft zu situieren. Daher greift er auf seine Erfahrung zurück, die ihm erlaubt, seinen Weg ohne allzu große Gefahr des Irrtums vorauszuahnen.

So sind wir fähig, uns in einer unbekannten Gegend zu bewegen, vorsichtig vielleicht, aber ohne zwangsläufig umherzuirren. Wir ziehen Analogien zu vertrauteren Situationen. Die Indizien, die wir dazu benutzen, sind noch wenig bekannt; spezielle Forschungen stehen noch aus. Die bemerkenswerte Arbeit von Kevin Lynch steht relativ vereinzelt da; sie bleibt ein Standardwerk für Architekten und Stadtplaner, die sich mit Orientierungsproblemen auseinandersetzen. Neuere Forschungen haben den Begriff der „kognitiven Karten" eingeführt, die jeder von uns im Geiste für die Orientierung in größerer Umgebung aufstelle. Unsere Kenntnisse haben sich hierdurch erweitert, aber noch sind diese Forschungen weit davon entfernt, in die gängige Planungspraxis Eingang finden zu können. Es scheint, daß die auf unseren Wegen durch die Stadt angesammelte Erfahrung zur Verinnerlichung von *Archetypen* oder Modellen räumlicher Organisation führt, die uns gestatten, neue Situationen anzugehen und einzuschätzen. Dank dieser Archetypen können wir uns im unbekannten Raum orientieren. Wir formulieren allgemeine Erwartungen, die sich eher nach der räumlichen Anordnung als nach der Geometrie richten. Ohne zu sehen, wohin die Straße führt, wissen wir, daß sie kontinuierlich, gerichtet und Teil eines Netzes ist, was uns gegebenenfalls erlaubt, unseren Weg zu korrigieren.

Auf kleinerem Raum gilt dasselbe für das Zurechtfinden in einem Haus, das wir zum ersten Mal betreten: Wir kennen noch nicht seinen genauen Aufbau, aber es gehört zur Familie all der Häuser, die wir schon besucht oder bewohnt haben. Wie seltsam auch seine Aufteilung sein mag, wir finden im allgemeinen Indizien für Ausmaße, Verbindungen und Stufen von Privatheit, die uns Auskunft geben, rückversichern und leiten.

Es scheint außerdem, daß der Mensch zu seiner Absicherung in kaum oder gar nicht bekanntem Gelände bestrebt ist, seinen Bezug zum *Ausgangspunkt* nicht zu verlieren: Er ist sein „Fluchtweg", der einzige, den er kennt! Bewegt er sich in der Natur oder Stadt, trägt er in gewisser Weise seinen Ausgangspunkt mit sich und unterteilt seinen Weg in Etappen zwischen einzelnen Anhaltspunkten. Manche dieser Anhaltspunkte sind schwach und kurzlebig wie etwa irgendeine Kreuzung; andere sind dauerhafter wie der Ausgangspunkt oder ein abrupter Wechsel im Charakter des Wegs oder auch ein besonderes Objekt. Beim Innenraum eines Gebäudes ist der Bezugspunkt für den Beginn des Wegs im allgemeinen *der Eingang*, was seiner Lage und seinem Bezug zum gesamten Gebäude besondere Bedeutung verleiht.

Die Straßen und die Innenerschließung werden Archetypen zugeordnet. Sie können Desorientierung und Angst hervorrufen, wenn Architekten und Stadplaner dies nicht berücksichtigen und von der gewohnten Typologie abweichen. Bei Innenräumen von kleineren Dimensionen hat dies keine schwerwiegenden Folgen, da die Desorientierung von kurzer Dauer ist. Sie kann sogar anregend sein, Überraschungseffekte begünstigen und die Lust am Entdecken wecken. Anders verhält es sich bei öffentlichen Großräumen – Städten, Vierteln und, im schwierigsten Fall, den Innenräumen großer Institutionen. Hier kann und muß die Architektur helfen, in groben Linien zu leiten, was eine kurzfristige Desorientierung mit den oben genannten Wirkungen nicht ausschließt. Seinen Weg finden heißt fähig sein, trotz eventueller Richtungswechsel, Kreuzungen und Abzweigungen über die bestmögliche Fortsetzung des Wegs zu entscheiden. Besucht man erstmalig und ohne Führung eine Gegend, eine Stadt oder ein Gebäude, sind es Räume, die keinen Sinn tragen außer dem, welcher durch Bildassoziationen entsteht. Allmählich füllen wir diese Leere, vor allem wenn wir einen bevorzugten Bezugspunkt haben, von dem aus wir diese neue Welt organisieren können.

In der Stadt sind uns zwei oder drei Archetypen von Wegen vertrauter als andere: die Straßenschlucht mit ihren „Wänden" aus aneinandergrenzenden Häusern und die von vereinzelten Gebäuden gesäumte Straße. Ein dritter Typ hat sich im Laufe dieses Jahrhunderts entwickelt: das Netz von freigeführten Wegen und Straßen in einer von Gebäuden durchsetzten Parklandschaft. In diesem dritten Fall ist es schwierig, die Wege vernünftig anzulegen. Man sagt, daß Aalto empfahl, ein oder zwei Jahre abzuwarten, um zu beobachten, an welchen Stellen das Gras zertreten werde, und dann dort die Wege zu pflastern.

Mit den Planungen des 20. Jahrhunderts sind öffentliche Gebäudekomplexe entstanden, deren Größen mit denen eines Dorfs oder einer Kleinstadt vergleichbar sind. Aber im Gegensatz zu letzteren werden sie von einem Besucher, der mit dem Ort nicht vertraut ist, oft als Labyrinthe empfun-

Die kleine, aber komplexe Stadt Morges, 7 km von der EPFL entfernt. Gesamtplan.

Hauptstraße mit zahlreichen besonderen Kennzeichen, die jedoch die Kohärenz des Ganzen nicht zerstören.

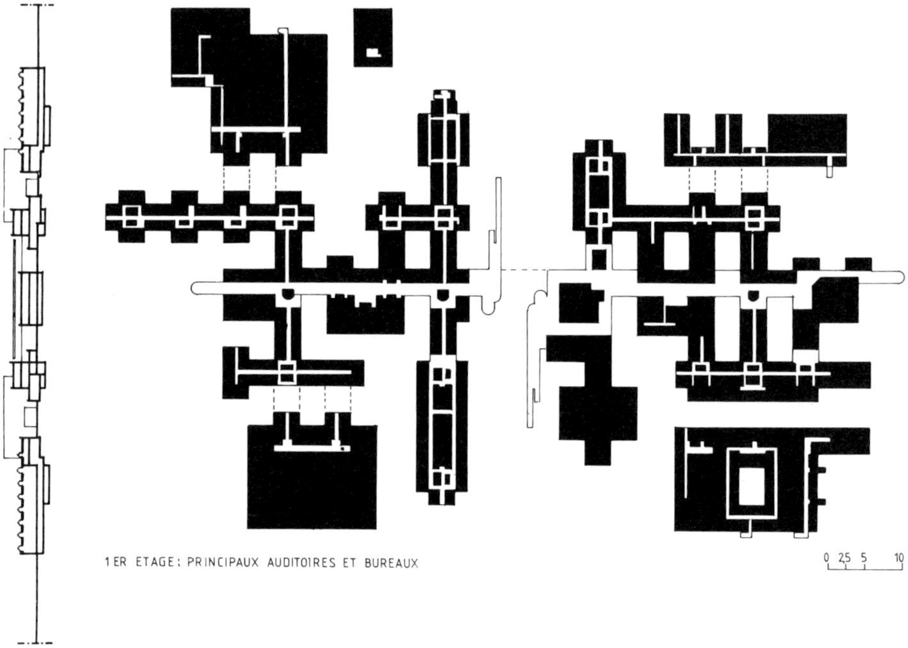

Die Erdgeschoßebene enthält die Anlieferung.

Hauptstraße in beliebigem Stockwerk ohne Bezug zum Boden und ohne Hinweise auf die Struktur des Gesamtorganismus.

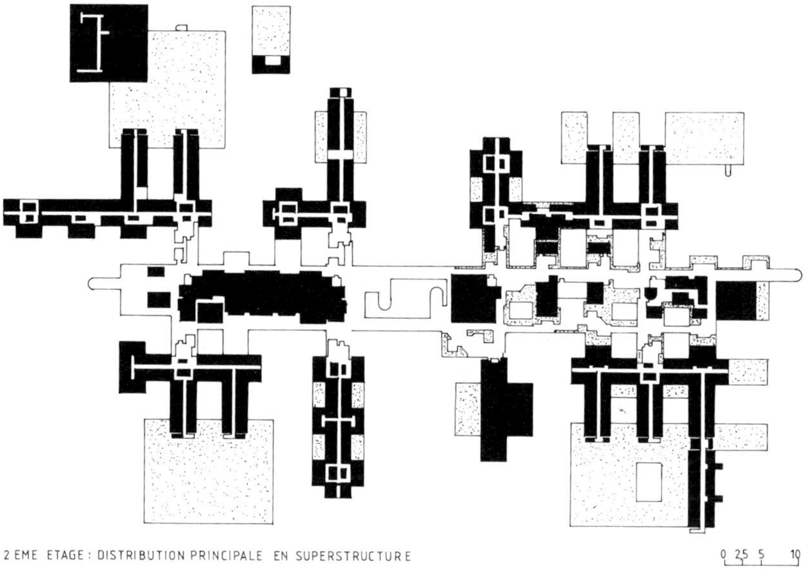

ETH Lausanne, Gesamtgrundriß Universitätskomplex, 1. Bauabschnitt 1973–1984.

Innengang Erdgeschoß.

den. Es bietet sich an, die Gründe für dieses Problem anhand eines konkreten Beispiels zu untersuchen.

Die Gänge der Eidgenössischen Technischen Hochschule von Lausanne (EPFL, 1973–84) sind, obwohl sie nach einer orthogonalen Nord-Süd/Ost-West Systematik angelegt sind und aus Vogelsicht eine erkennbare Hierachie besitzen, Grund einer fortwährenden Desorientierung, die den Besucher irritiert. Diese Schwierigkeit entsteht aus dem Zusammenwirken mehrerer Faktoren, was ich durch einen Vergleich mit dem Zentrum der Stadt *Morges* verdeutlichen möchte, das von ungefähr derselben Größe ist und ein Erschließungsnetz komplexerer Funktion aufweist, ohne jedoch Orientierungsprobleme zu bereiten (Abb. S. 165).

In den breiten Straßenkorridoren von Morges erfaßt der Passant gleichzeitig wichtige Elemente der Stadt wie der Gebäude – oder zumindest ihrer Straßenfassaden –, welche Teilensembles bilden. Er kann sich sogar eine vage Vorstellung von dem machen, was er nicht sieht. Stadtplan und Suche von Adressen sind ungewöhnlich einfach. Name der Straße, Hausnummer und Name des Geschäfts oder der Person genügen – das Stockwerk ist am Eingang angezeigt. Ein Fremder, der gerade aus einem anderen Kontinent angelangt ist, wird sich anhand eines kleinen schematischen Plans orientieren. Irrt er sich, ist der Weg relativ leicht zu korrigieren und wäre es noch leichter, wenn die rechtwinklig von den Hauptstraßen abzweigenden Gassen zahlreicher wären. Die Grundorientierung bleibt gesichert; das Netz ist kontinuierlich und es gibt eine Richtungshierarchie. Die Einzigartigkeit bestimmter Gebäude, Räume, Markierungen usw. hilft bei der Wiedererkennung von Orten, die man bereits passiert hat. Die Bezugnahme auf andere Städte ist augenscheinlich.

Die EPFL behält die Bodenebene einem effizienten System von Zulieferstraßen vor (Abb. S. 166). Damit alle Räumlichkeiten sich so miteinander verbinden, daß man vor Wetter geschützt bleibt, ist die Fußgängerebene ins erste Stockwerk verlagert, und die Haupteingänge befinden sich in Aufbauten, die über dem Zentralteil ein zweites Stockwerk bilden (Abb. S. 166). Die Innenerschließung des Erdgeschosses sind wie Kellergänge gestaltet. Diese übereinandergelagerten Systeme kommunizieren nicht sichtbar. Aus Gründen des Brandschutzes, der Belüftungskontrolle und des je nach Stundenplan unterschiedlichen Bedarfs bilden die Treppenhäuser Schleusenkammern, die die verschiedenen Bereiche unterbrechen. Das Netz wird so durch Einschnitte gezeichnet, die jedoch keine Schwellen darstellen.

Abgesehen von dem Problem, daß die übereinandergelagerten Stockwerkssysteme und die Treppenhäuser eine Reihe von Brüchen erzeugen, verästelt sich die Erschließung baumartig von einem Hauptgang oder Stamm in tiefe Sackgassen, deren Ende man nicht sehen kann, so daß es besser ist, sich nicht zu verirren. Aus der Luft kann man dieses Baumschema im übrigen sehr viel leichter erkennen als von der Erde aus. Richtungswechsel sind häufig, und gehen sie vonstatten, ohne daß ein Hauptbezugspunkt, eine Richtungshierarchie innerhalb des Gangnetzes oder ein Bezug zur Außenwelt vorhanden ist, reichen drei davon aus, damit die meisten Menschen sich um 90° in der Orientierung täuschen. Die fensterlosen, zweibündigen Flure, die rund um einen Innenhof oder Kern ein Rechteck bilden, lassen solche Irrtümer besonders leicht entstehen. Beim Aufbau einer Stadt sind kaum ähnliche Fälle denkbar.

Eine weitere Schwierigkeit bei der eigenen Situierung entsteht in der EPFL dadurch, daß die Räume, abgesehen vom „Stamm“ im zweiten Stock, klein sind. Ein Überblick über das Ganze oder auch nur Teile ist unmöglich. Die mächtige „Straßenfassade“ reduziert sich von innen betrachtet auf Tupfen von Türen, die jeweils zu einer Räumlichkeit führen.

Wir haben erwähnt, daß besondere Merkmale einer Kreuzung eine wertvolle Hilfe bei der Orientierung sind. Die Architekten der EPFL haben dies berücksichtigt, aber für sich genommen reichen diese Indizien nicht aus. Sie sind nur eine zusätzliche Hilfe. In dieser Hinsicht ist der Vergleich zwischen einer Stadt, die im Laufe der Geschichte gewachsen ist, und einem Großprojekt aus einem Guß zwangsläufig ungerecht. Das soll uns jedoch nicht daran hindern, einige Lehren daraus zu ziehen. Wirtschaftliche und zeitliche Zwänge haben wenig Raum zur Kennzeichnung der Kreuzungen, Abzweigungen, Formen, Strukturen und Materialien gelassen. Die resultierende Homogenität ist kein Fehler an sich – sie kann sogar ein Wert sein –, aber sie wirft Probleme auf, weil sie zu anderen Faktoren, die Desorientierung bewirken, hinzukommt oder vielmehr diese nicht durch eine lokale Differenzierung ausgleichen kann.

Die Unsicherheit des Besuchers wird noch dadurch gesteigert, daß er sehr schnell den Bezug zum Eingang, dem Beginn seines Wegs, verliert; er hat so keinen „Fluchtweg“ mehr. Der große „Brocken“ des Mehrzwecksaals behindert die ungehinderte Verwurzelung in der Außenwelt. Nimmt man einen der seitlichen Abzweige, wird nicht nur die Erinnerung an den Eingang verschwommen, sondern selbst der Kontakt zum „Stamm“ ist unterbrochen. Betrachtet man den Komplex von außen, ist hinzuzufügen, daß das Fehlen einfacher Grenzen und eines klar gekennzeichneten Eingangs es nicht gerade erleichtern, den Weg im Innenraum vorauszuahnen. Da zudem so gut wie alle Parkplätze am Ende der Seitenabzweige gelegen sind, werden diese „Boteneingänge“ zu den eigentlichen Türen des Gebäudes.[134]

Wenn wir uns mit diesem konkreten Fall eines baulichen Ensembles aufgehalten haben, das im übrigen durchaus wertvolle architektonische und funktionale Qualitäten besitzt, so deshalb, weil es für ein Problem zeitgenössischer Architektur und Stadtplanung bezeichnend ist, das seiner Lösung harrt. Ähnliche Probleme tauchen bei fast allen neueren Großbauten dieser Art auf. Wir stehen vor einer neuartigen Aufgabe; die Griechen haben drei Jahrhunderte gebraucht, um ihre Tempel zur Vollendung zu führen. Genauso müssen wir Schritt für Schritt lernen, mit den Orientierungsproblemen umzugehen, die sich aus unseren Großplanungen des 20. Jahrhunderts ergeben: Krankenhäuser, Universitäten, Administrationen, Flughäfen usw. Ein ausgeklügeltes und kostspieliges Beschilderungssystem kann konzeptionelle Mängel vertuschen, aber eine überzeugende architektonische Lösung plant Räume und Anhaltspunkte so, daß sie eines Gebäudeleitsystems nicht oder kaum mehr bedürfen.

Die Forderung nach leichter Orientierungsmöglichkeit ist nur selten Teil der baulichen Aufgabe. Aus Überlegungen des Bauherren und einigen Wettbewerbsentwürfen für die zweite Planungsstufe der EPFL geht jedoch hervor, daß das Orientierungsproblem von all jenen als bedeutsam empfunden wird, die irgendwann einmal seine Auswirkungen zu spüren bekommen haben. Einer der nicht erfolgreichen Wettbewerbsentwürfe für den 2. Bauabschnitt der EPFL versucht genau diese Probleme der Orientierung und der Identität des Orts „Universität“ zu lösen, indem er auf modellhafte Innenstraßen wie die Galerie Victor-Emmanuel in Mailand Bezug nimmt.

Die Beobachtungen anhand dieser beiden konkreten Fälle zeigen, daß viele unterschiedliche Faktoren berücksichtigt werden müssen und es nicht nur um den Bezug zum Boden oder die Schaffung eines zentralen Platzes geht. Im grundlegenden Unterschied zur Stadt Morges weicht das Wegenetz der EPFL vom *Archetyp* der in Bezug zu Erde und Himmel stehenden und von aneinandergrenzenden Gebäuden gesäumten Straße ab.

Es ist wahrscheinlich schwierig, ein Krankenhaus, den Sitz einer großen Gesellschaft oder auch eine Universität rationell nach dem morphologischen Modell der Stadt Morges zu konstruieren. Die zu lösenden Probleme haben sich verändert. Einige einfache Vorschläge könnten jedoch helfen, die Orientierungsmöglichkeiten in Großbauten, die sich in erster Linie horizontal ausdehnen, besser zu planen:

- Man behalte auf dem gesamten Weg eine topographische und geographische Hauptorientierung bei.
- Die Erschließung sollte eher netz- als baumartig angelegt werden. Man vermeide tiefe Sackgassen und Schleifen.
- Die Netze sollten kontinuierlich sein und wiederholte Verbindungen herstellen; sie sollten geometrisch einfach, regelmäßig und hierarchisiert sein. Eine systematische Differenzierung des Charakters der Wege je nach ihrer Richtung, läßt das Gesamtbild klarer werden. Findet diese Differenzierung außerdem eine Entsprechung im Bezug zwischen Erschließung und sichtbarer tragender Struktur, wird der Besucher bei seinen Richtungswechseln besser geleitet und das Gesamtbild deutlicher.
- Schnittpunkte sind potentielle Orte und nützliche Anhaltspunkte, wenn sie durch ein architektonisches Ereignis anerkannt werden.
- Eine räumliche und nicht nur funktionale Verbindung sollte zwischen übereinanderliegenden horizontalen Netzen aufrechterhalten werden. Man vermeide Einschnitte durch Türen und Treppenhäuser, die ein Vorausahnen der Wegführung verhindern. Die Treppen gehören allen Stockwerken an.
- Fensterlose Gänge sollten auf ein striktes Minimum reduziert werden; sie sollten von größter geometrischer Einfachheit sein, an rückversichernden Anhaltspunkten beginnen und enden, prinzipiell in gerader Linie verlaufen und Gegenlichteffekte vermeiden.
- Von den Hauptwegen aus muß man kohärente Ensembles von größerer Einprägsamkeit als eine schlichte Reihung individueller Räumlichkeiten wahrnehmen können. Die Kenntlichmachung der Bestimmung oder des besonderen Charakters dieser Ensembles gestattet weiterhin, ein Richtmaß entlang des Wegs zu setzen.
- Die Bezugnahme auf Ausgangs- und Zielpunkte muß erleichtert werden. Der Bezug auf ein Zen-

trum, das selbst mit dem Eingang in Verbindung steht, kann ebenso ins Auge gefaßt werden.

- Eine große öffentliche Einrichtung muß einen Haupteingang besitzen, eine repräsentative Schwelle, die sich an der Fassade zur Schau stellt. Alles nur Mögliche muß daran gesetzt werden, daß die Zugangswege, selbst die über die Parkplätze, wie „natürlich" dorthinführen, *bevor* das Gebäude betreten wird. Hat das Gebäude mehrere Eingänge, sind die Nebeneingänge nicht wie „Notausgänge" zu behandeln; auch sie müssen eine Empfangsrolle spielen. Vom Nebeneingang aus muß das System des Verteilernetzes ebenso einsichtig erscheinen wie vom Haupteingang aus.

Damit schließlich eine öffentliche Einrichtung von der Größe einer kleinen Stadt ein einprägsamer Ort werden kann, muß sich ihre Architektur in kraftvollen und klaren Bildern zusammenfassen.

Es gibt neuere Beispiele, wo das Problem der Orientierung im Innern eines großen Komplexes mit gewissem Erfolg gelöst worden ist wie beim Verwaltungsgebäude der Centraal Beheer in Apeldoorn von Herman Hertzberger oder der Universität in Consenza von Vittorio Gregotti.

Im Innenraum von Gebäuden kleinerer Abmessungen können wir uns mehr Freiheit erlauben. Das Spiel von Orientierung und subtiler Desorientierung, von Vertrautem und Überraschendem, von Verstecktem und Sichtbarem wird zur möglichen Strategie. Die Bestimmung des Gebäudes beeinflußt diese Strategie; handelt es sich um ein Museum oder eine Ausstellung, versuchen wir, zu *leiten ohne zu kanalisieren*, handelt es sich um einen Flughafen, müssen wir mehr kanalisieren. Der Flughafen ist ein Ort, der funktioniert, solange man hastet, und der einen niederschlägt, sobald man stehenbleibt. Er gibt niemals wirkliche Befriedigung, da unsere Fortbewegung nicht allein zweckgerichtet ist wie die einer Flüssigkeit im Leitungsnetz. Sie ist *Reise und Spaziergang* und Teil einer existentiellen Erfahrung, die poetisch sein kann. Die Poesie bedarf der Ruhe und der Ganzheit.

7.4 Ort und Identität

Um mit dem Universum, der Gesellschaft und sich selbst in Eintracht zu sein, muß der Mensch sich durch Behauptung seiner Identität eines Platzes versichern:

- seiner Identität als menschliches Wesen – homo sapiens –, das sich von der physikalischen, mineralischen, pflanzlichen und tierischen Welt unterscheidet;
- seiner Identität als Mitglied einer Gruppe, mit der er Werte teilt und diskutiert: Familie, politische Partei, Verein o.ä.;
- seiner Identität als Individuum, das sich einen Spielraum an Freiheit und persönlicher Verantwortung wahrt, indem es sich von der Gruppe und allen übrigen absetzt; jeder Mensch ist einzigartig.

Die bauliche Umgebung ist bei weitem nicht das einzige, woran sich unser Identitätsgefühl knüpft. Bewegungen, Gesten und Rituale, Kleidung und Objekte, Sprache und andere Äußerungen sind häufig ebenso wichtig. Die architektonische Form kann, weil sie Orte vorgibt, jedoch eine wichtige Rolle für unser Identitätsgefühl spielen, es erschüttern oder bestärken.

Rapoport[135] merkt mit Recht an, daß es notwendig sei, zwei Arten von Identitätsäußerung zu unterscheiden:

- Die private Identität als *Bekräftigung einer Identität sich selbst und einer intimen Gruppe gegenüber*: Ihre Äußerungen können relativ „privat" oder dezent sein. Es genügt, daß sie den Eingeweihten verständlich sind. So fordert die Anordnung von Objekten und Altar in einer orthodoxen Kirche nur von denjenigen ein bestimmtes Verhalten, welche das Ritual kennen, und dies genügt.
- Die öffentliche Identität als *Bekräftigung einer Identität anderen gegenüber*, die eine Unterscheidung zwischen „denen" und „uns" trifft: Äußerungen müssen klar, redundant und allgemeinverständlich sein. Die Architektur der Kolonialstädte, die sich einer fremden Gegend aufzwingt, ist hierfür ein frappierendes Beispiel im großen Maßstab. Ein Monument will oft ebenso unmißverständlich ein Ereignis oder die Taten einer Persönlichkeit jenen mitteilen oder ins Gedächtnis rufen, die nichts davon wußten bzw. sie vergessen hätten.

Damit diese beiden Konzepte von Identität fruchtbar in den Prozeß des architektonischen Entwurfs einbezogen werden können, müssen wir die Praxis und die kodierten Bilder derer befragen, für die wir bauend als Treuhänder fungieren. In beiden Fällen ist die Identitätsäußerung nur dann wirksam, wenn sie von anderen gekannt und erkannt wird. Sie setzt eine stillschweigende oder explizite Übereinkunft voraus, eine Konvention, eine Tradition. Das Vokabular dieser Übereinkunft – die distinktiven Zeichen für eine Identität – bildet sich mit der Anhäufung von Erfahrungen im Sozialleben einer gegebenen Kultur heraus.

Der Architekt muß die wichtigsten Äußerungsformen von Identität kennen.

Um eine bauliche Aufgabe zu lösen, bei der die Identität einer Gruppe von Eingeweihten widergespiegelt werden soll – zum Beispiel beim Stammhaus einer Familie oder dem Innenraum einer Kirche – hat der Architekt die Wahl zwischen drei Strategien:

Die erste ist interpretativ; sie verlangt eine aufmerksame Beobachtung und ein tiefes Verständnis der Werte und Verhaltensweisen der betroffenen Personen oder Gruppen sowie der für ihre Identität entscheidenden Orte und architektonischen Elemente. Zwingt sich der Architekt zu genügend Selbstrücknahme, können ihm die Diagnose und später der Entwurf gelingen, ohne daß er selbst zur beobachteten Gruppe gehört. Le Corbusier war kein praktizierender Katholik, aber er hat die wesentlichen Merkmale des katholischen Sakralraums genau studiert, um Ronchamp und La Tourette zu bauen.

Die zweite Strategie besteht darin, die zukünftigen Nutzer an der Konzeption der Orte zu beteiligen. Diese Vorgehensweise eröffnet insofern interessante Perspektiven, als neue Wohnmodelle berücksichtigt werden und Interessierte ihre Identität zum Ausdruck bringen können.[136] Aber die Erfahrung zeigt, daß es häufig zu einer unkritischen Addition persönlicher Geschmäcker kommt, wenn sich der Architekt als reiner Techniker in den Dienst des Kunden stellt, wodurch leicht das kollektive Interesse geopfert und der Dauerhaftigkeit des Werks geschadet wird. Es ist im übrigen fraglich, ob ein so realisierter Ort weiterhin eine Identitätsstütze bleiben kann, wenn die ersten Bewohner fortgezogen sind.

Die dritte Strategie setzt mit der Suche nach einer Architektur an, die eine starke und ordnende Struktur aufweist und dabei offen ist, Orte und Symbole der Identität in sich aufzunehmen, die von den Bewohnern selbst geschaffen werden. Herman Hertzberger hat von einer „Architektur der Gastlichkeit" gesprochen und diese neue Strategie sehr weit vorangetrieben, die die Massenproduktion und unser Bedürfnis nach individueller Identität zu versöhnen sucht.

Um eine bauliche Aufgabe zu lösen, bei der eher vor der Öffentlichkeit eine Identität ausgewiesen werden soll – zum Beispiel das Außen einer Kirche oder das Tor zu einem Privatgarten –, müssen wir auf Symbole zurückgreifen, die jedermann verständlich sind. Solche Kennzeichen für einen Ort und die ihm zugrunde liegende Identität sind wirksam, weil sie einzigartig und weit bekannt sind (wie der Eiffelturm) oder weil sie mehr noch als einem konventionellen Kode einer Typologie zugehören, die im kollektiven Gedächtnis verankert ist (wie Portale, Brunnen, Stufen usw.). Ort und Form eines Portals oder ein besonderes Gebäude haben ihre Namen und ihre Geschichte denkwürdiger Ereignisse. Manchmal sind sie uns seit der Kindheit wieder und wieder erzählt worden. Allmählich gewinnt jenes Gebäude oder Element, das zunächst nur eins unter anderen war, einen dauerhaften kollektiven Wert. Diese „Geschichten" und Konnotationen werden von Gedächtnis zu Gedächtnis überbracht und modifiziert; sie verwurzeln uns in Zeit und Ort. Der Architekt, der sich auf diese kollektiv gewordene Erinnerung beziehen will, muß bestimmte konventionelle Anordnungen respektieren, damit das Gebäude tatsächlich seine Rolle als Stütze öffentlicher Identität erfüllen kann. Inwieweit der Architekt sich von Konventionen lösen darf, um neue Horizonte unserer Kultur zu erforschen, ist eine heikle Ermessensfrage; daß er es aber tut, ist eine kulturelle Notwendigkeit.

Die Wirklichkeit ist häufig komplexer: Die meisten Aufgaben und Entwürfe erfordern einen Beitrag zur öffentlichen Identität und *zugleich* einen Raum für die private Identität. Manchmal entsteht ein Konflikt, weil die Ausprägung eines öffentlichen Gesichts Erfordernisse stellt, die den individuellen Sonderwünschen entgegenstehen. Die Arbeit des Architekten erweist sich einmal mehr als Kunst des Kompromisses: Es ist seine Aufgabe, Orte zu umreißen, die der städtischen Identität dienen und gleichzeitig Freiraum für den Ausdruck persönlicher Identität lassen. Franz Oswalds Bau von ca. vierzig Hauseinheiten in der Nähe von Bern kann als Beispiel für einen Konzeptionsprozeß herangezogen werden, der gerade diesem Doppelaspekt der Identität gerecht zu werden sucht.[137] Nachdem er gewisse allgemeine Vorentscheidungen getroffen hat wie die drei unterschiedlichen Breiten der Parzellen und die Reihung aneinandergrenzender Gebäude, übernimmt Oswald die Rolle des Privatarchitekten für jeden der vierzig individuellen Kunden. Da er weder die Lage der Treppen noch der sanitären Anlagen festgelegt hat, bleibt ihm ein großer Handlungsspielraum für die Konzeption jedes einzelnen Hauses unter Berücksichtigung der besonderen Wünsche der zukünftigen Bewohner (Abb. S. 171). Aber das Einbeziehen des Nutzers beschränkt sich nicht allein hierauf; die Addition von Individualwünschen macht noch kein Wohnquartier aus. Oswald ersucht al-

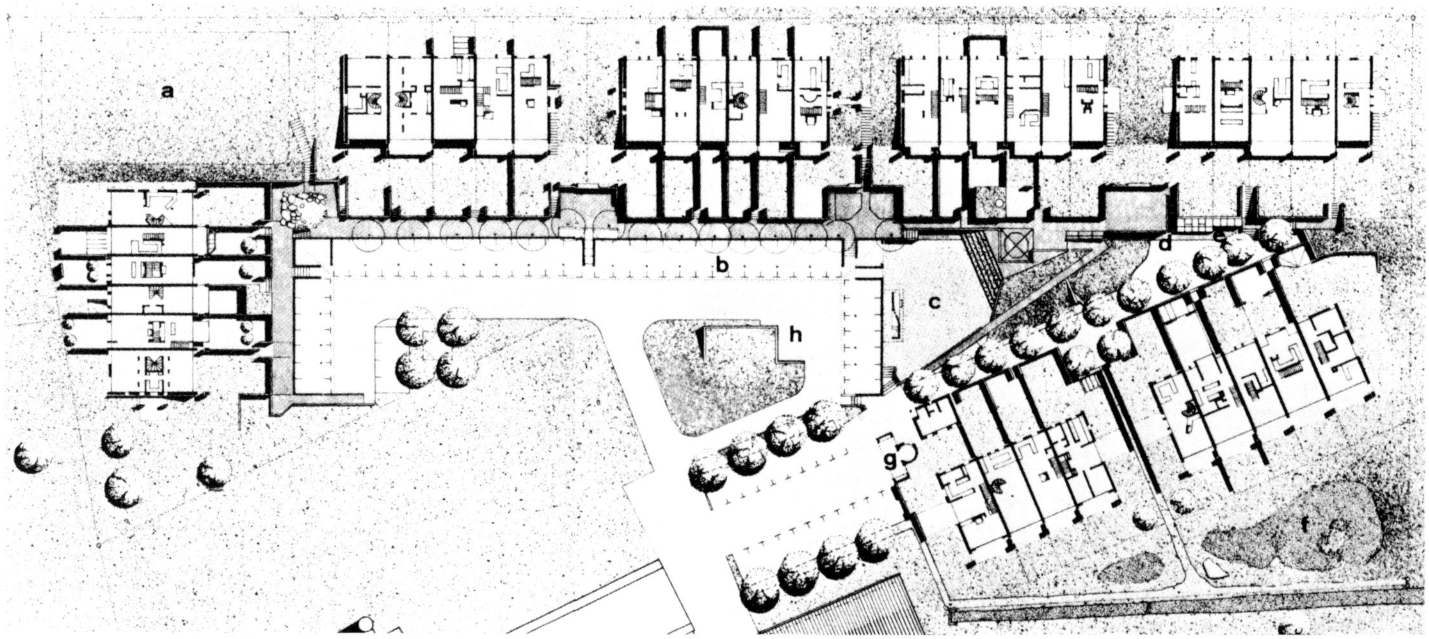

Wiederherstellung einer Eintracht zwischen individuellen Wünschen (jedes Wohnhaus ist einzigartig) und kollektivem Interesse (die städtische Form bleibt einfach und verständlich). Wohnquartier „Bleiche“ in Worb, Bern, Franz Oswald, 1977–1981.

so diese „Vorortkolonisatoren“, sich über seine Vorschläge zu öffentlichem Raum und öffentlichen Objekten, kurz den Stützen einer Identität des Quartiers, zu äußern und sich daran zu beteiligen. Der Architekt hat hier mit den Widersprüchen zwischen dem Wunsch nach eigener Höhle und den Erfordernissen der Stadt in einem Geist zeitgenössischer Kultur umzugehen gewußt, indem er geduldig einen Prozeß der Teilnahme herbeigeführt hat. Auf lange Sicht sind diese Wohneinheiten wie auch die Bauten Hertzbergers eine Identitätsstütze, da sie sowohl einen kenntlichen kollektiven Ort bieten – das Quartier und die Straße, die an andere erinnern, und dennoch eigen sind – als auch eine Vielzahl potentieller intimer Orte, die sich im Lauf der Zeit durch bescheidenere Maßnahmen der Bewohner selbst herausbilden werden. Nur eine Architektur mit stark strukturierendem morphologischen Charakter kann solche Veränderungen vertragen, ohne „das Gesicht zu verlieren“.

Während der Ort vom Architekten seit Jahrhunderten als Stütze öffentlicher Identität betrachtet und mehr oder weniger gelungen behandelt wird – Viertel, Gericht, Marktplatz –, ist der Ort als Stütze privater oder intimer Identität aufgrund der Schnellproduktion anonymer Wohnungen für den Mengenbedarf ein neues und dringlich anzugehendes Problem. Dies wird besonders beim *Massenwohnungsbau* deutlich. Es lohnt daher, ein wenig näher darauf einzugehen.

Der Immobilienmarkt versucht, das Fehlen von Orten als Identitätsstützen durch die Produktion vorgefertigter Werbebilder zu verschleiern. Die unzähligen Villen, die momentan in Vororten errichtet werden, weil man im Zeichen des sozialen Aufstiegs den Konnotationen des Mehrfamilienhauses zu entkommen sucht, sind hierfür ein Beispiel. Die „waadtländische Villa“ in der Schweiz oder das Haus im

„britischen oder spanischen Kolonialstil" in den USA wollen durch ihre Anlehnung an eine Tradition unmißverständlich zum Ausdruck bringen, daß sie mit bürgerlichen Werten und Verhaltensmustern verbunden sind, die der Käufer miterwirbt, um sich vom „gewöhnlichen" Einwohner zu unterscheiden. Diese gekaufte Identität hat keine Zukunftsträchtigkeit.

Um das Konzept der intimen Identität und seine Bedeutung für den Wohnraum zu verdeutlichen, ist es hilfreich, es mit dem der *Inbesitznahme* des Wohnraums in Beziehung zu setzen.[138]

Daß ein Wohnraum zweckmäßig und bequem sein sollte, liegt auf der Hand. Dies allein reicht jedoch kaum aus, um seine Bewohner zufriedenzustellen. Damit ein Wohnraum zum Heim wird, muß sein Nutzer affektive Bindungen zu ihm entwickeln und ihn sich aneignen können. In einer rein funktionalen Wohnung gibt es wenig Raum für diese Inbesitznahme. In den meisten Fällen hat der Nutzer im übrigen nicht die Möglichkeit, auf die Konzeption seiner Wohnung Einfluß zu nehmen. Es ist daher wesentlich, daß der Wohnraum zusätzlich zur Bequemlichkeit eine „Persönlichkeit" besitzt, einen Charakter, der die Bewohner dazu anregt, sich seiner anzunehmen. Ein solcher Wohnraum wird nicht neutral sein: Seine Architektur wird ausgeprägt und geordnet sein und ihm einen festen und charakteristischen Grundzug verleihen. Auch kann sein Charakter durch Zufälliges und irrationale Züge verstärkt werden, die den Nutzer herausfordern, ihn agieren und reagieren lassen. Manche Forschungsarbeiten zur Inbesitznahme des Raums zeigen auf, wie architektonische Indizien zu solcher Eigeninitiative anregen können.[139] Größe, Form und relative Lage der Zimmer sowie das Vorhandensein ordnender oder bündelnder Elemente wie Türen, Fenster, Kamine, Nischen, Parkettmuster usw. beeinflussen in hohem Maße die Belegung eines Raums. Diese körperhaften Indizien werden zu Anhaltspunkten beim Aus- und Überdenken, wie der Raum durch Möbel und Tätigkeiten gefüllt werden kann. Eine rein funktionale Anordnung und fertige, nicht zerlegbare und daher behindernde Möbelwände, wie sie in den Katalogen gezeigt werden, verstärken dagegen die Tendenz, nicht über seine eigene Wohnweise nachzudenken und sich nach vorgefertigten Schemata einzurichten.

Die Wirkungsmöglichkeiten dieser architektonischen Indizien erweitern sich, wenn sie nicht sofort eine präzise Nutzung nahelegen. Manche Konfliktsituationen können sogar erfindungsreiche Lösungen herausfordern, die den Stolz der Bewohner ausmachen. So fördert eine Unannehmlichkeit und manchmal selbst ein Platzmangel das interaktive Verhältnis zwischen Wohnort und Bewohner. Hat man die Möglichkeit, leicht eine Tür zuzubauen, eine implizite Unterteilung des Raums zu verstärken, einen Flur aufgrund seiner Breite nicht nur als Durchgang zu nutzen, hat man die Freiheit, die Wände zu verkleiden, kann man den Innenraum perspektivisch in „Szene" setzen, so stimuliert dies ebenso zur Inbesitznahme des Raums. Zum Teil erklärt dies die derzeitige Vorliebe für Wohnungen aus dem Anfang des Jahrhunderts und der Vorkriegszeit. Ihre formalen Charakteristika wie etwa die „zu" hohen Decken – dieser unnütze Leerraum! –, der „zu" breite Treppenabsatz – welche Platzverschwendung! –, die geräumigen Dielen, die sehr ungleichmäßige natürliche Belichtung, die behindernden Heizkörper, die zu schmale Veranda, die kleine dunkle Kammer, die scheinbar nur als Abstellraum genutzt werden kann, sind nämlich Mängel, die der Bewohner nach Muße in Vorzüge umwandeln und in die er seine Identität einschreiben kann.

Ein zeitgenössischer Entwurf, der Anreize zur Inbesitznahme bieten will, birgt die Schwierigkeit, daß etwas nicht ganz Fertiges geschaffen werden muß, das zugleich stimuliert und Halt gewährt: eine Architektur zwischen Ordnung und Unordnung mit Anhaltspunkten, die nach Vervollständigung verlangen und dennoch einen Grundzug wahren. Tatsächlich haben die meisten Aufgaben, die der Architekt zu lösen hat, diesen Doppelaspekt: Interpretation einer kollektiven Identität und Gewährung eines Raums für die aktive Inbesitznahme durch ein Individuum oder eine kleine Gruppe.

Diese kulturellen Erwägungen machen die Grenzen der „Autonomie der Form" oder der Architektur als plastische Kunst deutlich. Weitere und augenscheinlichere Grenzen hierfür sind Funktionalität und Konstruktionsökonomie. Der Architekt, der diese drei Notwendigkeiten akzeptiert – Zweckdienlichkeit, Konstruktion und Identität des Orts –, behält dennoch einen breiten Spielraum für Ausgestaltung und plastische Kreativität. Dies ist der Grund für die Themenwahl in den ersten Kapiteln, denn gute Absichten allein genügen nicht; man muß die Prinzipien kennen, die die Form selbst bestimmen, um sich in unserer Disziplin zu entfalten.

8 Form und Material

Fenster und Material
Hosios Lukas, 11. Jahrhundert.

8.1 Wahrheit oder Lüge?

„Zu glauben, daß man die Schönheit durch Lüge erreichen könne, ist eine Häresie in Sachen Kunst …"[140] So bezwingend dieser Aphorismus Viollet-le-Ducs auch auf den ersten Blick scheinen mag, zieht die Tatsache, daß die Kunst sich häufig erfolgreich der Illusion bedient, doch seine Allgemeingültigkeit in Zweifel. In der Architektur hat die Frage nach Wahrheit oder Lüge mit den Bezügen zwischen Form und Konstruktion oder zwischen Form und Inhalt zu tun. Dieses Kapitel handelt vom ersten Bezugspaar: Wie spricht die Form von der Technik und wie inspiriert die Technik die Form?

Die Architektur ist eine Kunst des Kompromisses: Was für die einen Lüge ist, darin sehen andere die geschickte und elegante Lösung eines gegebenen Problems. Die Debatten über *die Ehrlichkeit* haben in der Architekturtheorie schon immer eine große Rolle gespielt. Sie drehen sich um drei Begriffe: *Form, Ausdruck und Konstruktion*.

An der Schwelle zwischen akademischer Doktrin, die noch bei Julien Guadet ihren Niederschlag findet, und dem „Feldzug" für eine Ingenieur-Ästhetik, der bis heute in verschiedensten Formen seine Fortführung findet, schreibt Auguste Perret: *„Nur durch den Glanz des Wahren erlangt das Bauwerk seine Schönheit"*.[141] Und unter dem „Wahren" versteht er eben die Begründung der Form durch die Materialien und ihre Verwendung.

Dies kennzeichnet nur *eine* der heute gängigen Tendenzen. Keine der früheren Epochen hat in bezug auf diesen Gegenstand eine derartige Moralvielfalt gekannt, obgleich das Dilemma so alt ist wie die Architektur selbst. Heute werden die verschiedensten Haltungen gleichzeitig praktiziert, so daß man meinen könnte, es handle sich nur um eine Frage des Künstlergeschmacks. Zuweilen wird die Technik *sublimiert* und zum ausschließlichen Mittel der Formgebung; zuweilen ist sie nur *bildhaft* wie beim Centre Pompidou. Manche bemühen sich, sie zu *fälschen* und die Illusion einer anderen Technik als der tatsächlich verwendeten aufzubauen; wieder andere *unterwerfen* sie formalen Zielen, die von Malerei und abstrakter Skulptur inspiriert sind, und schließlich gibt es die, welche sie *bändigen,* indem sie die Konstruktionslogik ausnutzen, ohne ihr einen privilegierten Status zuzuweisen. Verwirrend ist, daß jemand, der sich einen dieser Ansätze zu eigen macht, mit Sicherheit trotzdem anerkennen muß, daß alle übrigen ebenso eine bewundernswerte Umsetzung finden können. Wohlwollend betrachtet, sind wir in bezug auf Dogmen skeptischer geworden; schlimmstenfalls aber sind wir in einer ethischen Verlegenheit, die uns der Urteilskriterien beraubt.

Der Architekt muß über „Richtiges" und „Falsches", den guten und den schlechten Weg entscheiden. Das Fehlen von Gewißheit ist eine Facette der „Krise" der Architekturtheorie. Der heutige Student ist intellektuell stärker gefordert, nicht nur wegen des angewachsenen Wissens, sondern vor allem, weil er mangels vorherrschender Doktrin *selbst* ideologische Entscheidungen treffen muß. Natürlich wird sich ein Lehrender nicht allen oben erwähnten Optionen verschreiben; er wird Kritik und begründete Vorlieben haben. Aber im Nachbargarten kultiviert man andere Philosophien, und sie treten durch unsere beschleunigten Kommunikationsmöglichkeiten schnell ins Licht der Öffentlichkeit: durch die Zeitschrift, das Buch und die Reise.

Es gibt dennoch zwei Grundprinzi-

Das technische Prinzip als künstlerisches Verfahren: Joseph Paxton, Crystal Palace, Weltausstellung London, 1850.

pien, die die fünf noch näher zu untersuchenden Ansätze einen und sie von denen der Malerei, Bildhauerei und in gewisser Hinsicht auch des Kunsthandwerks unterscheiden: Die Architektur ist immer im Bann der Schwerkraft; ihre Formen werden unweigerlich davon sprechen. *„Für die Architektur als schöne Kunst betrachtet, sind die Ideen der untersten Naturstufen, als Schwere, Starrheit, Kohäsion, das eigentliche Thema.“*[142]

Zweitens ist die Architektur immer hohl, denn die Hervorbringung eines Innen ist ihr Daseinsgrund.

Diese Konstanten legen jedoch noch keine Vorgehensweise fest. Die architektonische Form hat zahlreiche und komplexe Impulse: Die Teildisziplinen der Architektur umfassen ein weites Feld, das von den Gesetzen des Sehens bis hin zu sozialpsychologischen und kulturellen Betrachtungen reicht; von Prinzipien der Geometrie und Dimension, die den zu bauenden Objekten und Räumen eigen sind, über Gestaltung von Licht und Aussicht bis hin zum Entwurf von Orten und Wegen. Und nun fügen wir auch

„Solche und viele andere Einbrüche in die bis dahin durch das Gesetz des Handwerks relativ begrenzten und statischen Methoden des Bauens erzeugten nun jene Impulse, auf die der empfindliche, wirklich schöpferische Geist zugleich aktiv reagieren mußte.“ (Konrad Wachsmann)
Pier Luigi Nervi, Ausstellungshalle, Turin, 1947/1949.

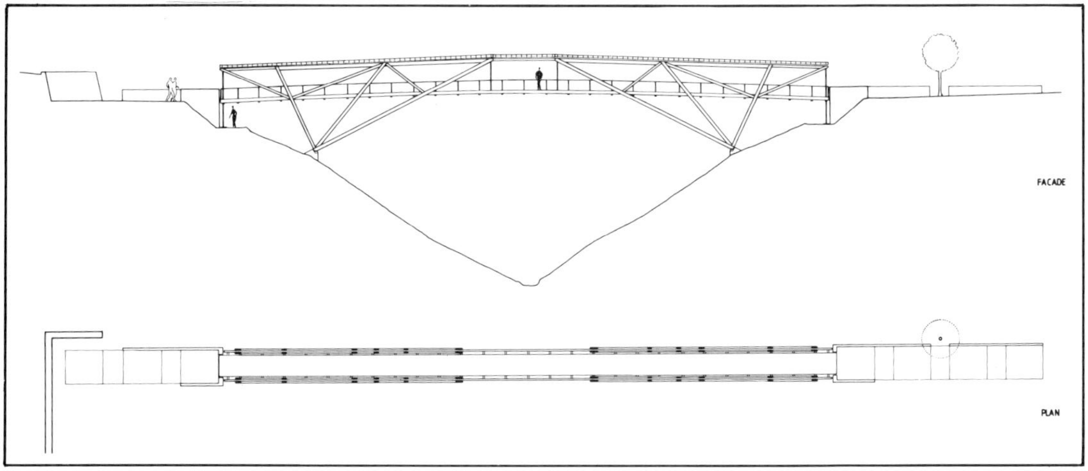

Die emphatische Technik liegt nahe bei einer eindeutigen Aufgabe wie diese Fußgängerbrücke aus Holz. Entwurf eines Studenten, EPFL, 1984.

noch das Dilemma der konstruktiven Vernunft hinzu.

Das architektonische Werk erhält erst durch die Synthese dieser zahlreichen Komponenten zu einem einzigen endgültigen Entwurf seine wirkliche Größe. Welcher Nachdruck dabei auf die einzelnen Bestandteile gelegt werden muß, kann keiner allgemeingültigen Regel unterworfen werden. Das rechte Maß muß jeweils im Hinblick auf Programm und Standort im weitesten Sinne dieser Begriffe gefunden werden. Rolle und relative Wichtigkeit der Komponenten variieren je nachdem, ob es sich um den Bau einer öffentlichen Institution, einer Fabrik oder eines Wohnraums handelt, ob um Land oder Stadt, die nördlichen Alpen oder das Mittelmeer.

Die Konstruktion – vor allem die tragende Struktur in ihrer Interaktion mit dem Raum, der räumlichen Hülle, den Öffnungen und dem Licht – ist das wichtigste Mittel für die Konkretisierung einer Idee, die selbst schon dem Bereich der Kunst zugehört. Dies heißt nicht, daß die Konstruktion sich über ihre eigenen Gesetze hinwegsetzt. Ganz im Gegenteil können diese Gesetze selbst sich bloßstellen und werkerklärende Funktion annehmen, aber bis zu welchem Grad der Konstruktion eine expressive Rolle zugestanden wird, hängt wiederum mehr von Programm und Standort als von statischen Erfordernissen oder der Belastbarkeit der Materialien ab. Die ausgereiften und reichsten Werke der Architektur wußten die Rationalität der Konstruktion, ohne sie zu verraten, immer einer umfassenderen architektonischen Idee unterzuordnen: Der Entwurf der Struktur, die Form und die Textur der Materialien überlagern sich, lenken und ordnen den Entwurf des Raums, des Lichts, des Orts, des Wegs. So sind

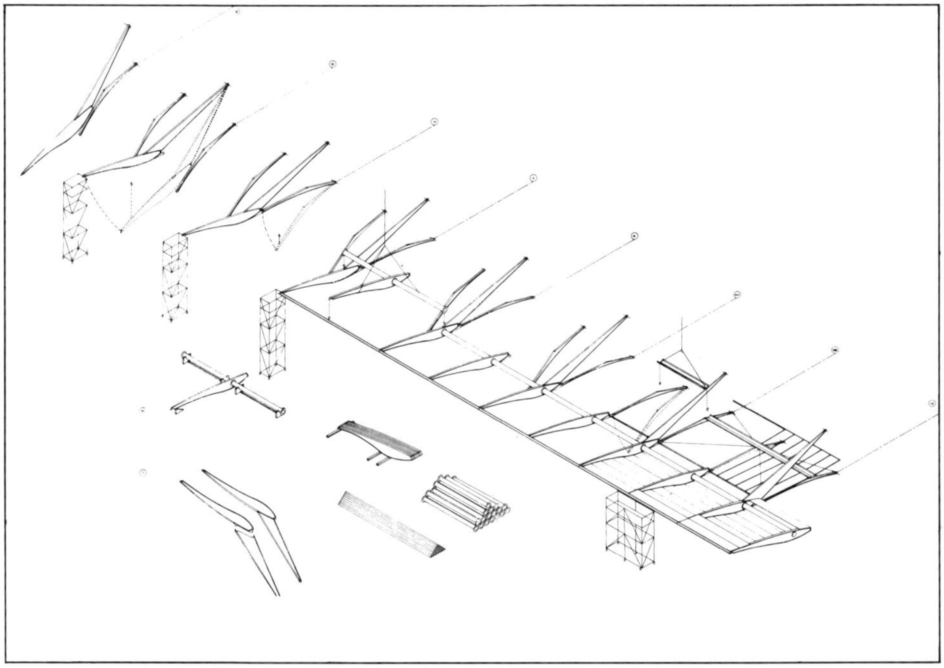

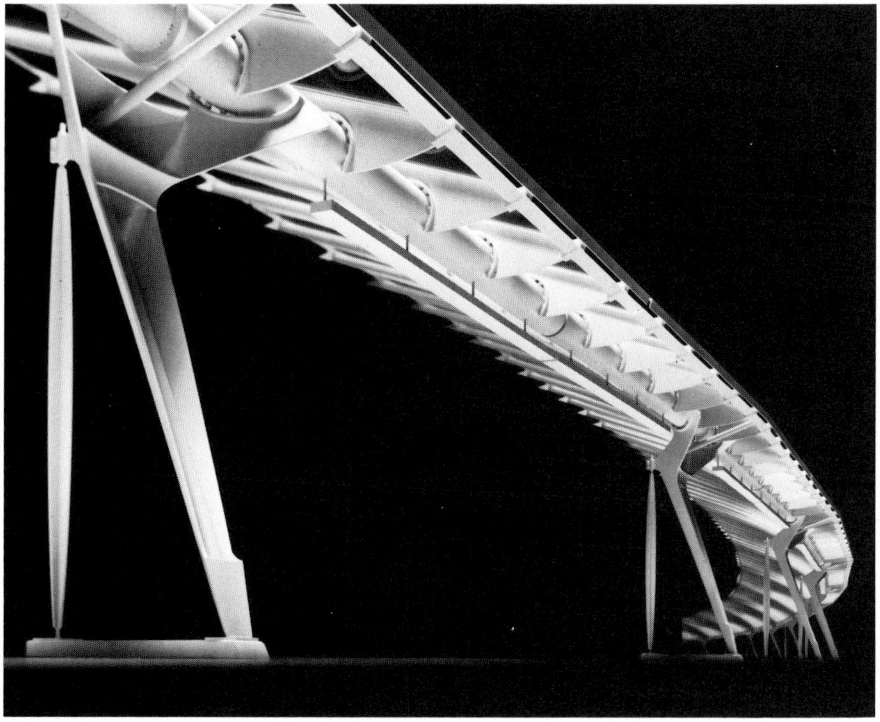

Hoffnungen vor einer Realisierung: elegante Bahnsteigüberdachung, Zürich-Stadelhofen, Santiago Calatrava, 1984. Modell und Axonometrie.

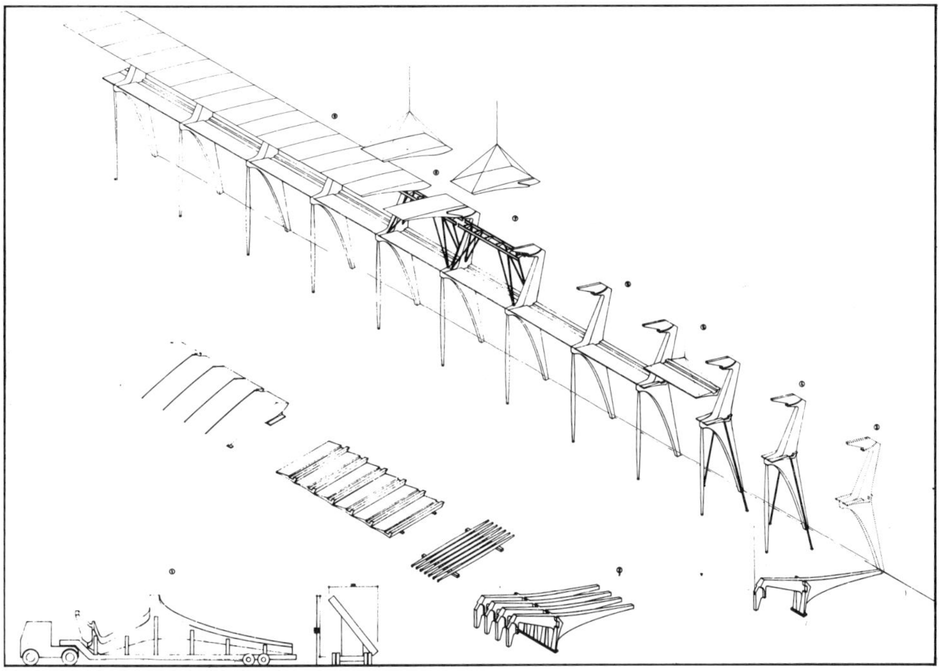

Kühne, markisenartige Struktur: Santiago Calatrava hätte zu den wenigen zeitgenössischen Bauingenieuren zählen können, die die Technik in Lust und Schönheit zu feiern verstehen.

unsere prächtigsten Tempel, Kathedralen und Paläste erbaut, ebenso wie unsere schlichtesten Wohnungen und Stadtgewebe, sofern sie aus dem Gros des Kommerziellen und Unbedeutenden hervortreten, das kaum die Bezeichnung Architektur verdient.

Wir können die Haltung bezüglich des Verhältnisses von Form und Technik in fünf Kategorien unterteilen: Emphase, Verbildlichung, Verfälschung, Unterwerfung und Bändigung der Technik. Diese Unterteilung ist eine nützliche Vereinfachung. Sie kann sicher nicht die gesamte Wirklichkeit abdecken, die natürlich nuancierter ist, aber sie gibt uns Kriterien zu einem besseren Verständnis dieser für den architektonischen Entwurf grundsätzlichen Entscheidung an die Hand.

Die emphatische Technik

Die Technik ist manchmal die eigentliche Rechtfertigung für einen architektonischen Kode. Wen versetzten auch eine schöne Holzkonstruktion, das Metalltragwerk der Schlachthöfe von Toni Garnier in Lyon, Paddington Station, die ornamentalen Bolzenköpfe des Eiffelturms, die Befestigungen eines Brückenspannseils oder die fein gezogenen Metallprofile eines Gebäudes von Mies van der Rohe nicht in Erstaunen. Roland Barthes schreibt in seinem Essay über den Eiffelturm, daß dieser zur Zeit seiner Erbauung dem jahrhundertealten plastischen Schönheitsbild einen neuen Wert entgegensetzte, die funktionale und technische Schönheit, die von da an die Welt eroberte.[143] Die Nacktheit einer logischen Konstruktion ist hier die Grundlage einer Ästhetik; sie spiegelt die ökonomischen

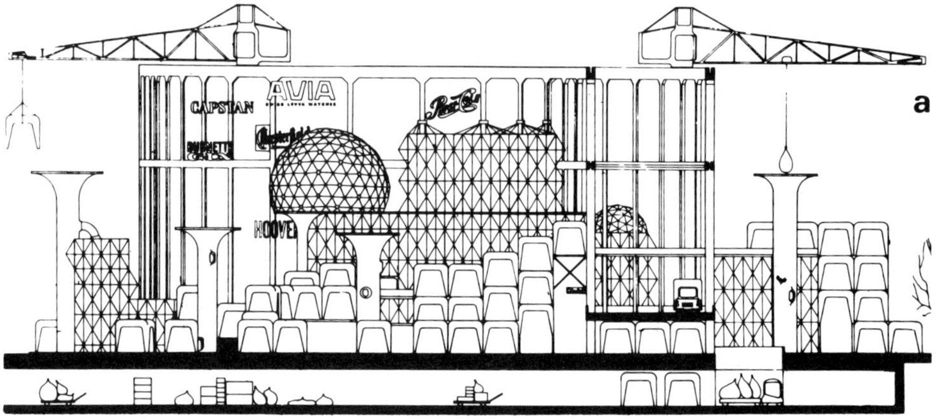

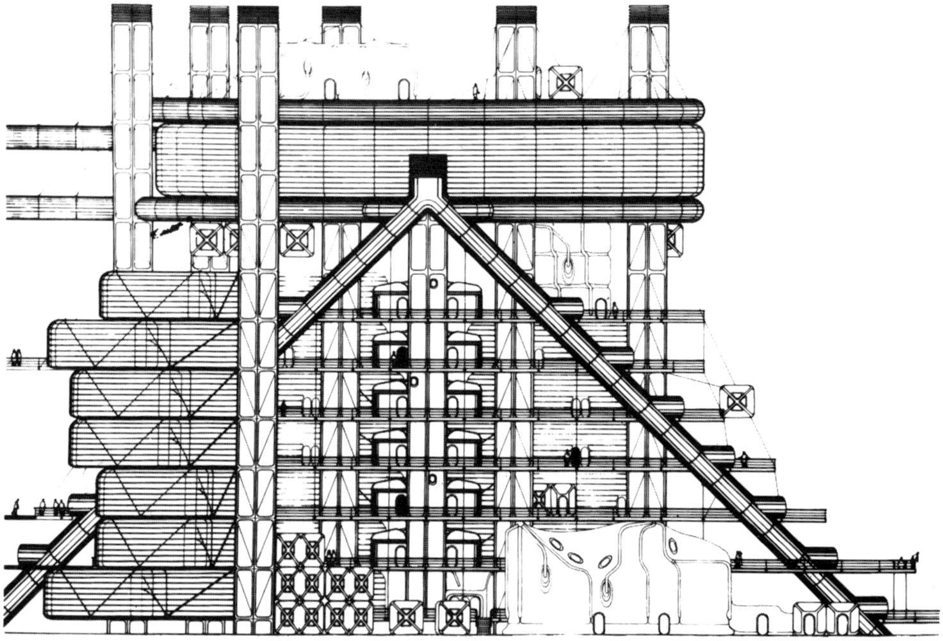

Während das 19. Jahrhundert die Technik als künstlerische Botschaft entdeckt, gestattet es sich das 20. Jahrhundert, das technische Bild an die Stelle der technischen Wirklichkeit zu setzen. Archigram, Peter Cook und David Green, Nottingham Shopping Viaduct, 1962 und Peter Cook, Plug-in City, 1962/1964

Technische Illusion, die durch Ähnlichkeit zu industriellen Serienprodukten wie Automobilen hervorgerufen wird, und Symbolik für Bauherren, die an die Tugend des technischen Fortschritts glauben. Renzo Piano und Richard Rogers, Centre Pompidou, Paris, 1975.

Maßnahmen wider, die in Abhängigkeit von den Gesetzen der Natur getroffen wurden: Schwerkraft und Belastbarkeit der Materialien oder, wie Konrad Wachsmann sagt: *„Das Bauen, das letzten Endes ein materieller Kampf gegen die zerstörenden Kräfte der Natur ist, verpflichtet, aus den Fortschritten der Wissenschaft, den Entdeckungen und Erfindungen der Technik die Konsequenzen zu ziehen … Solche und viele andere Einbrüche in die bis dahin durch das Gesetz des Handwerks relativ begrenzten und statischen Methoden des Bauens erzeugten nun jene Impulse, auf die der empfindliche, wirklich schöpferische Geist zugleich aktiv reagieren mußte."*[144]

Die poetische Empfindung, die eine Brücke von Robert Maillart, eine Halle von Pier Luigi Nervi, eine Markthalle von Eduardo Torroja, eine dreidimensionale Struktur von Konrad Wachsmann oder die Überdachung von Santiago Calatrava (Abb.) hervorrufen, entspringt der expressiven und eleganten Nutzung einer Technik, bei der die Inszenierung der statischen Kräfte und die Art der Zusammenfügung dem Werk eine gewisse Klarheit verleihen. Der Ansatz dieser Pioniere ist experimentell; Intuition und künstlerische Sensibilität sind sein Motor. Sie beschränken sich keinesfalls auf die rein technische Form, die zu sehr an das glaubt, was wir wissen, und zu wenig an das, was wir empfinden.[145]

Im 20. Jahrhundert wird das technische Verfahren zum kunsterzeugen-

Um ein bestimmtes Bild hervorzurufen, scheut sich Palladio nicht, auf ein Dekor zurückzugreifen, das eine andere Technik als die tatsächlich verwendete simuliert. Villa Badoer di Fratta Polesine, Andrea Palladio, 1557. Frank Lloyd Wright erwiderte: „Instinktiv fürchten und hassen alle Formen, die nur Schein sind, die Wirklichkeit. Stets muß der Heuchler den Radikalen hassen."[148]

„Die Römer, die vernünftige Leute waren, hätten, wenn sie über unsere großen Eisenteile verfügt hätten, die von den Griechen übernommenen Formen beiseite gelassen, um sich neue anzueignen."[157] *(Viollet-le-Duc)*
Ricardo Bofill, Tempelhäuschen in St.-Quentin-en-Ivelines bei Paris, 1982.

den Prinzip erhoben. Die technizistische Ästhetik erweckt einen Eindruck von mathematischer Logik der Konstruktion, aber dies kann täuschen; es gibt vielfältige Möglichkeiten. Das Kalkül ist nur ein Mittel der Kontrolle, dem Intuition und Erfindung eines konstruktiven Systems vorangehen. *„Die Form gehorcht dem Ausdruckswillen und nicht dem Kalkül. Man kann die Konstruktion nicht von der räumlichen Wirklichkeit trennen."*[146]

Der emphatische Umgang mit der Technik ist sinnvoll bei einem Bauaufgabe, für die Fragen der Statik oder der technischen Ausrüstung eine *übergeordnete* Rolle spielen. Er gelingt am besten, wenn ein eindeutiges Programm vorliegt: eine Brücke oder ein großer Hallenbau. Bei diesen Programmen liegt das Hauptproblem in Stabilität und Zusammenhalt, Fügung und Verbindung der Elemente, ohne daß vielfältige und widersprüchliche Erfordernisse mit hineinspielen. Im Falle eines Wohnhauses läßt sich das ästhetische Ziel einer expressiven Technik nur schwer mit den vom Nutzzweck erforderten räumlichen und kulturellen Nuancen vereinbaren.

Die Werke, in denen die Technik selbst zur Grundlage des architektonischen Ausdrucks wird, haben eine weitere Eigenschaft, die kritische Aufmerksamkeit angeraten sein läßt: Sie können nur schwer ihren Objektcharakter ablegen, um zur Masche im städtischen Gewebe zu werden. Genau hierin liegt die Grenze ihrer Möglichkeiten: Man kann diesen Typus nicht verallgemeinern. Rechtfertigt sich dagegen der Objektstatus aus der Lage und Bestimmung eines Gebäudes, wird sich die Stadtarchitektur bereichert finden.

Eine weitere Grenze ist diesem Ansatz durch die Gefahr des *„Styling"* gesetzt. Wir verstehen hierunter die partielle Aufgabe der konstruktiven Wahrhaftigkeit im Namen eines zuweilen zu stark ästhetisierenden Bestrebens. Es ist schwierig, diese Grenze genau zu bestimmen, da auch die Werke, von denen wir oben sprachen, natürlich nicht Ausdruck einzig und allein der materiellen Gegebenheiten sind. Betrachtet man das Wetterdach von Calatrava nur unter dem Gesichtspunkt der Belastbarkeit der Materialien, könnten seine beiden Segmente weniger stark voneinander abgesetzt sein. Die Akzentuierung will ein konstruktives Phänomen für das Auge erkennbar machen. In diesem Fall ist die Entscheidung vollkommen gerechtfertigt.

Manch spätere Arbeit von Nervi und einige Werke des „Industriedesigns" mit zu ästhetisierendem Anspruch überschreiten diese Grenzen. Wir nähern uns schon dem Ansatz der *bildhaften Technik*. Calatrava ist frühzeitig einem ähnlichen Schicksal erlegen. Seine so überzeugenden Modelle (Abb. S. 177) sind traurig in einer von Formalismus überladenen Realisierung geendet. Wo bleibt der Ingenieur? Wo bleibt der Architekt?

Die bildhafte Technik

Dieses Prinzip wird am besten durch die utopischen Entwürfe der britischen Gruppe Archigram (1960–1970) veranschaulicht und durch seine bedeutendste Umsetzung, das Centre Pompidou von Piano und Rogers.

Im Gegensatz zur „emphatischen Technik", wo die Form durch die expressive Hervorkehrung des einer Technologie inhärenten Potentials bestimmt wird, handelt es sich hier um eine umgekehrte Vorgehensweise: Man entwirft ein technisches Bild und sucht daraufhin nach einer Technologie, die es umzusetzen erlaubt. Frampton bemerkt: *„Abgesehen von einem gewissen subversiven Erotizismus (wie er sich etwa in der biologisch-funktionalistischen Parodie von Michael Webbs ‚Sin Centre' von 1962 äußert) interessierte sich Archigram besonders für die verführerische Bilderwelt des Raumzeitalters. Wie bei Fuller standen eher die endzeitlichen Aspekte der Überlebenstechnologie im Mittelpunkt als die Produktionsverfahren oder die Bedeutung solcher komplizierten Techniken für die Aufgaben des Augenblicks."* [147]

Sputnik und Apollo haben die Technologie aller Grenzen des Vorstellbaren enthoben. Alles wurde möglich, vorausgesetzt, es war erdacht worden: So entstehen „Plug-in City", „Space Capsule" und „Instant City", Beispiele für die Technik im Dienst des spielerischen Vergnügens.

Die technizistische Bilderwelt hat in der Diskussion um die Starre konventioneller Formen eine provokative Rolle gespielt. Messegelände, Weltausstellungen, provisorische Gebäude usw. sind ihr Experimentierfeld und ihre Tribüne, aber sie findet kaum einen Platz in der Stadtarchitektur und ist wenig dazu angetan, die Zeit zu überdauern.

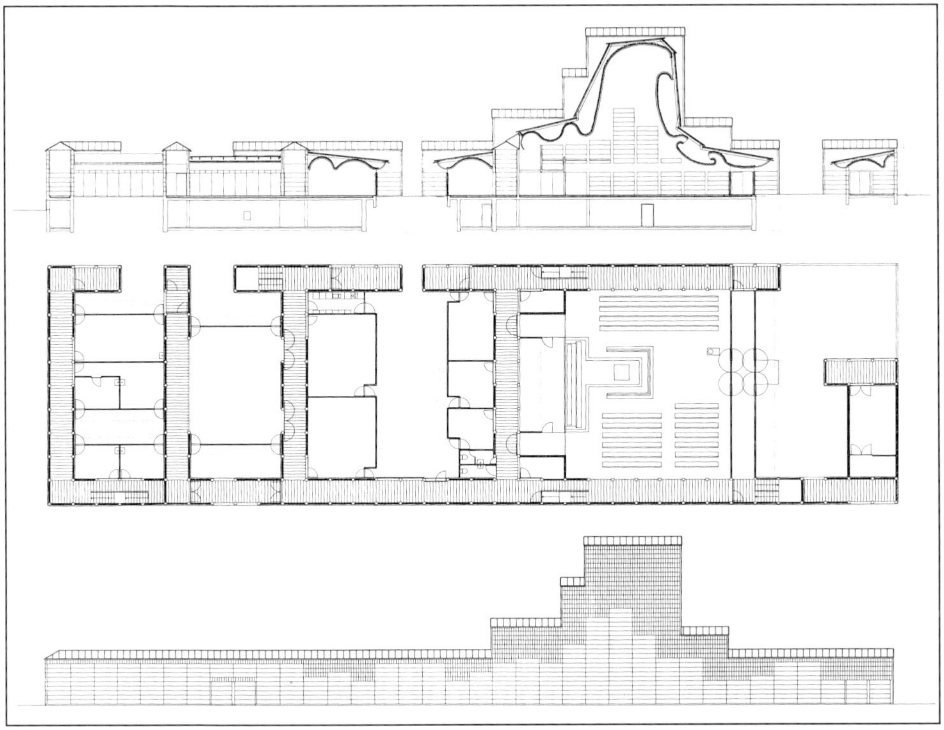

Zwischen Gebälk und Gewölbe: Wie im Barock haben für Jørn Utzon plastische und räumliche Anliegen den Vorrang vor der konstruktiven Realität.
Kirche von Bagsvaerd, Kopenhagen, 1973–76.

Fälschung

„Stört" das Erscheinungsbild einer Technik, neigt man dazu, sie hinter einer Verkleidung verschwinden zu lassen, die zeigt, was man zu sehen wünscht. In den letzten Jahren von Archigram (und den Beatles) geht ein bezeichnender Wandel vonstatten. Sie verstehen sich als Vorreiter einer Volksbewegung. Aber wer möchte in einer „Kapsel" wohnen? Archigram startet mit ihren letzten Entwürfen, darunter „Hedgerow City" und „Crater City", eine Rückwendung. All die ausgeklügelte Technologie ist hier versteckt, tarnt sich hinter einer scheinbaren Natur; ähnlich vielleicht, wie sie heute mancher hinter neoklassizistischen oder pseudo-folkloristischen Kulissen versteckt.

Andere Architekten nutzen effiziente und ökonomische Techniken und verwandeln und verkleiden sie so, daß eine andere, frühere und „prestigeträchtigere" Technik *vorgetäuscht* wird. Für Palladio waren Säulen aus Backstein und Architrave aus Holz mit Stuckverkleidung, die Stein vortäuschen sollten, gängige Münze.

Hier ist eine Unterscheidung zwischen Architektur der griechischen Antike und der Renaissance angebracht. Es ist wahr, daß der griechische Marmortempel seine Mutuli oder Konsolen nicht besäße, wenn seine Form nicht von einer Holzkonstruktion abgeleitet wäre. Dennoch *versucht er niemals, das Holz zu imitieren*. Palladio dagegen mischt mit der Basis aus Stein, den Säulen und dem Tympanon aus Backstein und dem Architrav aus Holz verschiedene Materialien und verkleidet sie dann einheitlich mit einem Stuck, der offen den Stein *imitiert*, um eine *Illusion* zu schaffen (Abb. S. 180).

Eine andere Extremposition nimmt Viollet-le-Duc ein, der feststellt, *„...daß dies wohl nicht das Resultat einer Anstrengung des Kalküls oder der Vorstellungskraft sein kann, beispielsweise gußeiserne Säulen mit Zylindern aus Backstein oder Stuckmasse zu verkleiden oder Eisenträger dem Mauerwerk einzuverleiben".*[149] So erkennt gegen Ende des 19. Jahrhunderts Viollet-le-Duc in der konstruktiven Fälschung ein Hindernis auf dem Weg der Neuerung. Die den neuen Konstruktionsmitteln entsprungenen Formen werden noch nicht in ihrem ästhetischen Wert anerkannt; man verkleidet sie, um dem

„Die neue Architektur ist elementar. Sie entwickelt sich aus Elementen der Konstruktion im weitesten Sinne: Funktion, Masse, Fläche, Zeit, Raum, Licht, Farbe, Material ..., diese Elemente bringen die Form hervor." (Theo van Doesburg, Manifest der Stjil-Bewegung, 1924).
Plastisches Spiel durch Auflösung der Fassadenfläche in dicht voreinandergelagerte Schichten.
Giuseppe Terragni, Casa Frigerio, Como, 1939.

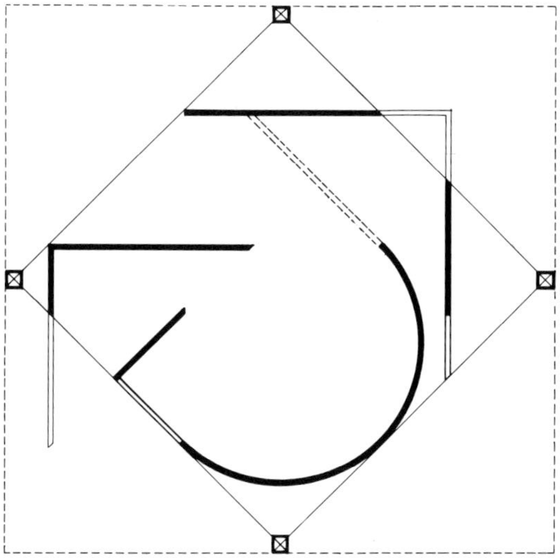

Der aller funktionalen und konstruktiven Alibis beraubte Student konzentriert zeitweilig seine Aufmerksamkeit auf das Potential von Geometrie und Form, ein unschätzbarer didaktischer Vorteil.
Übung eines Studenten, EPFL, 1975–1983.

Geschmack der Vergangenheit zu genügen. Mangelnde Bekanntheit hat immer eine Bremswirkung für die Verbreitung einer Erfindung. Viollet-le-Duc engagierte sich in einem Kampf um Erneuerung, der seine Früchte im 20. Jahrhundert tragen sollte.

Ende des 20. Jahrhunderts hat eine solche Substitutionserscheinung nicht mehr dieselbe Bedeutung. Den Brüdern Krier geht es in den siebziger und achtziger Jahren nicht mehr um die Ablehnung von Innovation. Sie begrüßen den Erfindungsgeist, solange er sich durch Anlehnung an die Prinzipien der Stein- und Backsteinarchitektur in den Dienst einer „Rückversteinerung" der Stadt stellt. Ihre Vorschläge sind eine Kritik an der materiellen Heterogenität der modernen Stadt. Mehr jedoch als ihr Feldzug für überkommene Materialmittel, überzeugt ihr Vorschlag für eine räumliche Ordnung der Stadt, die dem öffentlichen Raum eine klare und kenntliche Form zurückgibt. Die Substitution einer ökonomischen konstruktiven Wirklichkeit durch Rückgriff auf die Bildwelt veralteter Techniken kann nicht die Grundlage einer zeitgenössischen Ästhetik sein.

„War die gotische Architektur aufgrund des Steins oder ihm zum Trotz?" (Frank Lloyd Wright)
Kathedrale von Rouen, 13. Jahrhundert.

„Ornament bedeutet nicht nur: Oberfläche, durch die menschliche Phantasie qualifiziert, sondern auch: Phantasie, die der Struktur das natürliche Muster verleiht … Das integrierte Ornament ist einfach: Strukturbild deutlich sichtbar gemacht und im Gebäude gezeigt, wie es sich in der Struktur der Bäume oder einer Lilie auf dem Felde zeigt. Es ist Ausdruck des inneren Formrhythmus. Sprechen wir vom Stil? Beinah. Jedenfalls sprechen wir von Qualitäten, die wesentliche Architektur von jeder anderen bloßen Tätigkeit des Bauens unterscheiden." (Frank Lloyd Wright)[153]
Auguste Perret, Notre-Dame du Raincy, Le Raincy bei Paris, 1923.

Die Warnungen der Verfechter einer nach dem Bild der Vergangenheit versteinerten Stadt können nie die lebendige Kraft des Vorstoßes derer haben, die sich hoffnungsvoll der modernen Mittel bemeistern.

Die unterworfene Technik

Mit den technischen Mitteln des 20. Jahrhunderts hat die Architektur jene großen bildnerischen Freiheiten errungen, die wir kennen. Seit den zwanziger Jahren sucht die moderne Architektur sich durch ihre Näherung an die Konzeptionen der abstrakten Malerei und Skulptur, vor allem der kubistischen und puristischen, zu erneuern. So schöpft sie, entgegen einer heute sehr weit verbreiteten Meinung, nicht allein aus der Expressivität von Funktion oder Technik. Letztere stand für eine große Mehrheit der Avantgarde-Architekten oft im Dienst eines künstlerischen Ausdrucks. Die Architektur ist selbst zur modernen Skulptur geworden, was Beispiele wie das Haus Schröder von Rietveld, die konstruktivistischen Entwürfe von Lissitzky, das Haus Frigerio von Terragni, die Kirche Ronchamp von Le Corbusier und so viele andere markante Werke zeigen.

Peter Collins, Kritiker und Geschichtsschreiber der modernen Architektur, hat diese zeitgenössischen Phänomene in seinem Werk „Changing Ideals In Modern Architecture" vortrefflich erfaßt: *„Es zeigt sich nun, daß die neue Theorie der abstrakten Kunst nicht nur … zur völligen Austauschbarkeit der künstlerischen Disziplinen führte; sie suggerierte auch unvermeidlich, daß die Vitruvianischen Prinzipien von Nützlichkeit und Solidität künstlerisch von geringer Bedeutung waren, verglichen mit dem abstrakten ästhetischen Wert, der dem baulichen Potential innewohnt … Das Ideal der vollständigen Fusion von abstrakter Skulptur, abstrakter Malerei und Bautechnologie wurde von J.J.P. Oud in seinem 1921 veröffentlichten Manifest für eine zukünftige Architektur zum Ausdruck gebracht, in dem er ankündigte, daß ‚nun endlich eine eigenständige Architektur möglich ist, der sich die anderen Künste nicht mehr unterordnen, sondern mit der sie organisch zusammenwirken.' Der wichtigste und einflußreichste Vertreter dieser Theorie war Walter Gropius, dessen Lehrplan am Bauhaus sich genau dieses Ideal zum Ziel setzte … Er wies seine Studenten in die Architektur ein, indem er sie abstrakte Formen manipulieren ließ, ohne jede Rücksicht auf die Funktionen des Gebäudes oder die Belastbarkeit der Materialien, sondern einzig mit Blick auf den ornamentalen Reiz der signifikanten Form."*[150]

Diese relativ vom Material gelöste Herangehensweise an Entwurf, Kritik und Lehre hat unverhoffte Wege für die Entfaltung der Architektur zur authentischen Kunst des 20. Jahrhunderts eröffnet. In den 70er und 80er Jahren waren es Architekten wie Richard Meier und James Stirling[151], Kritiker wie Colin Rowe und Robert Slutzky und Lehrende wie John Hejduk und Daniel Libeskind[152], die versucht haben, diese neuerrungenen konstruktiven Freiheiten im Sinne einer zeitgenössischen bildnerischen Ausdrucksmöglichkeit zu deuten, zu nutzen und zu entwickeln.

Sie bedienen sich der technischen Möglichkeiten und ordnen sie gleichzeitig einem formalen Ziel unter. Eine Säule stellt eine vertikale Linie dar, eine Fensterbrüstung wird zum Band, Wände und Böden sind Ebenen – das Ganze kann mit einem weißen oder farbigen Überzug versehen werden, damit die Entmaterialisierung sich vollendet.

In der Praxis führt uns diese Vorgehensweise zuweilen auf gefährliche Wege, da sie, die konstruktiven Zwänge hintertreibend, mangelnde Wetterbeständigkeit oder ein vorzeitiges Altern bestimmter Materialien nach sich ziehen kann. Sie beraubt das Gebäude auch einer gewissen Klarheit, die aus den logischen Spuren seiner Konstruktion erwächst. Unterstreichen wir hingegen, welch enormen didaktischen Vorteil es mit sich bringt, wenn solch ein Ansatz als *ein Schritt* im Ausbildungsgang des Architekten betrachtet wird: Aller funktionalen und konstruktiven Alibis beraubt, muß der Student kurzzeitig sein Augenmerk ausschließlich auf das der Geometrie und der Form inhärente Potential lenken.

Die architektonische Form ist natürlich an Nutzung und Technik gebunden, aber sie erfreut sich zugleich einer gewissen Autonomie. Einerseits muß aus derselben Technik und demselben Inhalt keinesfalls präzise dieselbe Form hervorgehen. Andererseits erweist sich die bauliche Form als sehr viel weniger zeitgebunden als die Nutzung. Selten jedenfalls sind die Beispiele für Gebäude, deren Lebensdauer nicht die Dauer ihrer ursprünglichen Nutzung oder Bedeutung überschritten hätte.

Die gebändigte Technik

Die Technik ist in den Bereich des Alltäglichen eingedrungen. Sie bewahrt uns vor Hunger, bietet uns Bequemlichkeit und medizinische Hilfe, gewährt uns eine außerordentliche Mobilität und auch den Luxus der Zeit zum Denken, Studieren oder Spielen. Ihr Versagen ruft Störungen hervor, die sich mit zunehmender Abhängigkeit von der Technik zu Katastrophen auswachsen. Ebenso bedrohlich ist die Technik durch ihre Abfälle und Schadeffekte. Schon zeigt die Erde Wunden infolge rücksichtsloser Ausbeutung im zügellosen Kreislauf von Produktion und Konsum.

Im letzten Viertel des 20. Jahrhunderts suchen manche deshalb eher, die Technik zu verbergen, ohne jedoch auf sie zu verzichten; man zögert, sie zum Monument zu erheben. Es genügt natürlich nicht, sie zu verstecken. Man muß ihre Macht über die Erde, die wir bewohnen, einschätzen und versuchen, sie neu zu überdenken. Da wir in einer Zwischenphase leben, wird die Technik weiterhin Form und Ornament nähren, aber sie wird nicht mehr so lautstark von sich selbst sprechen. Dies ist es, was den Werken von Kahn, Scarpa, Moneo, Botta und anderen ihre besondere Aktualität verleiht. Die Technik ist gebändigt, wenn sie auf Wohnlichkeit und Gefallen Rücksicht nimmt, und weder Stolz noch Scham zeigt für die ihr eigene Rationalität und ihre Gesetze.

Keine Scham zeigen heißt nicht, daß alle Spuren der Herstellung zur Schau gestellt werden sollen. Die von Tessenow erzählte Anekdote sollte uns vor Exzessen warnen:

„Ein alter handfester Baumeister, dessen Einfluß bei uns sehr groß war, soll gelehrt haben: ‚Wenn man für das Herstellen zum Beispiel einer Haustür zwei Bretter zusammennagele, so müsse man das Zusammennageln ehrlich zeigen, und man müsse möglichst auch zeigen, wo die Nägel auf der Türrückseite herausgekommen seien usw., sei dabei etwas vom Holz abgesplittert, was leicht vorkomme, so solle man einfach die Splitter abreißen und es so gut sein lassen.' Angenommen, die Geschichte war nur bildlich gemeint, so ist ein solches Zusammennageln hier jedenfalls folgerichtig ehrlich und zeigt sehr gut, wohin sowas möglicherweise führt. Es gibt sozusagen Bum-Bum-Ehrlichkeit. Es sind die Übertreibungen, die wir hier fürchten … und genau ebenso fordern wir, daß eine gewerbliche Arbeit im großen ganzen auch dem einfachen Sinne nach wahr sei; aber wir wollen nicht ohne weiteres sozusagen jede Leimfuge oder jeden Nagel sehen."[154]

Die gebändigte Technik darf durchaus sichtbar sein, oft wird dies sogar angestrebt, aber das Ziel muß umfassend bleiben. Als elegante Spur der Herstellung wird sie zum integrierten Ornament, wie Frank Lloyd Wright sagen würde, aber dieses Ornament muß seinen Sinn im architektonischen und künstlerischen Konzept des Gebäudes finden. Es kann nicht allein das Resultat eines Konstruktionsprozesses sein. Der Entwurf nutzt die Technik als Motivschatz, um die Form zu strukturieren, ohne sich jedoch von ihr beherrschen zu lassen: *„Die Schönheit ist der wahrhaftige und mit Rücksicht auf das materielle Element, über das man*

Eine Symbiose, die ihre Vollkommenheit im Gleichgewicht zwischen bildnerischem Wunsch des Menschen und physikalischem „Wunsch" der Materialien sucht. Mario Botta, Haus in Ligornetto, 1978.

verfügt, und das physische oder moralische Bedürfnis, dem es zu genügen gilt, gewählte Ausdruck ...“[155]

Im besten Fall stehen Form und Technik in einem ausgewogenen Verhältnis und bringen jeweils ihre Kapazitäten und Ansprüche zur Geltung. Wenn weder Technik noch Form um ihrer selbst willen zu blenden suchen, nähern wir uns der Architektur. „Die technische Ehrlichkeit“ sollte nicht vor der Ehrlichkeit des Ganzen stehen.

Die gotischen Kathedralen sind vielleicht das erhabenste Beispiel für eine gebändigte Technik. Frank Lloyd Wright gab zu bedenken, daß nicht der Stein die Kathedralen inspiriert habe. Der Stein wirke beschränkend; es wäre zu fragen, ob die gotische Architektur aufgrund des Steins oder ihm zum Trotz gewesen sei.[156] Der Stein wird hier sicher in tieferer Kenntnis seiner Natur verwendet als dies in der griechischen Antike der Fall war. Das Material wird jedoch zu extremen Leistungen geführt, denn nicht seinem Wesen entspringt die Logik der Konstruktion, sondern einer Verbindung von Kunstfertigkeit und dem geistigen Ziel religiöser Verherrlichung nach damaliger Vorstellung.

Wie entscheiden?

Die kritische Darlegung dieser fünf Haltungen betreffs der Materialien und ihrer Verwendung könnte uns dazu verleiten, je nach Neigung die eine oder andere vorzuziehen oder zu verwerfen. Den meisten von uns wird es jedoch nicht schwer fallen, Viollet-le-Duc in diesem recht zu geben: *„Die Römer, die vernünftige Leute waren, hätten, wenn sie über unsere großen Eisenteile verfügt hätten, die von den Griechen übernommenen Formen beiseite gelassen, um sich neue anzueignen.“*[157] Dies hätte ebenso Frank Lloyd Wright oder manch anderer Architekt der Moderne sagen können. Die Wahrheit liege in der Natur selbst der Materialien. Schlössen wir uns dieser Position an, hätten wir zumindest sichere Leitlinien, um zu einer „Architektur des Wahren“ zu gelangen.

Dies ist jedoch nicht mehr unbedingt eine adäquate Antwort auf unsere Kultur im ausgehenden 20. Jahrhundert, da unsere ausgefeilte Technologie uns erlaubt, eine Technik durch eine andere zu ersetzen, indem man sie mit geringem Aufwand perfekt imitiert. Weiterhin tendiert sie mehr denn je zur Verkleidung zwecks thermischer Isolierung.

Frank Lloyd Wright weist diese Gegebenheiten zurück, indem er sagt, daß die Imitation eine natürliche Anlage von Menschen, nicht *des* Menschen sei.[158] Vielleicht ist eine klarere Unterscheidung zwischen *Imitation* (oder Substitution) und scheinbarer *Entmaterialisierung* zu treffen. Letztere ist heute keine „Sünde“ mehr. Wir haben gesehen, daß unter Entmaterialisierung ein Entwurfsvorgang verstanden wird, bei dem das plastische Spiel der Geometrie der Räume, der Formen und Flächen so starken Vorrang hat, daß die verschiedenen Materialien der Umsetzung durch eine vereinheitlichende Schicht der Verkleidung homogenisiert werden müssen (Gerrit Rietveld, Theo van Doesburg, Jacobus Johannes Pieter Oud, Jørn Utzon, Peter Eisenman, Richard Meier, John Hejduk usw.). Eine Architektur der Verkleidung, auf die unsere thermischen Anforderungen hinsteuern, erhärtet diese Tendenz. Manche Gebäude würden im übrigen durchaus gewinnen, wenn sie durch eine einheitliche Schicht überzogen wären, anstatt „ehrlich“ ihr Materialsammelsurium zur Schau zu tragen. Die Entmaterialisierung ist also heute ein legitimer Weg geworden, Quell einer zeitgenössischen Poetik.

Selten gewählt und von der Mehrzahl der großen zeitgenössischen Architekten verurteilt, steht dieser Ansatz einem anderen entgegen, welcher sich weigert, die Architektur der Sprache ihrer Materialien und derer Verwendung zu berauben. Ohne bis hin zu den Nägeln gehen zu wollen, die die Bretter einer Tür durchbohren, bleiben das Material als Oberfläche und Textur sowie die Fugen der Elemente als ornamentale Spur weiterhin wertvolle Bestandteile der Architektur, wie die Werke von Louis Kahn und Carlo Scarpa deutlich zeigen.

Die Wege der bildhaften und der substituierten Technik sind zweifellos umstrittener und anfechtbarer. Die Architektur kann niemals nur ein Bild sein. Sie wäre damit ihrer Grundlage beraubt, ihrer Aufgabe, den umgebenden Raum zu einem intimen Ort zu gestalten, der menschliches Leben aufnimmt. Man kann also nicht dieselben Kriterien von Wahrheit und Lüge an die Architektur anlegen wie an die Kunst im allgemeinen. Ist auch die Illusion ein Mittel der bildlichen Poetik, kann sie doch nicht zur Grundlage der Architektur werden, deren Aufgabe konkreter und stärker themengebunden ist.

Die Bühnenbildnerei ist eine Architektur, aber die Architektur ist keine Bühnenbildnerei.

8.2 Der Wille des Materials

Dem Bauunternehmer genügt es, die physikalische und wirtschaftliche Kapazität von Materialien zu kennen. Für den Architekten sind diese Gesichtspunkte allein wenig zufriedenstellend. Form und Raum der Architektur *bestimmen sich* über den Charakter der Materialien und die Spuren ihrer Verarbeitung. Das Licht ist dabei ein Verbündeter. Das Ergebnis ist „ein Ambiente“. Nur durch die Vermittlung des Materials kann die Form letztendlich Orte umreißen. Streichelt man es mit den Händen oder Augen, erweist es sich als zart oder robust, weich oder hart, kalt oder temperiert. Je nach Oberflächenbehandlung wird dasselbe Material glatt oder rauh, matt, satiniert oder glänzend sein. Es ist der Schliff, der die innere Struktur zur Geltung bringt, indem er sie bloßlegt. Die Materialien haben auch einen symbolischen Gehalt: Sie können Üppigkeit oder Strenge, Vergänglichkeit oder Dauer, Pflanzliches, Mineralisches oder Künstliches, Intimität oder Öffentlichkeit, Industrie oder Handwerk andeuten. So sind die Baumaterialien auch potentielle Bedeutungsträger.

Untersucht man die affektiven Werte, die dem Stein, dem Beton, dem Holz, dem Metall oder dem Stoff im Laufe der Zeit beigemessen wurden, so fällt auf, daß sich die Bedeutung mit Technologie und Kultur verändert. Die Materialien überschreiten ihre rein konstruktive Funktion, wie die drei folgenden Beispiele veranschaulichen.

Der behauene Stein, der zunächst mühselig aus seinem Bruch gefördert, dann sorgfältig bearbeitet und gefügt wurde, bietet im Austausch für den Schweiß des Menschen die Gewähr der Dauerhaftigkeit. Geschliffen kann er seine Adern und Farben schillern lassen und zur Verkleidung werden. Immer, wenn die Menschheit ihre teu-

Der behauene Stein gewährt Dauerhaftigkeit.
Dorischer Tempel, Segesta, Sizilien, um 420 v. Chr.

Das Holz, leichter zu bearbeiten, vergänglicher vielleicht, bleibt dem schutzbedürftigen Menschen ein wertvoller Freund.
Von Meiss, Collomb, Natterer, Schule Le Châtelard, Lausanne, 1979.

ersten Werte festhalten und verewigen wollte, hat sie den Stein darum ersucht (Abb. S. 188). Seine Bedeutung hat sich kaum verändert; seine Konnotation von Dauerhaftigkeit entspringt einer jahrtausendealten Erfahrung.

Von höherer Widerstandsfähigkeit als die Molasse der Helvetischen Kathedralen und von geringerer als der Athener Marmor, ist der *Beton* zum „Gestein“ der Bauleute des 20. Jahrhunderts geworden. Die Gießform ist leicht herzustellen und wiederverwendbar. Allerdings hat sich Beton als vergänglicher erwiesen, als man sich es vor 30 Jahren vorgestellt hatte.

Das Holz, weicher und als Material für Tragwerk und Verkleidung leichter zu bearbeiten, hält sogar Zugkräfte aus. Allerdings hat es sich nicht zu allen Zeiten derselben Achtung erfreut wie heute. Anfällig für Verwitterung, bedarf es des Außenschutzes (Abb. S. 188). Da man es für zu düster und für weniger edel als den Stein erachtete, hat man zuweilen sein wahres Wesen durch eine Verkleidung erstickt. Die Holztäfelungen der Schloßsäle aus dem 18. Jahrhundert wurden verkittet und gestrichen. Zu anderen Epochen wurde das Holz nicht nur als ärmliches Material betrachtet, sondern stellte eine drohende Gefahr dar. Die Großbrände des Mittelalters haben zu einer ablehnenden Haltung ihm gegenüber geführt, wohingegen heute Wände und Decken aus unverkleidetem Holz geschätzt werden, weil sie inmitten der „Kälte“ von Industrieprodukten Geborgenheit und Wärme vermitteln. So ist also nicht nur das Holz selbst weniger beständig als der Stein, sondern ebenso die ihm beigemessene affektive Bedeutung.

Das Blech, dünne und biegsame Metallblätter, die formgepreßt oder tiefgezogen werden, damit sie Steifigkeit erhalten, hat das Gesicht unserer Umgebung ziemlich verändert. Aus ihm gefertigte Fahrzeuge, Verpackungen, Möbelstücke usw. können außerordentlich sinnliche Formen annehmen. Und doch ist gefalztes oder tiefgezogenes Blech als Baumaterial schon ein wenig anrüchig geworden. Da wir es mit unseren Konsumprodukten assoziieren, nimmt es der Stadt von ihrer Idee der Dauerhaftigkeit und symbolisiert einen Fortschritt, der nicht mehr einstimmig als solcher anerkannt wird.

Man hätte natürlich auch von den Kunstharzen sprechen können. Die Unterscheidung zwischen „natürlichen“ und „synthetischen“ Materialien ergibt jedoch wenig Sinn, da Papier, rostfreier Stahl und Kunstharze nichts wider die Natur getan haben, als ihr die Intelligenz des Menschen hinzuzufügen, der selbst Teil dieser Natur ist.

Diese drei Beispiele – behauener Stein, Holz und Blech – weisen die Materialien als Träger poetischer Botschaften aus, die der Geschichte und Kultur entsprungen sind. Dies ist jedoch nur ein Aspekt ihrer Beschaffenheit.

Blech assoziiert Gebrauchsgegenstände und industrielle Präzision.
Jean-Daniel Baechler, Freiburg, 1981. Eckdetail einer Industriehalle.

Es wäre ein Irrtum, die Materialien als mehr oder weniger neutrale und teilnahmslose Körper zu betrachten, die nur unserer Einbildungs- und Tatkraft harren. Die Materialien haben ihren eigenen Willen, „ihren Geist". Um vernünftige Entscheidungen zu treffen, muß der Architekt seine Sensibilität im Dialog mit ihnen entwikkeln.

Er sollte zunächst die Materialien nach ihren Wünschen befragen. Dies heißt, er sollte ihnen nicht zu viel und nicht zu wenig abverlangen. Deshalb muß er ihre wesensgemäßen Eigenschaften kennenlernen. Jedes Material hat sein eigenes *„Potential der Struktur"*, da es bestimmte volumetrische und räumliche Formen nahelegt. Es hat ebenso sein eigenes *„Potential der Verwendung"*, d.h. der Montage, Fugenbildung usw. Es hat weiterhin sein spezifisches *„Potential als Verkleidung"*. Diese Ressourcen sind so reich, daß es unnötig ist, einem Material das Aussehen eines anderen aufzuzwingen. Die Imitation wertvollen Marmors in den barocken Kirchen Bayerns ist sicher Beweis einer geschickten Handwerkskunst, aber ein heute kaum mehr gangbarer Weg. Die Imitation ist durch industrielle Möglichkeiten *zu einfach* geworden, um glaubwürdig und anerkennenswert zu sein. Nachgemachte rustikale Balken aus unter die Decke geklebtem Styropor und auf Plastik photographiertes Holz haben in ihrer vollkommenen Täuschung die Imitation entwertet. Damit sie wieder Be-

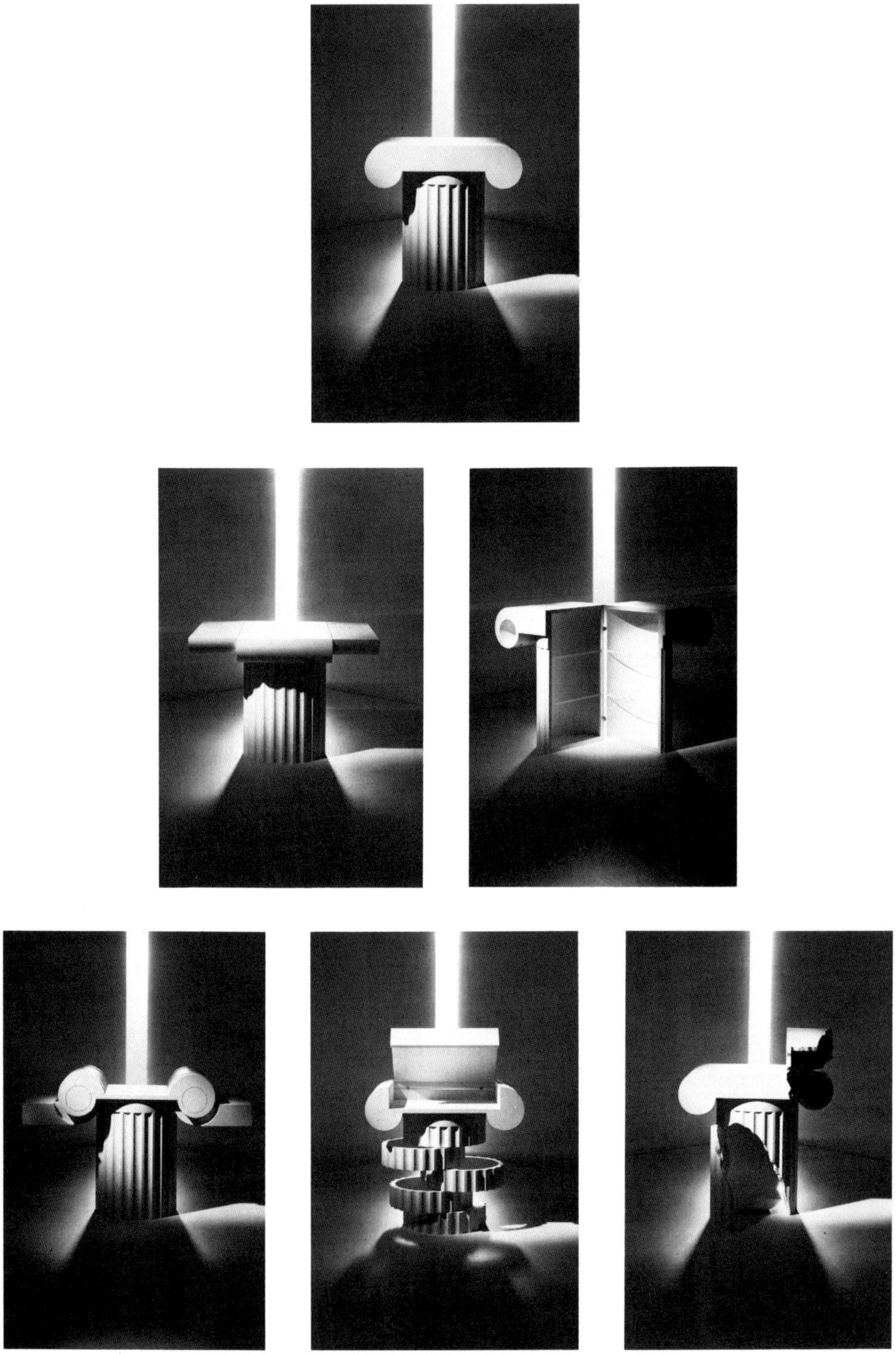

„Function follows Form": fünf funktionale Verwandlungen einer konventionellen Form von Trix und Robert Haussmann, 1977–1978. Ein Spiel mit der Geschichte oder steht die Geschichte auf dem Spiel? Die künstlerische Qualität gestattet die Überschreitung einer ethischen Grenze. Möbel sind toleranter als Gebäude!

rechtigung in der Kunst finden kann, muß die Imitation als solche ausgewiesen und ihre ursprüngliche Funktion spielerisch verkehrt werden. Trix und Robert Haussmann arbeiten mit Talent und Humor nach diesem überraschenden und fast surrealistischen Verfahren (Abb. S. 190).

Befragen wir ein Material daraufhin, was es als eine den architektonischen Raum erzeugende Struktur leisten kann und will, gestehen wir ihm eine Autorität zu und beschränken unsere Entscheidungsmöglichkeit. Der behauene Stein wird zu uns von anderen Räumen, anderem Licht und anderen Texturen sprechen als Backstein, Holz, Stahlbeton oder Stahl. Frank Lloyd Wright hat zweifellos Recht, wenn er sagt: *„Ein steinernes Gebäude wird nie ein stählernes Gebäude sein und auch nie wie ein solches aussehen. Ein Bauwerk aus Ton oder Terrakotta wird nicht wie ein Steinbauwerk aussehen oder sollte es wenigstens nicht. Ein Holzhaus wird wie kein anderes aussehen, weil es das Holz verherrlicht. Ein Gebäude aus Stahl und Glas kann unmöglich wie irgend etwas anderes aussehen. Es wird Stahl und Glas verherrlichen."* [159] Leider leitet dies allgemeine Prinzip uns wenig; innerhalb jeder Technik bleibt eine große Formenvielfalt möglich.

Welches sind, nachdem das Material gewählt ist, die durch Architekt, Handwerker und Bauarbeiter manipulierbaren Größen? Die Materialität des Bauwerks hat immer einen dreifachen ästhetischen Aspekt: *die Form, die Massivität und das Zusammenspiel von Textur und Farbe,* handle es sich nun um ein vor seiner Verwendung fertiggestelltes Konstruktionselement wie den Backstein, die Fassadenplatte oder die Treppenstufe oder um etwas Zusammengesetztes wie die Mauer, die Fassade oder die Treppe.

Form und Material

Unter materieller Form verstehen wir die *Geometrie der volumetrischen Hülle* eines Elements, die es leicht produzierbar, belastbar, handhabbar und zusammenfügbar machen soll.

Um mein Anliegen zu veranschaulichen, werde ich das Beispiel des *Ziegels* heranziehen, dieses jahrtausendealten Materials, das nichts an Aktualität verloren hat, sondern sich im Gegenteil zu immer neuen Sorten weiterentwickelt.

Der Ziegel aus gebrannter Erde oder Leichtbeton ersetzt den mühselig behauenen Stein. Meist in tragender Funktion verwendet, übernimmt er dessen strukturelle und räumliche Formen: Mauer, Bogen, Gewölbe und Kuppel. Aber in seiner Herstellung unterscheidet er sich bezeichnend von ihm: Lehmerde oder formbarer Beton, gebrannt oder gehärtet, fügen seine Form und sein Profil sich leichter unserem Willen bei der Texturgestaltung. Seine Geometrie eines Quaders, seine Größe und sein Gewicht sind nicht willkürlich; sie schmiegen sich in die

Mit der Kuppel erreicht der Ziegel den Höhepunkt seiner Entfaltung.
Kirche der Jungfrau Theotokos, Kloster Hosios Lukas, Griechenland, um 950.

Hand des Maurers, der die andere für die Kelle frei behält. Der erste Verwendungszweck des Ziegels ist *die Mauer* – sei sie tragend oder nicht. Um fest zu sein, verlangt sie vollkommene Vertikalität und windversteifende Ecken oder Biegungen; deren Häufigkeit bestimmt das Verhältnis von Dicke, Höhe und Länge. Damit der Mauerverband so homogen wie möglich ist, müssen die Schichten genau horizontal und die vertikalen Fugen versetzt sein. Die Ökonomie erfordert, daß Länge, Höhe und Breite der Ziegelmauer das Maß eines Vielfachen von Element plus Fuge besitzen. Um gesund zu bleiben, will das Material, wenn es porös ist, vor Feuchtigkeit des Bodens, Regen und Frost geschützt sein. Dies sind die gemeinsamen Wünsche von Mauer und Ziegel.

Aber der Ziegel kann mehr hervorbringen als eine Mauer. Louis Kahn sagte: *„Wenn du einen Ziegel fragst, was er sein will, wird er dir sagen: ein Gewölbe. Manchmal bittest du den Beton, dem Ziegel zu helfen, und der Ziegel ist sehr glücklich."*[160]

Harmonieren also gewisse Materialien mit gewissen Formen und umgekehrt? Dieser Aphorismus benennt klar eine bestimmte Form als diejenige höchster architektonischer Virtuosität im Umgang mit dem Ziegel. Mit der Kuppel erreicht der Ziegel seine höchste Entfaltung (Abb. S. 191). Kahn sagt nicht, daß der Ziegel das Gewölbe erzwingt, aber er sieht die sublimste Verwendung des Ziegels in der Architektur dort, wo er in gewisser Weise die Schwerkraft überlistet.

In der Ökonomie der zeitgenössischen Bauweisen sind Gewölbe und Kuppel hinter die Stahlbetonplatte zurückgetreten. Der Gedanke, daß dem Ziegel vom Beton „geholfen werden" könnte, wird von den puristischen Ver-

Die Zwänge des Steck-Ziegels regen die Formen von Mauern, Arkaden und Kuppeln an. Laboratoire d'Expérimentation Architecturale, EPFL, 1980.

tretern einer sublimierten, die Form bestimmenden Technik als Perversion betrachtet. Aber muß man Metallverbindungen bei einem Holzgebälk verwerfen und auf die mühselige Technik des Verdübelns zurückgreifen? Warum sollte man einem alten Material verbieten, sich durch neue Techniken helfen zu lassen und gemischte Strukturen hervorzubringen?

Nehmen wir das Beispiel des $10 \times 10 \times 20$ cm messenden, ineinandersteckbaren Ziegels aus synthetischem Material, der im Laboratoire d'Expérimentation Architecturale (LEA) der Eidgenössischen TH von Lausanne entwickelt und verwendet wurde. Er dient der Simulation von architektonischen Räumen in natürlichem Maßstab. Die Konstruktionen müssen leicht veränderbar und auf- und abbaubar sein, weshalb ein leichter Ziegel mit scharfen Steckkanten erfunden wurde, der präzise in Trokkenbauweise gefügt werden kann. Dies bedeutet, daß man weder bei der Behandlung der Fugen Gestaltungsfreiheit hat, noch eine Verblendung verwenden kann. Die Mauern sind ohne Fundament auf den Boden gestellt. Da sie nicht belastet sind, ist ihre Stabilität heikel; Ecken und Windversteifungen sind unerläßlich.

Bei einer mit Studenten der EPFL durchgeführten Übung zu Verband und Gliederung der Mauer haben wir die Erfahrung gemacht, daß die Zwänge dieses Materials stimulierend wirken können. Die Mauern strebten danach, sich in Arkaden zu verwandeln, und nach immer schwierigeren Versuchen entstand schließlich eine pyramidische Kuppel von ungefähr 3 m Durchmesser, ein Archetyp, der bis dahin als mit diesen Ziegeln unmöglich zu realisieren galt (Abb. S. 192).

Dieses Beispiel zeigt, daß Form und konstruktives System in Beziehungen zueinander stehen, welche die Kompositionsarbeit anregend und faszinierend machen. Die formalen Studien können ein Material bis an die extremen Grenzen der Stabilität führen *oder* auch seine ornamentalen Fähigkeiten, im positiven Sinn des Begriffs, erforschen.

In der Hand des römischen Maurers wird der Ziegel raffiniert eingesetzt. Er hilft dem Puzzolan-Zement, die gigantischen Gewölbe der Thermen hervorzubringen, und nicht umgekehrt. Er akzeptiert die Rolle einer verlorenen Schalung.

Es hat eine Faszination für den Bauhandwerker, das Material bis hin zu seiner extremen Leistungsfähigkeit zu nutzen. Die aus Ziegeln gefügten schrägen Pfosten im Park Güell von Antonio Gaudí in Barcelona wirken

Der Ziegel wird dank langer Konstruktionserfahrung zu kaum glaublichen Leistungen geführt.
Antonio Gaudí, Capilla Santa Coloma de Cervelló, 1898.

beflügend auf die Phantasie durch ihren Vorstoß bis an die Grenzen des Glaubhaften. Nur ein sehr erfahrener Architekt und Bauhandwerker konnte die Materialien mit dieser Leichtigkeit handhaben. Wird der Ziegel mit solch Virtuosität eingesetzt, und sogar ohne Zuhilfenahme des Betons, ist dies nicht mehr eine simple Frage der Erfindungsgabe, auch nicht des Kalküls, sondern vor allem Ergebnis der durchdachten Erfahrung (Abb. S. 193).

Die Materialien dulden keine Exzesse; innerhalb der Grenzen ihrer Belastbarkeit, Bearbeitungs- und Verwendungsmöglichkeiten gestehen sie jedoch der Form eine beträchtliche Autonomie zu. Die große formale Mannigfaltigkeit der Ziegelbauten ist hierfür ein Beweis. Die hier am Beispiel des Ziegels angestellten Überlegungen zur Materialität der Form sollten für alle Baumaterialien getroffen und vertieft werden.

Materialstärke

Während die volumetrische Hülle eine Grundeigenschaft der Form ist, ist die *Massivität* ein besonders bedeutsames Attribut. Dieselbe Form kann dünn oder dick, voll oder hohl erscheinen. Die Massivität beeinflußt unsere Wahrnehmung der Dinge. Das dünne Blech einer Autokarosserie und die massive Form, auf der es tiefgezogen wurde, haben sehr verschiedene Wirkung. Es handelt sich jedoch um dieselbe äußere Matrize (Abb.). Die beiden Bilder zeigen deutlich den Wesensunterschied zwischen Hohl- und Vollform. Das Blech wird tiefgezogen, damit eine Schalenform entsteht, die genügend Starre besitzt, um normaler Belastung standzuhalten, wobei gleichzeitig, so materialsparend wie möglich, Platz für weitere Teile gelassen wird. Die Matrize ist massiv, um der extrem starken Belastung des Stempels standzuhalten.

Wir haben die Architektur als Kunst auf der Suche nach dem hohlen Raum bezeichnet. Die Wahrnehmungserscheinung der räumlichen Hülle eines Gebäudes hängt in hohem Maß davon ab, wie wir deren Dicke gestalten und durchbrechen. Eine Fassadenmauer mit kleinen Fenstern, die an die Innenkante der Öffnungen zurückgesetzt sind, wird den Eindruck von Sicherheit und festungsartiger Stärke hervorrufen. Eine Mauer gleicher Dicke sorgt dagegen im Wiener Barock durch das Fenster, das glatt mit der Außenfläche abschließt, für die angenehme Täuschung der fast frivolen Leichtigkeit (Abb. S. 195).

Von innen betrachtet, prägt die Dicke einer räumlichen Hülle den Raum in der Umgebung des Durchbruchs. Ein Fenster in einer 80 cm dicken Mauer bringt die Hülle ganz anders zur Geltung als ein in eine 20 cm oder weniger dicke Wand eingelassenes (Abb. S. 195). Jeder Durchbruch

Das dünne Blech einer Autokarosserie hat eine vollkommen andere Wirkung als die Matrize, auf der es tiefgezogen wurde – dennoch dieselbe äußere Form.

Massivität oder Leichtigkeit durch die Position der Fenster in der Wand. Rom, wo jedes Fenster sich wie ein kleines Tempelhäuschen gibt, und Wien, wo zart profilierte Fenster eine Oberflächenstruktur weben.

schafft einen *Raum der Mauertiefe* und läßt Lichtreflexe auf den Schnittflächen entstehen. Bei einer dünnen Hülle oder einer „Vorhangwand" kann man diesen Raum und diese Lichtreflexe vernachlässigen. Daß der Raum der Mauertiefe zum Ort zwischen drinnen und draußen werden kann – zugänglich oder auch nicht –, ist einer der großen Reichtümer zahlreicher traditioneller Steinbauten.

Die Massivität hat nicht nur Einfluß auf unsere Sehweise der Architektur, sondern deutet auch Widerstandskraft und Dauerhaftigkeit an. Ob zu recht oder unrecht, erscheint das Dünne weniger endgültig als das Dicke, auch dann, wenn der Eindruck von Dicke nur durch einen Kunstgriff hervorgerufen wird. Im Barock ist eine sehr massiv wirkende Wand oft nichts als

Die Durchbrüche einer Mauer zeigen ihre Dicke an. Es entsteht ein Raum der Mauertiefe.

die Kombination zweier relativ dünner Schalen, die ihren Hohlcharakter verbirgt. Was uns letzten Endes interessiert, ist eher die *scheinbare* als die tatsächliche Massivität.

Der Dünne wohnt ebenso ein poetisches Potential inne. Die Treppe des Stadions in Florenz von Nervi, die bis zu 4 cm dünn ist, die Schalen von Candela, die elegante Vorhangwand des Seagram Building von Mies van der Rohe oder die kühnen Zeltkonstruktionen von Frei Otto müssen die Massivität der Pyramiden um nichts beneiden. Die Konzeption der architektonischen Form verlangt also auch einen „Entwurf der Hülle", welcher mit den Bedingungen des Projekts wie Standort, Funktion, Thema, Raum, Licht und konstruktiven Mitteln in Einklang stehen muß.

Textur und Gliederung

Textur und Gliederung durchbilden die uns umgebenden Flächen und kontrollieren Gesimse, Profile, Fugen zwischen den Elementen sowie den Materialwechsel einer Mauer (Abb.).

Le Corbusier unterstreicht dieses Potential:

„Die Durchbildung der Form ist der

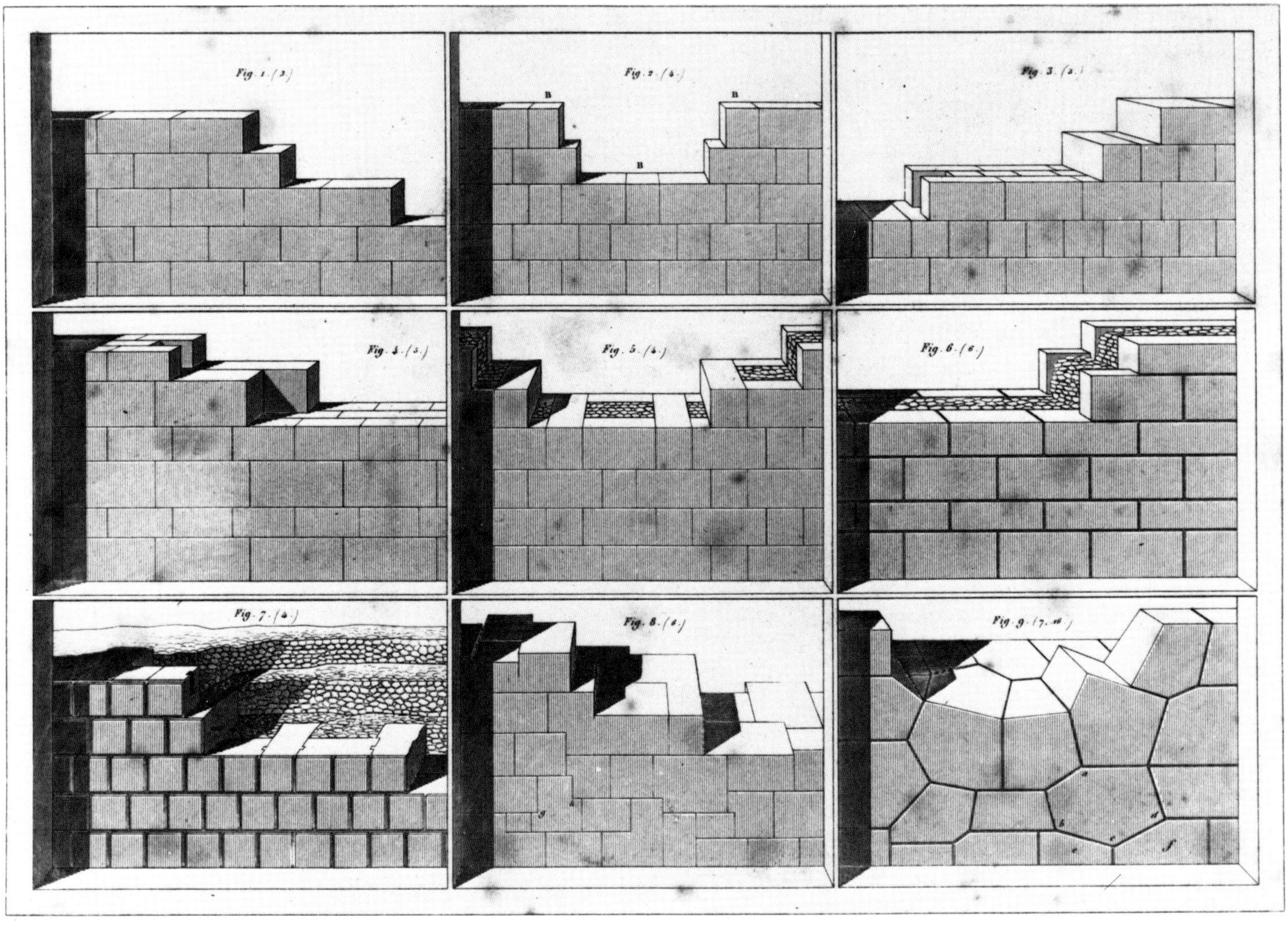

Textur der Mauer nach Jean Rondelet, Theoretische und praktische Abhandlung zur Baukunst, 1810–17.

Reine Körper und durchscheinende Textur ohne Mauergliederung.
Häuser auf den Kykladen.

Prüfstein für den Architekten. Dieser erweist sich an ihr als Künstler oder als einfacher Ingenieur. Die Durchbildung der Form ist frei von jedem Zwang. Es handelt sich dabei nicht mehr um Herkommen oder Überlieferung, noch um konstruktive Verfahren, noch um Anpassung an die Bedürfnisse des Gebrauchs. Die Durchbildung der Form ist reine Schöpfung des Geistes; sie ruft den gestaltenden Künstler auf den Plan."[161]

Diese Worte sind von einer überraschenden Aktualität. Sie zeugen von der Entschlossenheit, die architektonische Form um der Gestaltungsfreiheit willen in ihrer Autonomie zu verteidigen und sie nicht als schlichtes Ergebnis der Produktionsgegebenheiten zu betrachten. Die Durchbildung der Form ist jedoch nur in Ausnahmefällen eine rein geistige Schöpfung (in der Bühnenbildnerei zum Beispiel); tatsächlich ist sie *auch* ein Kompromiß des Formgebers mit Materialien und Elementen, die er anzuordnen und zusammenzufügen hat.

Die Oberflächenstruktur der verwendeten Materialien, ihre Kombination und Verfugung gibt dem Raum seinen letztlichen Charakter, seinen „Status" und seine „Temperatur". Die Spuren von Meißel, Scharriereisen oder Schleifmaschine modellieren die Oberfläche des Steins; die Fugen zwischen Ziegeln, die Abdrücke von Platten, Brettern und Holzmaserung auf dem Gußbeton, der Einschnitt der Metallklammer, welche die Seitenkräfte in einem Holzfachwerk aufnimmt, die Ungenauigkeit eines Axthiebs oder die Präzision eines Hobelstrichs, die Glasur einer Fläche, der Falz eines Blechs sind lauter Spuren der Bearbeitung, die zusammen mit der Farbe die uns umgebenden Flächen gestalten. Zusätzlich geben sie Auskunft über die Art der Konstruktion, zum Beispiel die Mauerdicke, von der wir eben sprachen.

Frank Lloyd Wright besteht auf dem Wert des „integrierten Ornaments", das im Gegensatz zum symbolischen Ornament der Konfrontation des Menschen mit der Materie entspringt. Das integrierte Ornament ist aber dennoch nicht alleiniges Ergebnis der physikalischen Bedingungen. Der Mensch gestaltet die Oberfläche durch seine Einbildungskraft, strukturiert sie gemäß seinem Willen und dem der verwendeten Materialien. Auch dies unterscheidet die Architektur von irgendeiner beliebigen Konstruktionstätigkeit.

Die handwerkliche Präzision bei der Materialbearbeitung war immer ein Ziel und ein Maß der menschlichen Beherrschung der Natur. Mit dem *Schliff,* der die innere Struktur des Materials bloßlegt, erreicht sie ein höchstes Stadium. Dieser läßt den Gedanken in Vergessenheit geraten, daß das Objekt mit Werkzeugen hergestellt wurde; nur das Material an sich bleibt übrig. Da die Architektur aber zumeist recht grobe Objekte hervorbringt, ist es dennoch wichtig, die ornamentale Wirkung der Spuren der Herstellung zu kennen und einzusetzen, insbesondere ihr Vermögen, Lichtreflexe zu differenzieren. Die Griechen wußten die Werkzeuge sehr vorteilhaft einzusetzen und die verschiedenen Lichtbrechungen zu nutzen, die aus unterschiedlicher Textur ein und desselben Materials resultieren.

Da ein architektonisches Element sich aus mehreren Teilen zusammensetzt, sind die Spuren des Zusammenfügens zu berücksichtigen, es sei denn, man versieht es mit einem Verputz (Abb.). Eine Mauer aus Stein oder Ziegel ist nicht in erster Linie eine geometrische Fläche, eine Platte. Die Vielzahl der genormten Elemente und ihrer Fugen bildet eine Textur, nachdrückliche Spur des Konstruktionsakts (Abb. S. 198). Die Artikulation des Übergangs zwischen diesen Elementen durch Hohlfugen oder Profile macht auf der unteren Ebene die *Textur* der Mauer aus. Anstatt sich zu einer gleichmäßigen Struktur zu addieren, können diese einzelnen Elemente Gruppen bilden, so daß sich auf höherer Ebene ein Muster ergibt: die *Gliederung* der Mauer.

Um von Textur und Gliederung zu sprechen, ziehen wir noch einmal das Beispiel des Ziegels in einem präzisen Kontext heran. Die frühchristliche und byzantinische Baukunst bedient sich römischer Errungenschaften:

großräumiger Gewölbe und Kuppeln und der gemischten Mauerkonstruktion im Wechsel von grob behauenen Steinen und Schichten gleichmäßiger Ziegel. Byzanz entwickelt die römischen Techniken weiter und steigert sowohl die räumlichen Möglichkeiten (Hagia Sophia in Istanbul) als auch die ornamentale Wirkung der Mauertextur, was die Kosten einer Außenverkleidung erspart. Bei der Mauerkonstruktion erfordern Eckkanten und Öffnungen die größte bauliche Sorgfalt. Bei den Kanten werden daher präzise behauene Steine verwendet, während die Mauerfläche aus grob behauenen oder Bruchsteinen besteht, die zuweilen von Ziegelreihen abgelöst werden, so daß eine Gliederung entsteht (Abb.). Die Erbauer byzantinischer Kirchen und Paläste haben im übrigen häufig die Steinmetzarbeit verringert, indem sie die Zwei- oder Dreipaßfenster mit Ziegeln umrahmten, wodurch Form und Zierwirkung der Öffnungen unterstrichen wurden. Zuweilen hebt eine einfache Drehung der Ziegel um 45° die Fenster in ihrer Feinheit von der Rohheit der Wand ab, ohne daß spezielle Elemente oder wertvollere Materialien gebraucht würden. Die Ausfachungsziegel eines Tympanon, die in Mörtel eingebettet liegen, zeichnen ebenso ein Oberflächenornament. Lange Erfahrung im Umgang mit den Materialien und nicht allein die Idee hat also den Weg für diese ökonomische Verfahrensweise bereitet. Die behauenen Steine als die aufwendigeren Elemente können sich nunmehr auf die Kapitelle und die Zwischensäulen der Fenster beschränken, die aufgrund ihrer Schmalheit den Rückgriff auf den Ziegel verbieten.

Jedes Material wird nach seiner eigenen Logik der Leistungsfähigkeit

Unverkleidete Textur und Gliederung der Mauer: Detail der Seitenfassade von Sant' Andrea in Mantua, Leon Battista Alberti, ab 1470.

Die Textur wird zur Gliederung: Sophienkirche, Monemvasia, Griechenland.

Eine Lektion der Architektur: Die Alte Pinakothek in München, die während des Zweiten Weltkriegs teilweise zerstört wurde, wurde durch Hans Döllgast aus den Trümmern wiederaufgebaut (1952–55). Er verstand ihrer prunkvollen Vergangenheit mit den bescheidenen Mitteln gerecht zu werden, die vor dem wirtschaftlichen Hintergrund der unmittelbaren Nachkriegszeit verfügbar waren: aufgesammelte Ziegel und wenig Eisen.

verwendet, jedoch immer im Hinblick auf ein umfassendes Ziel. Der Ziegel hat dem Fenster gute Dienste geleistet. Die rationelle und raffinierte Kombination von Stein und Ziegel sichert die Kohärenz des Ganzen. Die Stellen, an denen ein Wechsel des Materials oder der Fügungsweise vorgenommen wird, entsprechen den für die Gesamtheit des Gebäudes signifikanten Orten: Sockel, Kanten, Öffnungen, Traufe, Hauptfassade, Seitenfassade (Abb. S. 198). Wir erhalten eine Zeichnung, die durch *Akzentuierung der Ränder* eine höhere Ordnung als die der einfachen additiven Struktur von Steinen einführt.

Dieses Beispiel zeigt, daß das Einsparen einer Verkleidung keinesfalls eine ornamentale Wirkung der Oberflächenstruktur und der architektonischen Elemente ausschließt, wenn die Materialien mit Feingefühl, Phantasie und Intelligenz ausgewählt, bearbeitet und gefügt sind. Als Beispiel hierfür könnte man das Werk Mario Bottas aus den siebziger Jahren anführen oder, als weniger bekanntes, den Wiederaufbau der im Zweiten Weltkrieg zerstörten Pinakothek in München durch Hans Döllgast mit den sparsamen Mitteln der Nachkriegszeit.

Konstruktion und Verkleidung

Die Oberflächenerscheinung der Wände, Böden und Decken ist von solcher Wichtigkeit, daß man das aus wirtschaftlichen Materialien hergestellte Gebäude häufig mit einer *Verkleidung* aus widerstandsfähigerem oder edlerem Material versieht.

Die italienische Baukunst hat von der Römerzeit bis hin zu Renaissance und Barock dem nackten Ziegel selten Adel zuerkannt, im Gegensatz zu Byzanz und später den nordischen Ländern. Der Ziegel wird als wirtschaftliches Mittel zur *Umsetzung einer Konstruktion* betrachtet, die durch ein edleres Material zu *verkleiden* ist: Marmorinkrustation, Putz, Fresken, Mosaike u.ä. Sogar der Reichtum Roms hatte seine Grenzen, so daß Massivmauern aus Quaderstein für die Ausführung des Pantheon, von Thermen oder einer Adelsvilla zu kostspielig gewesen waren. Rom bediente sich systematisch der Verkleidung, um seinen Gebäuden den gewünschten Glanz zu verleihen. Die dem Prunk verpflichtete Renaissance wie der Barock, die Idee und Erscheinung des Gebäudes höher stellen als seine konstruktive Wirklichkeit, arbeiten die Schaufunktion der Hauptfassaden vor allem religiöser Gebäude heraus und behandeln Seiten- und Rückfassaden wie „gewöhnliche Schuppen" (Abb. S. 198). Im Gegensatz hierzu betrachten die griechische Antike, Byzanz und die Gotik ihre religiösen Gebäude als insgesamt wertvolle Objekte, deren Seiten- und Rückfassaden nicht vernachlässigt werden dürfen. Dies ist ein konzeptioneller Unterschied dieser Kulturen.

In der modernen Architektur gab es eine Zeit, in der das Prinzip der Verkleidung an sich abgelehnt und ein offenes Bloßliegen der „wahren" Materialien gefordert wurde (in den sechziger Jahren). Der griechische Tempel mit seinen Säulen und Wänden aus massivem Marmor wurde hier zum Musterbild der Ehrlichkeit. Viollet-le-Duc bringt seine Vorliebe für die Griechen, welche Konstruktion und Ornament nicht voneinander trennen, unverhohlen zum Ausdruck, da er den Römer als „Emporkömmling des Bekleidungsgeschäfts" bezeichnet, der erst an den Künstler appelliere, nachdem die materiellen Erfordernisse (für Tragwerk und Raum) erfüllt seien.[162] Stärker noch als die römische Architektur wäre unter diesem Blickwinkel Palladio anzugreifen (Abb. S. 180). Solch Mißachtung der Verkleidung geht jedoch zu weit. Rom und Byzanz hätten ihre Träume aus Massivmarmor nicht finanzieren können; Ziegel und Verkleidung gaben ihnen ein wirtschaftliches Mittel zur Befriedigung ihrer Ansprüche in die Hand. Gottfried Semper sagt, daß die Form, die Ausdruck der Idee ist, dem Material, aus welchem sie gemacht ist, nicht widersprechen sollte. Dennoch ist es nicht unbedingt notwendig, daß sich das Material als solches dem Kunstwerk aufprägt.[163] Diese Meinung steht der vorhin erwähnten Frank Lloyd Wrights diametral entgegen.

Der Gedanke Sempers trifft sich recht gut mit gewissen Erfordernissen der zeitgenössischen Konstruktion. Die Notwendigkeiten der Wärmedämmung führen uns zwangsläufig hin zur *Außenhülle aus gemischten Materialien*. Die Weiterentwicklung einer Architektur der Verkleidung ist daher eine wirkliche Aufgabe unserer Zeit. Die Tatsache, daß die notwendig leichte und schmiegsame thermische Isolierung außen am Gebäude mehr Wirkung zeigt als innen, wird vielleicht die Erscheinung unserer Gebäude verändern. Es ist nur dem Widerstand gegen Formenwandel zuzuschreiben, daß für den Augenblick dieser „Mantel" nach wie vor zumeist konventionelle Erscheinung trägt.

Die Verkleidung verleiht der Oberfläche und selbst dem Raum eine große formale Freiheit. Ihre Gesetze entspringen nicht mehr den konstruktiven Erfordernissen. Weil sie dünnschichtig ist, kann man edlere, widerstandsfähigere und teurere Materia-

Schauverkleidung der Hauptfassade in der Zeit der Renaissance. Seiten- und Rückfassaden werden wie bei einem gewöhnlichen Gebäude behandelt.
Leon Battista Alberti, Sant' Andrea in Mantua, ab 1470.

lien verwenden als für das Tragwerk. Deren Fügung und Gliederung kann einer Logik folgen, die sich leichter dem bildnerischen Gestaltungswillen unterwirft.

Über rein technische Überlegungen hinausgehend, können wir grob zwei Arten der Verkleidung unterscheiden: Die eine verändert nicht grundlegend den von der Konstruktion gebildeten Raum, da sie sich ihr anschmiegt und sie eher noch betont. Die andere widerspricht den konstruktiven Gegebenheiten, indem sie andere Räume und Objekte hervorbringt. Dies läßt sich anhand der Vogtei von Einsiedeln zeigen (Abb. S. 122). Dieser zweite Weg ist gefährlich geworden. Es gibt nicht mehr wie in der Zeit des Barock ein übergeordnetes Thema, das den Illusionsraum zusammenhalten kann. Seitdem läuft die Illusion Gefahr, zur reinen Verfremdung zu werden.

Auf einer scheinbar mehr technischen Ebene kann die Verkleidung, die sich der Konstruktion anpaßt, ihrerseits wiederum in zwei Kategorien unterschieden werden.

Gewisse sehr dünnschichtige Verkleidungen *haften* an der gesamten Oberfläche des Tragwerks fest wie Malereien, Putz, Tapeten, Mosaike und Fayencen. Wenn die Verkleidung aus einer dünnen Haut besteht, die beim Auftragen noch geschmeidig ist, scheint die Textur des Tragwerks bei genügender Ausprägung weiterhin durch, aber die Unruhe ihrer Unregelmäßigkeiten ist gemildert.

Andere Verkleidungen präsentieren sich in Form von Platten oder Täfelungen, die stellenweise ans Tragwerk *fixiert* sind wie Marmor, Glas, Metall oder Holz. Ihre Geometrie und ihre Fugen führen eine neue Gliederung ein, die nicht mehr unbedingt mit der des verdeckten Tragwerks übereinstimmen muß. Die Fixierung kann versteckt oder sichtbar sein. Im zweiten Fall entsteht eine neue Textur, die den Rhythmus der Platten begleitet, wie bei der Postsparkasse von Otto Wagner in Wien (1904–06).

Die gekonnte und feinfühlige Kombination beider Arten der Verkleidung, der anhaftenden und der fixierten, hat einige höchst kunstvolle Werke hervorgebracht, wie wir am Beispiel der im 11. Jahrhundert nicht weit von

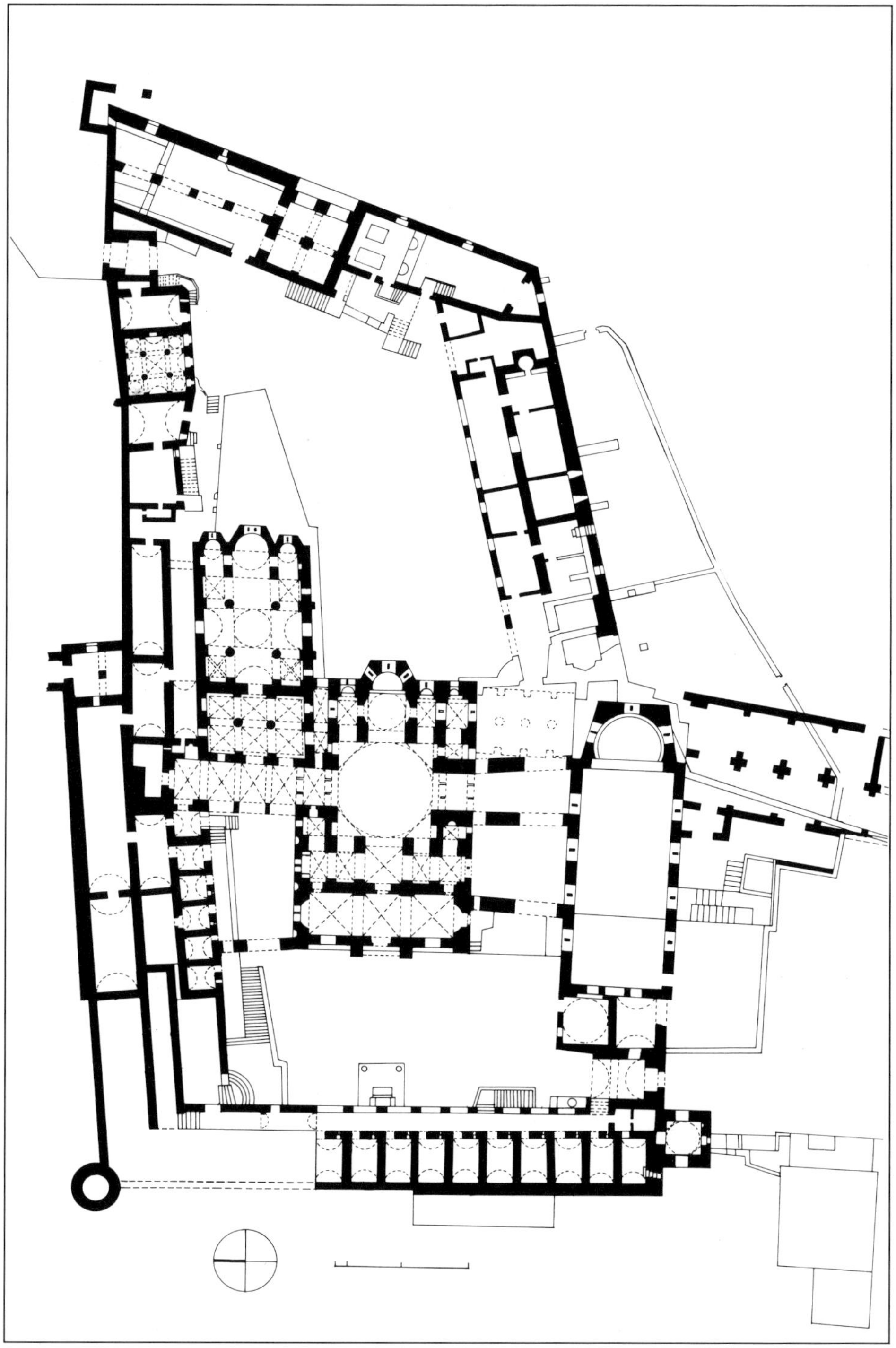

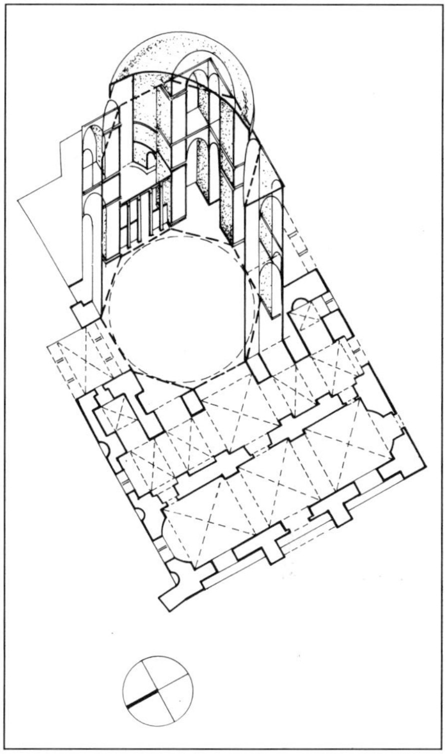

Hosios Lukas in Griechenland, byzantinisches Kloster mit zwei Kirchen aus dem 10. bzw. 11. Jahrhundert.
Gesamtgrundriß und Axonometrie.

Die Wand ist mit klassischer Einfachheit verkleidet, die Respekt einflößt.

Zwei Streifen aus Marmor verlaufen in Augenhöhe und in Höhe des erhobenen Arms.

Das Gewand hat seinen Saum, es senkt sich nicht in den Boden.

Hinter diesem schlichten und würdigen Gewand schimmert erstmalig für einen Augenblick die Haut des Gebäudes mit den vier Evangelisten durch.

Über der strengen und artikulierten Geometrie der Verkleidung erhebt sich glanzvoll der nackte Körper des Gebäudes mit seiner Haut aus Mosaik.

Delphi errichteten byzantinischen Kirche des Klosters von Hosios Lukas sehen werden (Abb.). Ich werde von ihrem Innenraum sprechen:

Die Wände sind bis zum Ansatz von Bögen, Gewölben und Kuppel mit einem feierlichen Festgewand bekleidet: geschliffene Marmorplatten – graue, smaragdfarbene, rötlich-braune, rosa- und ockerfarbene –, einfache und große Rechtecke, die sich in Harmonie zur räumlichen Struktur neben- und umeinanderlagern und einen Übergang von der Erde zum Himmel schaffen. Ein sehr feiner, leicht erhabener Streifen aus weißem Marmor umrahmt die Platten und verleiht ihnen eine relative Autonomie. In ihrer geometrischen Abstraktheit ist die Verkleidung von einer klassischen Einfachheit, die Respekt vor dem Ort einflößt.

Das Gewand ist nicht „Mauer", es senkt sich nicht in die Erde, um dort Halt zu suchen. Die Marmorverkleidung verdickt sich an ihrer Basis geringfügig, um die Bodenfläche zart und nur leicht zu berühren. Das Gewand findet seinen Saum: einen weißen Marmorsockel im sanften Schwung seines Profils. Treue Begleiterin der Mauer, die ihre Herrin nicht um einen Schritt verläßt, zeichnet dieser Saum mit seinem hellen Strich gekonnt den Grundriß der Kirche nach.

Über der Sockelleiste beginnt noch nicht gleich der Rhythmus der Rechtecke. Der erste Abschnitt wird als einfarbiges, ruhiges und glattes Marmorband gestaltet, das sich der Vertikalität des Raums entgegenstellt oder ihr vielmehr ein Gegengewicht setzt. Zwei feine Streifen aus weißem Marmor laufen daran entlang, einer in Augenhöhe und einer auf der des erhobenen Arms.

Zwischen der oberen und unteren

Die Linie im Dienst eines räumlichen Konzepts. Frank Lloyd Wright, Unity Temple, Oak Park, 1906.

Die Verkleidung gestattet, die Natur des Körpers zu betonen, indem sie sich von ihm abhebt. Carlo Scarpa, Museo di Castelvecchio, Verona, 1958–73.

Ebene von Nischen und Bogengängen läuft ein *Gürtel* um, aus weißem Marmor wie die Sockelleiste, aber von feinen und sich wiederholenden Ornamenten geziert. Er verleiht der Höhe Maßstäblichkeit. Im Gegensatz zum Saum, der die Gesamtheit des Bodens miteinbezieht, verstärkt dieser Fries das zentrale Quadrat und die Apsis des Altars.

Aber bevor das Auge zu diesem Fries gelangt, geht etwas Außergewöhnliches vor sich. Man entdeckt, daß unter dem Gewand ein Körper steckt! Das Gewand hat vier Löcher, welche die Nacktheit der Mauer mit ihrer goldglänzenden Haut durchschimmern lassen, auf die die Porträts der vier Evangelisten „tätowiert" sind – Vorankündigung von Gewölben und Kuppel (Abb. S. 203).

Über dem Gürtel weiterhin Marmor, große verschiedenfarbige Rechtecke und weiße Streifen, die mit dem *Kragen* abschließen, einem schlichten weißen Fries wie der Gürtel. Aus dem Kleid taucht plötzlich magisch der „wahre" *Körper* hervor, die tragende Struktur, die die Strenge ihres Gewands abschüttelt und sich nun zu Bögen, Gewölben, Trompen und Kuppel aufschwingt. *Eine Haut aus Mosaiken bedeckt die Muskulatur.* Der Kontrast ist meisterhaft gesetzt; über der strengen und artikulierten Geometrie des Kleids entblößt sich die sinnliche Kontinuität der Formen und Texturen des Körpers.

Es ist eine lehrreiche Lektion der Architektur und der Konstruktion, wie hier zielstrebig und mit wirtschaftlichen Mitteln dieser Gegensatz zwischen der Spiritualität der Decke – denn die Kuppel will unberührbar sein, Himmel weit über allem menschlichen Maß – und der klaren und rationalen Schönheit des Marmors der Wände umgesetzt wurde. Der Höhepunkt des Raffinements liegt vielleicht in der Vorankündigung durch die vier Halbkuppeln mit den Evangelisten, diesen Durchblicken auf die Mauer – vier vom Himmel gefallene Tränen, die die oberen Abschlüsse der Nischen bilden.

Solch subtile Dualität entstammt der byzantinischen Kunst, aber man findet sie auch anderswo, insbesondere in der Zeit des Barock, während Gotik, Renaissance und Neoklassizismus eher dazu neigten, die Rationalität aufs gesamte Werk auszudehnen. Wir sind hier weit vom „integrierten Ornament“ Frank Lloyd Wrights entfernt; obwohl dessen ästhetisches Potential nicht geleugnet werden kann, sollte es nicht zum Dogma erhoben werden. Wright selbst hat diese Regel überschritten: Das Ornament des Innenraums des Unity Temple in Oak Park bildet sich weniger aus der Materie, als aus dem räumlichen Konzept (Abb. S. 204).

Manche zeitgenössischen Architekten haben gezeigt, wie die Möglichkeit eines Wechselspiels zwischen Körper und Kleid auch ohne Bezugnahme aufs Göttliche genutzt werden kann. Beim Museo di Castelvecchio in Verona nutzt Carlo Scarpa die Opposition zwischen Konstruktion und Verkleidung, um Geschichte und Gegenwart zu trennen und sichtbar zu machen. Sein Umbau zeugt von der geometrischen Präzision unseres zeitgenössischen Handwerkszeugs (vor allem des Zeichenentwurfs) und bestätigt gleichzeitig die Näherungswerte der historischen Gebäudeteile. Die Geschichte wird beredt, ohne geschwätzig zu sein (Abb. S. 204).

Die treffende Entscheidung bezüglich der Oberflächenbehandlung des Innen oder Außen eines Gebäudes ist nicht leicht zu fällen. Sie erfordert eine Kenntnis der jeweils zugrundeliegenden Bedeutung. Ein Kubus bedeutet bemantelt etwas völlig anderes als aus blankem Stahl. Die Theoretiker der Renaissance insistierten nicht zufällig auf einer dem Gebäudetyp „angemessenen“ Oberflächenbehandlung. Die wertvollen Materialien sind zuallererst dem Tempel bestimmt (Alberti und Palladio); die Rustika ist besonders für Festungen geeignet (Serlio).[164]

Heute sind die verfügbaren Materialien der Verkleidung zahlreich: Die Unterscheidung zwischen „wertvoll“ und „einfach“ ist unklar geworden. Man findet ein bißchen Tempel in der Villa, dem Büro, der Schule ... überall. Die früheren Bearbeitungsverfahren, die hohe Kunstfertigkeit erforderten, sehen sich durch neue Materialien und neue Verfahren verdrängt. Spiegelglas und Metall haben aufgrund ihres billig zu habenden Glanzes den geschliffenen Marmor ersetzt. Das Furnier und das Holzimitat aus Kunststoff, die industriell gefertigt werden, banalisieren den Luxus des Massivholzes. Die Leichtigkeit, mit der wir solche Elemente in großer Zahl produzieren und reproduzieren, hat letztendlich dem Glanz seine Bedeutung des Wertvollen genommen. Die Präzision handwerklicher Arbeit, die zu allen Zeiten Beweis menschlicher Geschicklichkeit war, ist von der Maschine einund überholt worden. Die Maschine hat für die industriell gefertigten Objekte eine ungeheure Präzision möglich und sogar obligatorisch gemacht. Die Welt hat sich verkehrt. Die unvollkommenen Objekte sind mit dem Symbolwert der persönlichen Note verknüpft; die vollkommenen Objekte erfreuen sich nicht mehr derselben Anerkennung wie früher. Zahlreich sind die, welche ein Objekt gründlich daraufhin untersuchen, ob nicht Spuren der Unvollkommenheit zu finden sind, Zeugnisse einer „Handarbeit“. In ihrem Tasten geht unsere Kultur sogar so weit, handwerkliches Aussehen industriell nachzuahmen. Diese Trickkunst wird vielleicht zu zeitweilig spaßigen Lösungen führen, aber sicher nicht zur authentischen Architektur einer Zeit.

Angesichts dieser zeitgenössischen Landschaft des Überangebots an „Fertigkleidung“ war es wichtig, in Erinnerung zu rufen, welch architektonische Möglichkeiten der Verkleidung innewohnen und wie essentiell ihr Bezug zum Körper der Konstruktion ist. Hosios Lukas, wo nichts dem Zufall überlassen bleibt, könnte als Lektion dienen: Bekleiden heißt nicht einfach einen Körper verstecken und einen falschen Anschein erwecken; im Gegenteil findet die Verkleidung ihre höchste Vollendung, wenn sie weiß, was sie bedeckt!

Wissen, was man wo trägt: 1968 grobe Verpackung der Berner Kunsthalle; bei der Pont Neuf respektiert Christo 1985 die Ansprüche der Pariser Haute Couture.

9 Epilog: der Entwurf

Entwurf eines modernen Fensters, das zur Vitrine für ein altes wird. Carlo Scarpa, Bleistift auf Photographie, Museo di Castelvecchio, Verona.

Der architektonische Entwurf hat nicht zu allen Zeiten denselben Vorgang umschlossen. Vor einigen Jahrhunderten konnten sich Bauherren und Handwerker über ein einfach zu bauendes Gebäude verständigen, ohne einer Planzeichnung zu bedürfen. Einige Gespräche und Besuche vor Ort genügten, da es *Modelle* für räumliche Anordnungen und Konstruktionsverfahren gab, die sich kaum wandelten. Zwar variierten die Fenster verschiedener Gebäude leicht in ihren Dimensionen, aber ihre Vertikalität, ihre Proportionen, ihre Herstellungsart, ihre Anordnung oder auch ihre Einfügung in die Mauer bedurften keiner jeweils neuen Überlegung. Man baute „nach den Regeln der Kunst", eine Redewendung, die sehr gut die *stillschweigende Übereinkunft* deutlich macht, die zur damaligen Zeit Handwerker und Planer aus derselben Region miteinander verband.

Diese Beständigkeit der Techniken und Formen trug zu einer gewissen Homogenität des Erscheinungsbilds bei, einer Homogenität, die sich wie selbstverständlich bei der Öffentlichkeit und den Ausführenden durchsetzte. Welche Handwerker auch immer mit dem „Entwurf" und der Ausführung betraut waren, die Gebäude ähnelten sich. Die Tatsache, daß man vorher wußte, welche Art von Objekt mit einer neuen Konstruktion zu erwarten war, ersparte zahlreiche Schritte, die der Entwurf, wie wir ihn heute verstehen, miteinschließt. Die Allmählichkeit, mit der sich technische und formale Konventionen wandelten, ließ Zeit für Gewöhnung und führte so zur allgemeinen Anerkennung einer architektonischen Sprache. Gibt es eine stillschweigende Übereinkunft, ist es leichter, sich an etwas zu halten, aber auch gegebenenfalls *Überraschung* hervorzurufen, indem man sie überschreitet. Solche Abweichungen von der Norm waren im allgemeinen den Mächtigen vorbehalten, die so ihr eigenes Genie hervorzukehren und durch einen bleibenden Markstein festzuschreiben suchen. Diese besonderen, innovativen und komplexeren Gebäude bedurften einer Vorüberlegung, eines Entwurfs und schufen manchmal sogar einen Prototyp. Ihre Realisierung erforderte längere Zeiträume. Schon allein der zeitaufwendige Bau der Kathedralen machte vorherige und von Spezialisten erstellte Pläne nötig, damit der Fortgang und die Koordination einer Arbeit, deren Ende in ferner Zukunft lag, gesichert blieben.[165]

In den Fußstapfen Vitruvs trifft die Renaissance eine Unterscheidung zwischen dem architektonischen Konzept und der Art und Weise seiner Umsetzung und schafft so die Voraussetzungen für den besonderen Akt des Entwurfs. Rufen wir uns ins Gedächtnis, daß zu dieser Zeit der anerkannte Architekt zugleich Schriftgelehrter, Wissenschaftler, Kenner der Musik, Maler, Bildhauer und vor allem Ingenieur und Bauleiter war. Der architektonische Entwurf war nicht unbedingt seine Hauptbeschäftigung – man denke an Leonardo da Vinci, Michelangelo, Raphaël oder Bernini. Eine der letzten berühmten Persönlichkeiten, die in diese humanistische Linie zu stellen sind, war wohl der dritte Präsident der Vereinigten Staaten, Thomas Jefferson (1743–1826), der bedeutende Gebäude entwarf und ausführte wie die Universität von Virginia und sein eigenes Haus, Monticello.

Heute weisen selbst Gebäude von geringer Bedeutung eine solche technische Komplexität auf, daß sie sowohl in der Vorbereitungsphase als auch in der Herstellung und auf der Baustelle Arbeitsteilung erfordern. Der Entwurf als konkreter Vorschlag, den es zu verhandeln, zu entwickeln und auszuführen gilt, ist eine unausweichliche Notwendigkeit und sogar eine gesetzliche Forderung geworden. Unser Beruf ist dadurch institutionalisiert worden.

Paradoxerweise und trotz zunehmender Bemühung um eine vernunftgemäße (mehr als wissenschaftliche) Planung stellt sich heraus, daß die möglichen Lösungen sich vervielfachen und eher auseinanderklaffen, als daß sie auf eine neue authentische und kohärente architektonische Sprache hinauslaufen. Hierfür gibt es mehrere Gründe, die im Lauf der vorangegangenen Kapitel bereits erwähnt wurden. Es sind vor allem die unerhörten und weitgefächerten technischen Hilfsmittel und Möglichkeiten, die „jedwede Gestalt" zu ungefähr gleichen Kosten herzustellen erlauben, welche die architektonische Form zu einem reinen Konsumgut zu machen drohen, das dem schnellen Rhythmus der Mode folgt. So löst die Konstruktion ihren Bund mit dem unmittelbar Einsichtigen, da sie jede stillschweigende Übereinkunft, die zur Etablierung eines konventionellen Kodes führen könnte, aussichtslos macht.

Hier greift der Staat ein: Eine komplexe Gesetzgebung tritt an die Stelle der stillschweigenden Konvention und versucht, das öffentliche Interesse, die Hygiene, die Sicherheit und die verschiedenen praktischen, ästhetischen und wirtschaftlichen Erfordernisse der Stadt zu handhaben. All diese Faktoren kommen zu den Privatinteressen der an einem Projekt Beteiligten hinzu. Im wesentlichen auf öffentlich beklagte Mißstände reagierend – die eher Symptome als Gründe sind –, sucht diese Gesetzgebung nicht ohne gewisse Schwerfälligkeit, stabilisierend auf die Bauformen des ausgehenden 20. Jahrhunderts einzuwirken. Sie verlangt zum Beispiel, daß die Fensteröffnungen einem bestimmten Prozentsatz der Zimmerfläche entsprechen; sie legt die Höhe der Fensterbrüstung und die Breite der Ventilationsschlitze fest; sie schreibt den Grad der Wärmedämmung vor und verlangt für alte Dorfkerne und Städte Fenster traditionellen Aussehens oder, bei teilweiser Zerstörung, Erhalt bzw. originalgetreue Rekonstruktion der Straßenfassade, unabhängig von der neuen Bestimmung des Orts. Die Fassade ist dann nur mehr eine Maske, die das wahre Gesicht des Raums verdeckt.

Der Kompetenzbereich des Architekten hat sich seit der Renaissance beträchtlich verkleinert. Die Architektur treffen die Folgeerscheinungen einer allgemeinen Tendenz zur Spezialisierung, von der Etablierung der Statik im 18. Jahrhundert bis hin zur Gesetzesflut des 20. Jahrhunderts. Glücklich sind die wenigen zeitgenössischen Gebäude, die noch einen *Bauherrn* kennen, der die technische und funktionale Komplexität dadurch zu beherrschen und in Schranken zu halten wußte, daß er übergeordnete architektonische Themen und Wünsche in den Entwurf einbrachte. Jedem wahren Entwurf muß eine Ethik zugrunde liegen, der Wunsch nach einer besseren Umgebung, einer schöneren und gastlicheren Stadt. Jeder wahre Entwurf verlangt eine klare und feinfühlige Synthese und muß vor allem sehr viel einfacher sein als die zahlreichen Probleme, die er zu lösen versucht.

Um deutlich zu machen, was solch ein Entwurf beinhalten sollte, bedienen wir uns der Worte aus Paul Valérys Fabel „Eupalinos oder der Architekt“: *„... wenn ich eine Wohnstätte erfinde (sei es für die Götter, sei es für einen Menschen) und wenn ich diese Form suche mit Liebe, mich bemühend, einen Gegenstand hervorzubringen, der den Blick erfreue und sich mit dem Geist unterhalte, der im Einklang sei mit der Vernunft und mit zahlreichen Bedingungen, die üblich sind ...“*[166]

„Der den Blick erfreue ...“, ist dies nicht ein Aufruf zum sinnlichen Umgang mit der Formenwelt? Ein wohlproportioniertes, sorgfältig ausgeführtes Fenster, dessen Materialien und Farben aufeinander abgestimmt sind, das dem Blick und der Berührung angenehm und so liebevoll eingefügt ist, daß sein Fehlen oder seine Versetzung in der Fassade die Ordnung und das Gleichgewicht des Ganzen stören würde. Ebenso ein Fenster, das den Innenraum durch die Belichtung von Oberflächen und Objekten offenbart und ausgestaltet. „Nur das Schöne ist der höchsten Liebe fähig“, sagte Friedrich Schinkel.[167]

„Der sich mit dem Geist unterhalte ...“, ist dies nicht ein Appell an die Lust des intellektuellen Spiels? Die Architektur hat es nicht nötig, die eindeutige Sprache der Werbung zu übernehmen, unmißverständliche Botschaft, die in wenigen Sekunden erfaßt wird. Die versteckten Bedeutungen der Architektur, zuweilen Rätsel und Herausforderungen, enthüllen sich als Anspielungen auf die Gesetze des Universums und das vom Menschen Erlebte. Wer erlebt sagt, sagt Erinnerung. Was die Erinnerung an kreativer Kraft birgt, ist von Italo Calvino treffend gesagt worden (Kapitel 7.3).

„Der im Einklang sei mit der Vernunft und mit zahlreichen Bedingungen, die üblich sind ...“, soll heißen, daß Liebe, Geist und Vernunft in dialektischen Bezügen stehen. Die Liebe weist die Vernunft in ihre Schranken und umgekehrt. Niemals hätte Maillart seine Brücken ohne Liebe errichten, noch hätte Gaudí seinen Park Güell ohne Ingenieursgeist realisieren oder Botta seine Häuser ohne Sympathie für den Maurer erbauen können.

Die *zahlreichen Bedingungen, die üblich sind* sind ebenfalls Schranken, aber auch Komplizen der Vernunft und der Liebe. Sie werden zum Unheil, wenn sie einem von beiden den Weg versperren, wenn die Angemessenheit zur totalitären Konvention und die architektonische Sprache zum sinnleeren Zwang gemacht wird. Aber das Angemessene wird zum wertvollen Impuls des Entwurfs, wenn kritisch und schöpferisch mit den Errungenschaften der Architektur umgegangen wird. Es kann helfen, einen *Typus zu vervollkommnen*, der seine Daseinsberechtigung hat.

Diese drei ineinander verflochtenen Konzepte – die Lust am Schönen, die geistige Stimulation und die vernünftige Anpassung an gegebene Umstände – bilden den roten Faden dieses Buches. Der Entwurf wird also nicht mehr allein als technische und wirtschaftliche Lösung zur Befriedigung eines Bedürfnisses verstanden. Er hat eine intellektuelle, künstlerische und öffentliche Dimension, die über den ausdrücklichen beruflichen Auftrag hinausgeht.

Alle Versuche, aus dem Entwurf einen hauptsächlich deduktiven Prozeß zu machen, sind fehlgeschlagen. Selbst der Computer hat bis heute nichts an dieser Lage der Dinge ändern können. Dies liegt nicht nur in der kulturellen Dimension der Architektur begründet, sondern auch in der Unmöglichkeit, im voraus alle wichtigen Schattierungen eines architektonischen und stadtplanerischen Problems abzusehen. *Tatsächlich ist der Entwurf selbst ein Instrument der Problemfindung und nicht allein der Lösungsuche!*

Die Öffentlichkeit, politische Autoritäten, Auftraggeber und Ingenieure haben zuweilen gewisse Schwierigkeiten, diese anfängliche Unsicherheit zu verstehen und zuzugestehen, daß *„Gewißheit aus dem Entwurf entwickelt wird"*.

Vielleicht hat der Philosoph Karl Popper in „Objective Knowledge" das Wesen des Entwurfs am besten getroffen: *„Ich sagte, wir fangen mit einem Problem, einer Schwierigkeit, an ... Worum es sich auch handelt, wenn wir das erste Mal auf das Problem stoßen, können wir offenbar nicht viel darüber wissen. Bestenfalls haben wir eine undeutliche Vorstellung davon, worin unser Problem eigentlich besteht. Wie können wir dann zu einer brauchbaren Lösung kommen? Offenbar können wir es nicht. Erst müssen wir mit dem Problem besser vertraut werden. Aber wie?*

Meine Antwort ist sehr einfach: indem wir eine unbrauchbare Lösung aufstellen und sie kritisieren. Nur so können wir zum Verständnis des Problems kommen. Denn ein Problem verstehen heißt seine Schwierigkeiten verstehen; und die Schwierigkeiten verstehen heißt einsehen, warum es nicht leicht lösbar ist – warum die naheliegenderen Lösungen nicht funktionieren. Wir müssen daher diese naheliegenderen Lösungen aufstellen, und wir müssen sie kritisieren, um herauszufinden, warum sie nicht funktionieren. So machen wir uns mit dem Problem vertraut und können von schlechten Lösungen zu besseren kommen – immer vorausgesetzt, daß wir die schöpferische Fähigkeit haben, immer neue Vermutungen aufzustellen.

Das scheint mir mit der ‚Bearbeitung eines Problems' gemeint zu sein. Und wenn wir uns lange und eingehend genug mit einem Problem beschäftigt haben, dann fangen wir an, es zu kennen und zu verstehen, in dem Sinne, daß wir wissen, welche Art von Vermutung oder Hypothese bestimmt unbrauchbar ist, weil sie einfach am Problem vorbeigeht, und welche Anforderungen jeder ernsthafte Lösungsversuch erfüllen muß. Mit anderen Worten, wir beginnen die Verästelungen des Problems zu sehen, seine Teilprobleme und seine Verknüpfungen mit anderen Problemen."[168]

Die Argumentation behält all ihre Stichhaltigkeit, wenn wir den Begriff „Problem" durch „Entwurf" ersetzen. Der Entwurf dient tatsächlich der Kenntnisfindung durch einen iterativen Prozeß von Mutmaßungen und Widerlegungen.

Kulturelle Sensibilität, Kenntnisse und Ausbildung des Entwerfenden entscheiden über das Niveau, auf welchem dieser Vorgang von Mutmaßungen und Widerlegungen stattfindet. Das Horchen auf Kräfte und Hoffnungen der Gegenwart, die Neugier und der kritische Respekt gegenüber den Bauten der Vergangenheit und die geduldige Suche nach einer Methode führen letztendlich zum Entwurf. Nicht die Unkenntnis führt zur Genialität; sie überläßt sie dem Zufall. Kenntnis und Erfahrung lassen den Architekten die Welt, in der er handelt, besser verstehen und geben ihm architektonische Mittel zur Hand, über die er verfügen kann; dies ist das Anliegen dieses Buches.

Sicher hat das Wort im Bereich der Architektur seine Grenzen; hilft es auch, zu urteilen und zu lernen, ist der nachträgliche Diskurs *über* die Architektur doch niemals so reich wie die Architektur selbst, die weniger „sagen" als „mit den Menschen sein" will. Die Bauwerke großer Architekten sind daher immer großzügiger als ihre Schriften. Die Architektur ist Schweigen, Licht und Materie; nun also Schweigen!

Anmerkungen

Kapitel 1

1 Vgl. Peter Collins, *Changing Ideals in Modern Architecture*. London: Faber & Faber 1965.

2 Vgl. Aldo van Eyck, *Forum*, Amsterdam, 1959–63.

3 Etienne Louis Boullée, *Architecture: Essai sur l'art*, Paris: Hermann, 1968, S. 67 (entstanden Ende 18. Jahrhundert, erstmalig veröffentlicht 1953). Deutsch: *Architektur: Abhandlung über die Kunst* (Übers. H. Böck). Zürich/München: Artemis, 1987.

4 Vgl. Alberto Perez-Gomez, *Architecture and the Crisis of Modern Science*. Cambridge,Ma.: MIT Press, 1983.

5 Alberto Perez-Gomez, *Architecture and the Crisis of Modern Science*, S. 253.

6 Georg Germann, *Einführung in die Geschichte der Architekturtheorie*. Darmstadt: Wissenschaftliche Buchgesellschaft, 1987[2].

7 Vgl. Bruno Zevi, „Architettura" in: *Encyclopedia dell Arte*, Firenze: Sansoni, 1972, S. 615–652.

8 Vgl. Vitruv, *De architettura libri decem* (entstanden ab 33 v. Chr., erster Druck um 1486, Rom). Deutsch: *Des Marcus Vitruvius Pollio Baukunst*, aus der römischen Urschrift übersetzt von August Rode. Leipzig: Göschen, 1796. Nachdruck: Vitruv, *Baukunst*, Hg. Beat Wyss, Zürich/München: Artemis, 1987.

9 Andrea Palladio, *Quattro libri dell'architettura*. Venedig, 1570. Deutsch: *Die vier Bücher zur Architektur*, (Übers. Andreas Beyer und Ulrich Schütte). Zürich/München: Artemis, 1983.

10 François Blondel, *Cours d'architecture dans l'Académie Royale d'architecture*, Kap.XX. Paris: P. Arboin & F. Clouzier, 1675–1683, S. 786.

11 Georg Germann, *Einführung in die Geschichte der Architekturtheorie*, S. 194.

12 Vgl. Jacques Nicolas Louis Durand, *Précis des leçons d'architecture données à l'Ecole Polytéchnique*, 2 Bd., Paris 1802–1805.

13 Julien Guadet, *Eléments et théorie de l'architecture*. Paris: Librairie de la Construction Moderne, 1909. Bd. 1, S. 98.

14 Vgl. Gottfried Semper, *Die vier Elemente der Baukunst*. Braunschweig 1851. Nachdruck in: Heinz Quitsch, *Gottfried Semper*. Braunschweig: Vieweg, 1981. (Bauwelt Fundamente 58).

15 Vgl. Joseph Rykwert, *On Adams House in Paradise, The idea of the primitive hut in architectural history*. New York: Museum of Modern Art, 1972, S. 38.

16 Le Corbusier, *Vers une architecture*, Paris, 1923. Deutsch: *Ausblick auf eine Architektur*. (Übers. Hans Hildebrandt, neu bearbeitet von Eva Gärtner). Braunschweig: Vieweg, 1982[4], S. 29.

17 Alberto Perez-Gomez, *Architecture and the Crisis of Modern Science*, S. 5–6.

18 Christopher Alexander, *Notes on the Synthesis of Form*. Cambridge, Ma.: Harvard University Press, 1964.

19 Christopher Alexander, *Pattern Language*. Oxford: Oxford University Press, 1977.

20 Sigfried Giedion, *Space, Time and Architecture: The Growth of a New Tradition*. Cambridge, Ma.: Harvard University Press, 1941. Deutsch: *Raum, Zeit, Architektur*. Ravensburg: Maier, 1965.
Bruno Zevi, *Sapere vedere l'architettura*. Turin, 1948.

21 Colin Rowe, *Architectural Education in the USA*, in: *Lotus international* Nr. 27, 1980, S.42–46.

22 Abbé Marc-Antoine Laugier, *Essai sur l'architecture*, Paris 1753–1755, (Genf: Minkoff Reprint, 1972).

Kapitel 2

23 Michel Serres, *Les cinq sens*. Paris: Grasset, 1985. Deutsch: *Die fünf Sinne*. (Übers. Michael Bischoff). Frankfurt a.M.: Suhrkamp, 1993. S. 415.

24 Italo Calvino, *Le città invisibili*. Torino, 1972. Deutsch: *Die unsichtbaren Städte*. (Übers. Heinz Riedt). München: dtv, 1992. S. 18, 17, 75, 106.

25 Italo Calvino, *Die unsichtbaren Städte*. S. 157.
Michel Serres, *Die fünf Sinne*. S. 113.

26 Michel Serres, *Die fünf Sinne*. S. 230.

27 Michel Serres, *Die fünf Sinne*. S. 23, 24, 40, 61.

28 Michel Serres, *Die fünf Sinne*. S. 415, 427.

29 Vgl. Etienne Grandjean, *Physiologische Arbeitsgestaltung. Leitfaden der Ergonomie*. Thun/München: Ott, 1967.

30 Vgl. Henry Saraus, *Abrégé d'ophtalmologie*. Paris/New York: Masson, 1978[4].

31 Vgl. Jean-Claude Ludi, *La perspective „pas à pas", manuel de construction graphique de l'espace*. Paris: Dunod, 1986.

32 Max Wertheimer, „Untersuchun-

gen zur Lehre von der Gestalt II", in: *Psychologische Forschung* Nr.4, 1923, S. 301–350.
33 Kurt Koffka, *Principles of Gestalt Psychology*. New York 1935.
34 Paul Guillaume, *La psychologie de la forme*. Paris: Flammarion, 1937.
35 David Katz, *Gestaltungspsychologie*. Basel/Stuttgart: Benno Schwab Verlag, 1961.
36 Wolfgang Metzger, *Gesetze des Sehens*. Frankfurt: Kramer 1975[3] (Originalausgabe 1936).
37 Richard Langton Gregory, *L'oeil et le cerveau*. Paris: Hachette, 1966.
38 James J. Gibson, *The Perception of the Visual World*. Boston: Houghton Mifflin, 1950. Deutsch: *Die Wahrnehmung der visuellen Welt*. Weinheim/Basel: Beltz Verlag, 1973.
39 Rudolf Arnheim, *Art and Visual Perception: a psychology of the creative eye*, Berkeley: Univ. of California Press, 1974, (Originalausgabe 1954). Deutsch: *Kunst und Sehen*. Berlin: Walter de Gruyter, 1964.
40 Rudolf Arnheim, *The Dynamics of Architectural Form*. Berkeley: Univ. of California Press, 1977. Deutsch: *Die Dynamik der Architektonischen Form*. (Übers. Hans Herrmann). Köln: DuMont, 1980.
41 Ernst H. Gombrich, *The Sense of Order*. 1979. Deutsch: *Ornament und Kunst*. (Übers. Albrecht Joseph). Stuttgart: Klett-Cotta, 1982.
42 Bruno Zevi, *Sapere vedere l'architettura*.
43 Christian Norberg-Schulz, *Intentions in Architecture*. Cambridge, Ma.: MIT Press, 1968. Deutsch: *Logik der Baukunst*. Berlin: Ullstein, 1965. (Bauwelt Fundamente 15)
44 Rudolf Arnheim, *Kunst und Sehen*.
45 Wolfgang Metzger, *Gesetze des Sehens*.
46 Wolfgang Metzger, *Gesetze des Sehens*. S. 83, 88, 159, 44, 39, 220.
47 Le Corbusier, *Quand les cathédrales étaient blanches. Voyage au pays des timides*. Paris: Denoël & Gouthier, 1937. S. 22.
48 Remy Droz, „Erreurs, mensonges, approximations et autres vérités", in: *Le genre humain*, 7–8, 1983.
49 Etienne Louis Boullée, *Architecture: Essai sur l'art*. S. 62–63.
50 Ernst H. Gombrich, *Ornament und Kunst*. S. 17, 22, 135.
51 Remy Droz, *La psychologie*, in: *Encyclopédie de la Pleiade*.

Kapitel 3

52 Ernst H. Gombrich, *Ornament und Kunst*. S. 21.
53 Heinrich Tessenow, *Hausbau und dergleichen*. Baden-Baden: Klein, 1953, S. 20. (Originalausgabe 1916).
54 Ernst H. Gombrich, *Ornament und Kunst*. S. 183.
55 Robert Slutzky, „Aqueous humor", in: *Oppositions*, Winter/Frühling 1980, 19/20, S. 29–51.
56 Vgl. Colin Rowe und Robert Slutzky, Bernhard Hoesli, *Transparenz*. Basel: Birkhäuser, 1968. (Originalausgabe: „Transparency", in: *Perspecta* 8, Yale 1964).
57 Vgl. Bernhard Hoesli, „Kommentar", in: Rowe und Slutzky, Hoesli, *Transparenz*. Basel: Birkhäuser, 1968.
58 Rudolf Arnheim, *Die Dynamik der Architektonischen Form*. S. 187.
59 Andrea Palladio, *Die vier Bücher zur Architektur*. S.83.
60 Robert Venturi, *Complexity and Contradiction in Architecture*. New York 1966. Deutsch: *Komplexität und Widerspruch in der Architektur*. (Übers. Heinz Schollwöck). Braunschweig: Vieweg, 1978. (Bauwelt Fundamente 50). S.38.
61 Rudolf Arnheim, *Die Dynamik der Architektonischen Form*. S. 168 und 177.
62 Karl Friedrich Schinkel, „Gedanken zur Baukunst", in: ders., *Briefe, Tagebücher, Gedanken*. Berlin: Propylaen, 1922. S.197.
63 Ulrich Conrads, „Bauen – diesseits der Herrschaftssiege", in: *Daidalos* 7/1983, S. 18.
64 Ernst H. Gombrich, *Ornament und Kunst*. S. 30f.
65 Heinrich Tessenow, *Hausbau und dergleichen*. S.20–21.

Kapitel 4

66 Auguste Rodin, *Les cathédrales de France*. Paris 1921. Deutsch: *Die Kathedralen Frankreichs*. Zürich/München: Artemis, 1988, S.9.
67 Georg Germann, *Einführung in die Geschichte der Architekturtheorie*. S.49.
68 Vgl. Vitruv, *Baukunst*, erstes und viertes Buch.
69 Vgl. Robert Slutzky, *Aqueous Humor*.
70 Vgl. Rudolf Wittkower, *Architectural Principles in the age of humanism*. London: Tiranti, 1967. (Originalausgabe 1949). Deutsch: *Grundlagen der Architektur im Zeitalter des Humanismus*. München: Beck, 1969.
71 Altes Testament, Die Weisheit Salomos, 11.20
72 Vgl. Paul von Naredi-Rainer, *Architektur und Harmonie. Zahl, Maß*

und Proportion in der abendländischen Baukunst. Köln: DuMont, 1982, S. 150–183.

73 Paul von Naredi-Rainer, *Architektur und Harmonie*. S. 177–179.

74 Paul von Naredi-Rainer, *Architektur und Harmonie*. S. 193.

75 R.S. Woodworth, *Experimental Psychology*. New York 1938. S. 387.

76 Paul von Naredi-Rainer, *Architektur und Harmonie*. S. 138.

77 László Moholy-Nagy. *Von Material zu Architektur*. in: Bauhausbücher, Nr. 14. München 1929. Nachdruck: Neue Bauhausbücher, Mainz: Kupferberg, 1968.

78 Etienne Louis Boullée, *Architecture: Essai sur l'art*. S. 64–65.

79 Heinrich Tessenow, *Hausbau und dergleichen*. S. 26f.

80 Ernst H. Gombrich, *Ornament und Kunst*. S. 141.

81 Vgl. Paul Klee, *Pädagogisches Skizzenbuch*, Mainz 1965. S. 33. (Originalausgabe 1925).

Kapitel 5

82 Peter Eisenman, „Real and English: The destruction of the box I", in: *Oppositions*, Nr. 4, Okt. 1974. S. 5–34.

83 Peter Eisenman, „From Object to Relationship II: Giuseppe Terragni, Casa Giuliani Frigerio", in: *Perspecta* Nr. 13/14, Yale, 1971.

84 Colin Rowe und Robert Slutzky, Bernhard Hoesli, *Transparenz*.

85 Vgl. Christian Norberg-Schulz, *Logik der Baukunst*.

Erstes Zwischenspiel

86 Rudolf Arnheim, *Die Dynamik der architektonischen Form*. S. 31–32.

Kapitel 6

87 Otto Friedrich Bollnow, *Mensch und Raum*. Stuttgart: Kohlhammer,1976[3] S. 30 und 37. (Originalausgabe 1963).

88 Georg Germann, „Höhle und Hütte", in: *Jagen und Sammeln*, Bern: Verlag Stämpfli, 1985.

89 August Schmarsow, *Barock und Rokoko: Eine kritische Auseinandersetzung über das Malerische in der Architektur*. Leipzig: Verlag S. Hirzel, 1897. S. 6–7.

90 Franz Fueg, *Les bienfaits du temps*. Lausanne: Presses polytechniques romandes, 1986. (dt. Ausgabe?)

91 László Moholy-Nagy, *Von Material zu Architektur*. Neue Bauhausbücher. S. 211.

92 Rudolf Arnheim, *Kunst und Sehen*. Berlin: Walter de Gruyter, 1964.

93 Leon Battista Alberti, *De re aedificatoria libri X*. Florenz 1485. Deutsch: *Zehn Bücher über die Baukunst*. Darmstadt: Wissenschaftliche Buchgesellschaft, 1975. S. 51.

94 Francis D.K. Ching, *Architecture: Form, Space and Order*. New York: Van Nostrand Reinhold, 1979. S. 115–174.

95 James J. Gibson, *Die Wahrnehmung der visuellen Welt*. S. 123f.

96 Vgl. Colin Rowe und Robert Slutzky, Bernhard Hoesli. *Transparenz*.

97 Vgl. H. A. Brooks, *The Prairie School. Frank Lloyd Wright and his Mid-West Contemporaries*. Toronto 1972.

98 Sigfried Giedion, *Spätbarocker und romantischer Klassizismus*. München: F. Bruckmann, 1922. S. 12.

99 Vgl. Colin Rowe und Robert Slutzky, Bernhard Hoesli, *Transparenz*.

100 Rudolf Arnheim, *Kunst und Sehen*. S. 261.

101 Leon Battista Alberti, *Zehn Bücher über die Baukunst*.

102 Le Corbusier, *Ausblick auf eine Architektur*. S. 38.

103 Rudolf Arnheim, *Kunst und Sehen*. S. 271f.

104 Heidegger, Martin, *Vorträge und Aufsätze*. Pfullingen: Günther Neske, 1954. S.149.

Zweites Zwischenspiel

105 Odysseus Elytis, *Maria Nepheli*. Frankfurt a.M.: Suhrkamp, 1981, S. 76.

106 Gaston Bachelard, *La poétique de l'espace*. Paris: Presses universitaires de France, 1983. Deutsch: *Poetik des Raums*. Frankfurt/Berlin/Wien: Ullstein, S.30.

107 Aldo van Eyck, *Forum* 4. Amsterdam 1960.

108 Martin Heidegger, *Vorträge und Aufsätze*. S. 155, 156, 158, 159, 161.

109 Leon Battista Alberti, *Zehn Bücher über die Baukunst*.

110 Heinz Ronner, J. Sharad, A. Vadella, *Louis I. Kahn, Complete Work 1935–1974*. Basel: Birkhäuser, 1977. S. 390.

111 Aldo Rossi, *L'architettura della città*. Padua 1966. Deutsch: *Die Architektur der Stadt*. Düsseldorf: Bertelsmann, 1973. (Bauwelt Fundamente 41).

112 Christian Devilliers und Bernard Huet, *Le Creusot, Naissance et developpement d'une ville industrielle 1782–1914*. Champ-Vallon: Seyssel, 1981.

113 Kenneth Frampton, „On reading Heidegger", in: *Oppositions* 4. MIT Press, Okt. 1974.

Kapitel 7

114 Christian Norbert-Schulz, *Genius Loci, Paesaggio ambiente architettura*. Mailand, 1979.
Gaston Bachelard, *La poétique de l'espace*
W. Hellpach, *Geopsyche*. Rom, 1950.
115 Umberto Eco, Elias Canetti, Marcel Proust.
116 Kevin Lynch, *The Image of the City*. Cambridge, Ma.: MIT Press und Harvard University Press, 1960. Deutsch: *Das Bild der Stadt*. (Übers. Henni Korssakoff-Schröder, Richard Michael). Berlin: Ullstein, 1965 (Bauwelt Fundamente 16).
117 Kevin Lynch, *Site Planning*. Cambridge: MIT Press, 1962.
118 Vittorio Gregotti, *Il territorio dell'architettura*. Mailand, 1966.
119 Pierre Bourdieu, *Esquisse d'une théorie de la pratique*, Paris: Droz, 1970. Deutsch: *Entwurf einer Theorie der Praxis*. Frankfurt a.M.: Suhrkamp. S. 63.
120 Aldo van Eyck, *Forum* 4. Amsterdam 1960.
121 Mircea Eliade, *Das Heilige und das Profane*. Frankfurt a.M.: Insel, S. 26.
122 Roderick Lawrence, *Espace privé, espace collectif, espace publique: l'exemple du logement populaire en suisse romande 1860–1960*, Thèse Nr. 483, EPF, Lausanne, 1983.
123 Roderick Lawrence, „The simulation of domestic space: users and architects participating in the architectural design process", in: *Simulation and Games* 11, 3, 1980. S. 279–300.
124 Alison und Peter Smithson, *Team Ten Primer*. Cambridge: MIT Press, 1968.
125 Arnulf Lüchinger, *Strukturalismus in Architektur und Städtebau*. Stuttgart: Kraemer, 1980.
126 Georges Perec, *Espèces d'espaces*. Paris: Gallilée, 1974. Deutsch: *Träume von Räumen*. Bremen: manholt. S. 49–50.
127 Rudolf Arnheim, *Die Dynamik der architektonischen Form*.
128 Marie Luise Kaschnitz, *Beschreibung eines Dorfes*. Frankfurt a.M.: Suhrkamp, 1979.
129 Ernst Cassirer, *Philosophie der symbolischen Formen*, Band II. Berlin 1923–1929. S. 108.
130 Italo Calvino, *Die unsichtbaren Städte*. S. 35.
131 Otto Friedrich Bollnow, *Mensch und Raum*. S. 74–76.
132 Kevin Lynch, *Das Bild der Stadt*.
133 Kevin Lynch, *What Time is this Place?* Cambridge: MIT Press, 1972.
134 Michel Bassand/G. Corajoud/R. Perrinjaquet/Y. Pedrazzini, *L'adéquation d'un édifice public. Le cas de l'Ecole Polytechnique Fédérale à Eclubens*. Lausanne: Institut de Recherche sur l'Environnement Construit, Dépt. d'Architecture EPFL, 1985.
135 Amos Rapoport, „Identity and Environment: A cross cultural perspective", in: J.S. Duncan, *Housing and Identity. Cross-Cultural Perspectives*. London: Croom-Helm, 1981.
136 Kaj Noschis und Roderick Lawrence, „Inscrire la vie dans son logement: le cas des couples", in: *Bulletin de Psychologie*, Bd.37, Nr. 366. 1984.
137 Franz Oswald, „Vielfältig und veränderbar, Wohnquartier Bleiche, Worb (Bern)", in: *Werk, Bauen und Wohnen*, 4/1982.
138 Pierre von Meiss, „Avec et sans architect", in: *Werk-Archithèse* S. 27–28, April 1979.
139 Roderick Lawrence, „Un laboratoire vivant pour la conception des maisons", in: *Bâtiment international* 10 (3), 1982, S. 52–60.

Kapitel 8

140 Eugène Viollet-le-Duc, *Entretiens sur l'architecture*. Brüssel: Mardaga, 1977. Bd. 2, S. 120. (Originalausgabe 1863–1872).
141 Auguste Perret, „Contribution à une théorie de l'architecture", in: *Techniques et Architecture I, 2*. Paris, 1949.
142 Arthur Schopenhauer, „Zur Ästhetik der Architektur", in: *Die Welt als Wille und Vorstellung*, in: *Sämtliche Werke*, Bd. 2. München: Piper. S. 471
143 Roland Barthes und André Martin, *La Tour Eiffel*. o.O.: Delphire, 1964. Deutsch: *Der Eiffelturm*. (Übers. Helmut Scheffel). München: Rogner & Bernhard, 1970.
144 Konrad Wachsmann, *Wendepunkt im Bauen*. Wiesbaden: Krauskoff, 1959. S. 12f.
145 Heinrich Tessenow, *Hausbau und dergleichen*.
146 Bruno Zevi, „Architettura" in: *Encyclopedia dell Arte*.
147 Kenneth Frampton, *Modern architecture: a critical history*. London: Thames & Hudson, 1980. Deutsch: *Die Architektur der Moderne*. Stuttgart: Deutsche Verlagsanstalt, 1983. S. 239.
148 Frank Lloyd Wright, *The Natural House*. New York: Horizon Press, 1954. Deutsch: *Das natürliche Haus*. München: Albert Langen, Georg Müller, o.J.. S. 59f.
149 Eugène Viollet-le-Duc, *Entretiens sur l'architecture*, Bd.2, S. 67.

150 Peter Collins, *Changing ideals in modern architecture*. S. 271–284.
151 Vgl. *Five architects,* Ausstellungskatalog. New York: Oxford Univ. Press, 1975.
152 Vgl. *Education of an architect,* Cooper Union School of Art and Architecture, Ausstellungskatalog. New York, 1971.
Daniel Libeskind, *Symbol and Interpretation/Micro Megas*. Cranbrook Academy of Art. Helsinki: Archantic Publications, 1980 und ETH Zürich, 1981.
153 Frank Lloyd Wright, *Das natürliche Haus*. S. 64.
154 Heinrich Tessenow, *Hausbau und dergleichen*. S. 18–20.
155 Eugène Viollet-le-Duc, *Entretiens sur l'architecture,* Bd.2. S. 120.
156 Frank Lloyd Wright, *In the Cause of Architecture,* (Hrsg. von Frederick Gutheim). New York: Architectural Record, 1975, S. 176.
157 Eugène Viollet-le-Duc, *Entretiens sur l'architecture*. Bd. 2, S. 76.
158 Frank Lloyd Wright, *In the Cause of Architecture*. S. 190.
159 Frank Lloyd Wright, *Das natürliche Haus*. S. 59.
160 Heinz Ronner, J. Sharad, A. Vadella, *Louis I. Kahn, Complete Work 1935–1974*. S. 390.
161 Le Corbusier, *Ausblick auf eine Architektur*. S. 24.
162 Eugène Viollet-le-Duc, *Entretiens sur l'architecture*. Bd.I. S. 90.
163 Gottfried Semper, „Drei Hauptrichtungen der Baukunst", in: *Der Stil in den technischen und tektonischen Künsten,* München: Fr. Bruckmann, 1878.
164 Georg Germann, *Einführung in die Geschichte der Architekturtheorie.* S. 55, 114, 136.
165 Georg Germann, *Einführung in die Geschichte der Architekturtheorie.* S. 31.
166 Paul Valery, *Eupalinos*. Paris: Gallimard, 1944. Deutsch: *Eupalinos oder der Architekt.* Frankfurt a.M.: Suhrkamp, S. 159.
167 Karl Friedrich Schinkel, *Gedanken und Bemerkungen über die Kunst.* Berlin 1840.
168 Karl Popper, *Objective Knowledge.* London: Oxford University Press, 1972. Deutsch: *Objektive Erkenntnis.* Hamburg: Hoffmann und Campe, S. 272–273.

Register

Bildnachweis

17 Technikum Winterthur, Seminarwoche 1980.
30 Foto: Ino Ioannidu und Lenio Bratzioti, Athen
31 Stich von Bernard Piccart, *Religiöse Zeremonien*, Amsterdam 1723–1728.
32 Foto: Ino Ioannidu und Lenio Bratzioti, Athen
36 l Zeichnung Florence Kontoyanni
36 r Zeichnung: E.M. Antoniades, Ekphrasis der Hagia Sofia, Athen 1907–09. In: Greogoriades, Athen 1983.
37 o W. MacDonald. Early Christian and Byzantine Architecture. London 1962.
37 l Zeichnung: Auguste Choisy, *Histoire de l'architecture*. Paris: E. Rouveyre. Bd. I.
38 o Rudolf Arnheim, *Art and Visual Perception*. S. 13.
40 Leonardo da Vinci
41 o F. Weinbrenner, *Architektonisches Lehrbuch*, 1811, 1. Teil, Tafel X, Fig. XVIII.
46 o Zeichnung Florence Kontoyanni
49 u Zeichnung Florence Kontoyanni
50 o Zeichnung Florence Kontoyanni
51 Zeichnung Larry Mitnick
52 Foto: Ino Ioannidu und Lenio Bratzioti, Athen
53 o Zeichnungen Florence Kontoyanni
55 r Auguste Choisy, *Histoire de l'architecture*. Paris: E. Rouveyre. Bd. I.
58 r aus: Colin Rowe/Robert Slutzky, *Perspecta* Nr. 13/14, Yale, 1971.
59 *Werk, Bauen und Wohnen* 4:1984.
60 o Zeichnungen Dieter Schaal
62 Zeichnung aus: Dieter Schaal, *Architektonische Situationen*. Stuttgart, 1980. Foto aus: Rolf Keller, *Bauen als Umweltzerstörung*. Zürich.
64 Foto: Ino Ioannidu und Lenio Bratzioti, Athen
66 Foto: Ino Ioannidu und Lenio Bratzioti, Athen
72 o l L. Reynaud, *Traité d'architecture*.
78 oben nach S. Hesselgren
79 u Stich von Bernard Piccart, *Religiöse Zeremonien*, Amsterdam 1723–1728.
80 J. M. Heusler, EPFL.
81 r J.-P. Rayon, Lausanne.
84 o *Encyclopédie Diderot*.
85 Archiv Atelier Cube
88 Graphische Sammlung, ETH Zürich.
89 l Graphische Sammlung, ETH Zürich.
90 u Foto aus: Rolf Keller, *Bauen als Umweltzerstörung*. Zürich.
92 o Foto: Ino Ioannidu und Lenio Bratzioti, Athen
95 u Foto: Ino Ioannidu und Lenio Bratzioti, Athen
96 P. Heman, in: Baroque, Architecture universelle, Office du Livre, Fribourg.
98 m Foto: J.-P. Rayon, Lausanne.
104 m Plan Giambattista Nolli, Zeichnung rechts Jürgen Joedicke.
108 l u Graphische Sammlung, ETH Zürich.
113 Foto: Ino Ioannidu und Lenio Bratzioti, Athen
115 Zeichnung aus: Bernhard Hoesli, *„Kommentar"*, in: Rowe und Slutzky, Hoesli, *Transparenz*. Basel: Birkhäuser, 1968.
116 r Foto: J.-P. Rayon, Lausanne.
118 r Foto: A. Flammer, Locarno.
121 l u Zeichnung: Paul Auberson
122 o Foto: G. Gerster, Zürich.
124 r nach J. Strzygowski, 1903, in: Cyril Mango, *Byzantine Architecture*. London 1986.
127 r Zeichnung Florence Kontoyanni
129 r Cyril Mango, *Byzantine Architecture*. London 1986.
131 o nach Aldo Van Eyck, *Forum 3*, 1962.
133 m Zeichnung: Larry Mitnick
135 m Zeichnung: Larry Mitnick
138 r o Foto: J. Guisan, Lausanne
140 aus: *Alvar Aalto*, Editions Girsberger-Artemis, Zürich.
146 Foto: Ino Ioannidu und Lenio Bratzioti, Athen
150 Spence Air Photos
153 u Foto: Ino Ioannidu und Lenio Bratzioti, Athen
162 l aus: Saint-Exupery, *Le Petit Prince*;
m, r Le Corbusier
177 o Modellfotos: H. Helfenstein, Zürich
179 Foto: J.-P. Rayon, Lausanne.
180 Centro Internazionale di studi di architettura Andrea Palladio, Vicence
184 o Foto: P. Margot, Cully; u aus: Les albums d'art Druet No. 1, Auguste et Gustave Perret, Paris, 1928.
193 Ed. Poligrafia S.A., Barcelona
194 Archiv Volkswagenwerk, Wolfsburg
197 u Foto: Ino Ioannidu und Lenio Bratzioti, Athen
197 Foto: Ino Ioannidu und Lenio Bratzioti, Athen
198 u Fotos: U. Lamey, München
201 Zeichnung: Florence Kontoyanni
207 Photo zur Verfügung gestellt von Prof. Licisco Magagnato, Verona
295 r o Foto: J.-P. Rayon, Lausanne.

Alle übrigen Abbildungen entstammen dem Archiv des Autors.